本著作受国家自然科学基金资助（项目编号：51708567）

养老设施外部环境的健康促进研究

The Health Promotion Research of Elderly Facilities
Exterior Environment

李昕阳　著

U0364020

中国建筑工业出版社

图书在版编目（CIP）数据

养老设施外部环境的健康促进研究 / 李昕阳著. — 北京：
中国建筑工业出版社，2018.11
ISBN 978-7-112-22880-5

Ⅰ.①养… Ⅱ.①李… Ⅲ.①老年人住宅 — 社区 — 居住
环境 — 建筑设计 — 研究 — 中国 Ⅳ.①TU241.93

中国版本图书馆CIP数据核字（2018）第246945号

本书应用医学和公共健康学的健康促进理论，探究养老设施外部环境与老年人健康的耦合关系和促进机制，从"老年人主观认知的外部环境和养老设施客观的外部环境"双重角度研究对老年人健康行为的作用机制，破解"老年人个体特征、养老设施社会氛围、养老设施外部环境"三重因素对老年人户外活动的"交互式"影响机理。通过实证分析得出具有健康促进效益的养老设施外部基地、场地和社会氛围要素，并量化了健康促进效益，提炼出了养老设施的规划选址和场地设计策略，试图为我国养老设施规划、场地设计和老年人健康促进研究提供必要的理论借鉴和数据支撑。

责任编辑：李　杰　葛又畅
责任校对：王　瑞

养老设施外部环境的健康促进研究
李昕阳　著
*
中国建筑工业出版社出版、发行（北京海淀三里河路9号）
各地新华书店、建筑书店经销
北京点击世代文化传媒有限公司制版
北京京华铭诚工贸有限公司印刷
*
开本：787×960毫米　1/16　印张：20　字数：357千字
2019年2月第一版　2019年2月第一次印刷
定价：68.00元
ISBN 978-7-112-22880-5
（32985）

前　言

  推进老年宜居环境建设是《"十三五"国家老龄事业发展和养老体系建设规划》的重点，科学认识外部环境对老年人健康促进机制是实现"健康中国2030"和"健康老龄化"的有效途径，科学规划具有健康促进效益的外部环境是有效破解养老设施老年人健康问题的关键。针对养老设施大规模建设过程中，老年人户外活动缺乏科学、可量化环境干预机制的现实情况，本书着眼于科学度量养老设施外部环境对老年人健康影响这一难题，应用医学和公共健康学的健康促进理论，探究养老设施外部环境与老年人健康的耦合关系和促进机制，从"老年人主观认知的外部环境和养老设施客观的外部环境"双重角度研究对老年人健康行为的作用机制，破解"老年人个体特征、养老设施社会氛围、养老设施外部环境"三重因素对老年人户外活动的"交互式"影响机理。

  本书抽取了美国德克萨斯州(Texas)休斯敦市(Houston)和布拉索斯县(Brazos County) 16座养老设施进行实证研究，采用GIS空间测量法、问卷调研法收集养老设施外部基地、场地、社会氛围的量化数据，建立基于社会生态理论的多因素逻辑回归模型，并通过模型拟合度的比较和筛选获取了最高解释度的回归模型，计算得出具有健康促进效益的养老设施外部基地、场地和社会氛围要素及量化的健康促进效益。基于实证结论，在全面分析中美养老设施建设背景差异后，对中美具有健康促进效益的养老设施外部基地、场地、社会氛围要素进行个案比较，探讨了美国实证研究结论在中国的应用度，并提出中国养老设施外部环境规划和设计策略。

  本书实证得出具有健康促进效益的养老设施外部环境是多方面的，通过实证分析得出具有健康促进效益的养老设施外部基地、场地和社会氛围要素，并量化了健康促进效益，提炼出了养老设施的规划选址和场地设计策略，试图为我国养老设施规划、场地设计和老年人健康促进研究提供必要的理论借鉴和数据支撑。

目　录

1 绪 论

我国不仅是世界上人口最多的国家，老龄人口也居世界首位。新中国成立近70年来，随着我国人口寿命的延长和生育率的下降，老年人口比例不断增加，并于1999年成为人口老龄化国家[1]。对于人口老龄化，我国在许多方面尚未做好充足准备，包括社会养老保险、医疗、养老照料等仍处于起步阶段。按照老龄事业发展"十二五"规划要求，要构建以居家养老为基础、社区养老为依托、机构养老为支撑的社会化养老服务体系，全国每千名老年人拥有床位数达到30张[2]，而目前我国养老设施配置尚未达到该目标，在相关理论研究、设计实践方面仍处于起步阶段。依据老年人的自理生活能力，养老设施主要提供自理、介助、介护三种照料服务，随着我国老龄化的不断加剧和独子空巢家庭比例的提升，越来越多自理、半自理的老年人入住养老设施颐养天年。既往研究表明，老年人渴望积极向上的生活方式，各类户外活动也可以有效促进健康。因此，本书重点研究如何通过环境干预手段，提升老年人户外活动开展的频率，试图为我国养老设施规划、场地设计和老年人健康促进研究提供理论支撑。

1.1 老年宜居环境的思考

本书研究缘于我国人口老龄化及健康衰退趋势，老年人普遍缺乏户外活动以及养老设施缺乏支持活动的外部环境等背景，不仅分析全国总体情况，也引用伊世特中国有限公司的《中国长者服务（养老）市场基线调查》项目数据，阐述北京、上海等典型一线城市情况。

1.1.1 人口老龄化及健康衰退趋势

1.1.1.1 人口老龄化趋势

1. 全国总体老龄化趋势

（1）老龄人口众多

当前，我国是世界上老年人口最多的国家。根据国家统计局2016年4月20日发布的《2015年全国1%人口抽样调查主要数据公报》显示[3]，截至2015年11月1日零时，全国60岁及以上老龄人口有2.22亿人，占全国总人口数的16.15%，而全国65岁及以上老龄人口1.44亿人，占全国总人口数的10.47%。同比第六次全国人口普查数据，60岁及以上和65岁及以上人群占全国人口比重均有所提升，分别提升了2.89%和1.60%[4]。

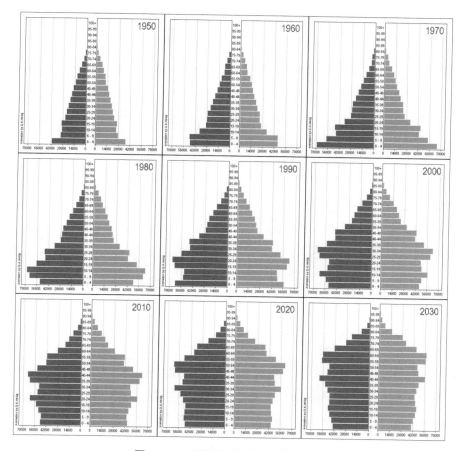

图 1-1 不同时期我国人口金字塔图
资料来源：根据中国科学院《中国现代化报告 2013》绘制

　　如图 1-1 所示，反映了我国人口结构变化的趋势，20 世纪 50 ～ 60 年代出现了一次生育高峰期后，人口老龄化日趋显现。当前，50 ～ 60 年代人群逐渐进入老龄化，人口数庞大且经济实力较好，对我国养老服务事业发展提出更高要求。我国人口老龄化经历了一个发展、积累和变化的过程：1953 年，第一次人口普查显示 60 岁及以上人口比重为 7.3%，1964 年，第二次人口普查数据显示 60 岁及以上人口比重为 6.1%，人口老龄化程度有所减轻，1982 年，第三次人口普查 60 岁及以上人口比重为 7.6%，此后该比重快速上升，直至 2015 年，我国 60 岁及以上人口比重达到 16.15%[1]。人口快速老龄化的原因可归为两方面：一是 20 世纪 70 年代以来计划生育政策的实施，人口出生率快速下降，使老年人口比例迅

3

速提升，二是 20 世纪 50 ～ 60 年代生育高峰期出生人群逐渐步入老年，大幅提升了老龄化水平（图 1-2）。

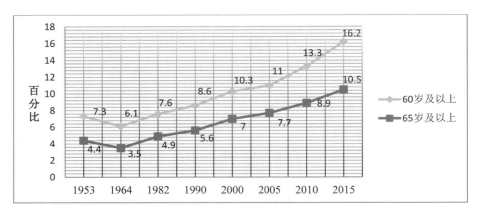

图 1-2　1953 ～ 2015 年中国老年人口比例变化图

资料来源：姜向群，杜鹏．中国人口老龄化和老龄事业发展报告 [M]．北京：中国人民大学出版社，2015．

（2）低龄和高龄老年人口比例增速较快

我国低龄老年人口（60 ～ 69 岁）比例较高，低龄和高龄老年人口（80 岁及以上）比例增速较快。如图 1-3 所示，2014 年的 60 ～ 69 岁组老年人口增速较快，占总老龄人口比例已达 59.11%，70 ～ 79 岁组中龄老年人口比例有所下降，而 80 岁及以上高龄老年人口比例持续增高，达到 12.01%[1]。由于低龄和高龄老年人口的双增长趋势，我国养老设施建设发展将面临多元化的供给需求。

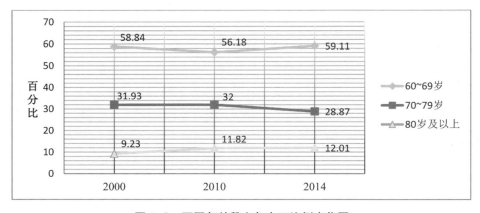

图 1-3　不同年龄段老年人口比例变化图

资料来源：姜向群，杜鹏．中国人口老龄化和老龄事业发展报告 [M]．北京：中国人民大学出版社，2015．

2.北京、上海老龄化趋势

（1）老龄人口基数大、增速快

1）北京情况

根据北京市老龄工作委员会办公室发布的《北京市 2013 年老年人口信息和老龄事业发展状况报告》[5] 显示，2009 年北京市 60 岁及以上户籍老年人口 226.6 万人，占总人口的 18.2%，截至 2013 年底，北京市 60 岁及以上户籍老年人口 279.3 万人，占总人口的 21.2%。5 年内，60 岁及以上老年人口增加了 52.7 万人，相当于每年约增长 10 万人，尤其是近 3 年呈现加速发展态势（图 1-4）。

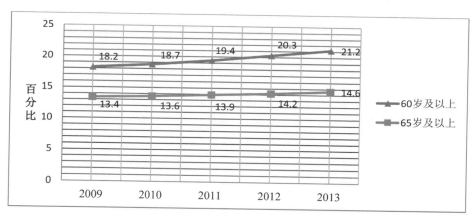

图 1-4　2009 年 ~ 2013 年北京户籍老年人口比例变化图

资料来源：北京市老龄工作委员会 . 北京市 2013 年老年人口信息和老龄事业发展状况报告 [EB/OL].http：// zhengwu.beijing.gov.cn/，2014-09-30.

2）上海情况

上海自 1979 年进入老龄化社会，是中国最早进入人口老龄化的城市。2009 年，上海市 60 岁及以上户籍老年人口为 315.7 万人，占户籍总人口的 22.5%，截至 2013 年底，上海市 60 岁及以上户籍老年人口为 387.62 万人，占户籍总人口的 27.1%[6]（图 1-5）。上海 60 岁及以上老年人口持续增加，老龄化率不断加深，尤其 2012 年以后老龄化呈加速发展态势。相比北京，上海的老年人口数量更大、老龄化程度更深，养老形势异常严峻。

（2）低龄和高龄老年人口比例增速较快

1）北京情况

2009 年 ~ 2013 年，北京市 80 岁及以上高龄老年人口比例持续稳定增长 [5]，

60 ～ 69 岁低龄老年人口比例快速增加，该群体的成长背景、个人经历更加多元，个人贫富差异较大（图 1-6）。

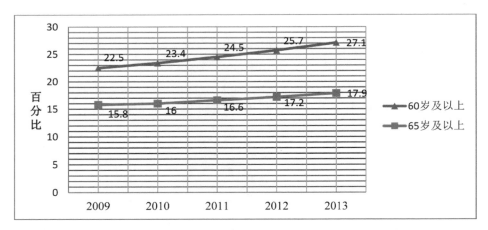

图 1-5　2009 年～ 2013 年上海户籍老年人口比例变化图

资料来源：上海市老龄科学研究中心 . 2009 年～ 2013 年上海市老年人口和老龄事业监测统计信息 [EB/OL]. http：//www.shmzj.gov.cn/，2013-09-30.

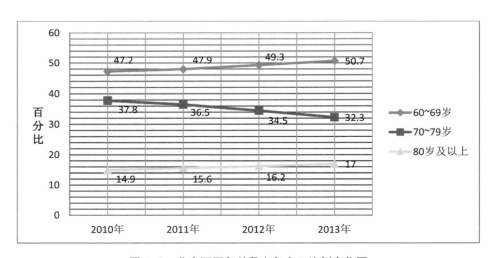

图 1-6　北京不同年龄段老年人口比例变化图

资料来源：北京市老龄工作委员会 . 北京市 2013 年老年人口信息和老龄事业发展状况报告 [EB/OL].http：// zhengwu.beijing.gov.cn/，2014-09-30.

2）上海情况

上海市 60 ～ 69 岁户籍老年人口比例持续增加，70 ～ 79 岁户籍老年人口比例持续下降,80 岁及以上户籍老年人口比例缓慢增加^[6](图 1-7)。这种"两头大、中间小"的特征与北京户籍老年人口年龄结构特征类似,但上海新增的老年人口主要是 60 ～ 69 岁低龄老年人,而北京的低龄老年人口和高龄老年人口均增速较快。从年龄结构上分析,北京是典型的"两头快",养老任务更艰巨,上海是典型的"一头快",养老形势更严峻。

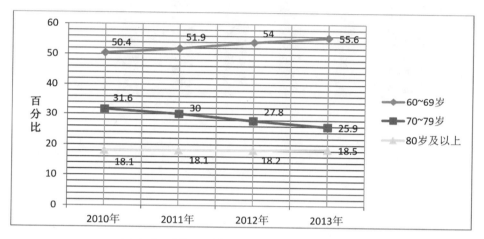

图 1-7 上海不同年龄段老年人口比例变化图
资料来源:上海市老龄科学研究中心 . 2009 年 ～ 2013 年上海市老年人口和老龄事业监测统计信息 [EB/OL]. http://www.shmzj.gov.cn/, 2013-09-30.

(3)老年抚养系数持续上升,养老负担较为沉重

1)北京情况

2009 年 ～ 2013 年,北京 60 岁及以上老年抚养系数逐年攀升,高于全国近 20 个百分点 [4],是全国的 2.7 倍 [4],尤其自 2011 年起,老年抚养系数呈加速上升态势 [5]。可见,北京市家庭的老年抚养负担较为沉重,养老服务工作十分紧迫(图 1-8)。

2)上海情况

2009 年 ～ 2013 年,上海 60 岁及以上户籍老年人抚养系数逐年攀升,高于全国近 30 个百分点 [6],是全国的 3.6 倍 [4],反映出上海家庭的老年抚养负担十分严重,人口呈严重的倒金字塔形结构(图 1-9)。

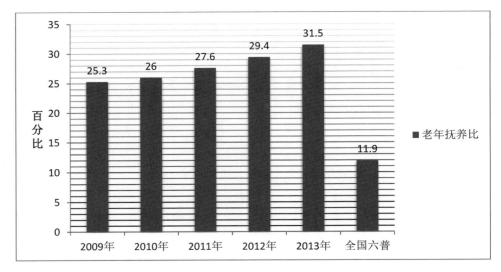

图 1-8 北京市 60 岁及以上户籍人口抚养比统计图

资料来源：北京市老龄工作委员会．北京市 2013 年老年人口信息和老龄事业发展状况报告 [EB/OL].http：//
zhengwu.beijing.gov.cn/，2014-09-30.

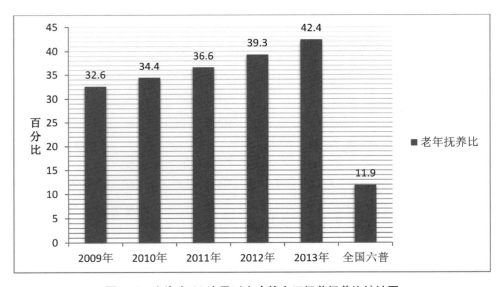

图 1-9 上海市 60 岁及以上户籍人口抚养抚养比统计图

资料来源：上海市老龄科学研究中心．2009 年～ 2013 年上海市老年人口和老龄事业监测统计信息 [EB/OL]. http：
//www.shmzj.gov.cn/，2013-09-30.

1.1.1.2 老年人健康衰退趋势

1. 我国老年人总体健康状况

老年人身体健康状况直接影响着晚年生活质量。全国 51.8% 的老年人患有长期慢性病，其中高血压、糖尿病、缺血性心脏病、脑血管病的患病率排名位列前4 位（图 1-10）。除生理健康外，老年人的心理健康状况同样令人担忧，由于脱离社会岗位久居在宅，易出现孤独、内心压抑、抑郁、情绪急躁等心理疾病，全国约 8% 的老年人患有抑郁症[7]。

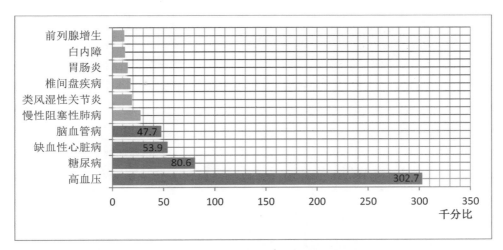

图 1-10 城市 60 岁以上老年人口慢性病患病率与疾病构成

资料来源：卫生部统计信息中心 . 2008 中国卫生服务调查研究 [M]. 中国协和医科大学出版社，2009.

2. 北京、上海老年人总体健康状况

（1）高血压、高血脂、冠心病患病率较高

1）北京情况

依据《中国长者服务（养老）市场基线调查》数据，73.9% 的北京老年人患有不同类型的慢性病，其中患有高血压 / 高血脂的比重最高（占比 45.1%），其次分别是心脏病 / 冠心病（占比 21.5%）、糖尿病（占比 19.6%）、骨质疏松症（占比 14.4%）、颈 / 腰椎病（占比 13.1%）、脑血管病（占比 12.1%）、类风湿 / 关节炎（占比 9.4%）（图 1-11）。27.5% 的老年人患有 1 种慢性病，25.5% 的老年人患有 2 种慢性病，而患有 3 种及以上慢性病的老年人占比高达 20.9%（图 1-12）。

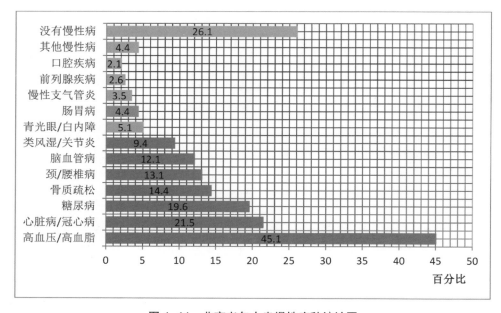

图 1-11　北京老年人患慢性病种统计图
资料来源：根据伊世特中国有限公司的《中国长者服务（养老）市场基线调查》数据绘制

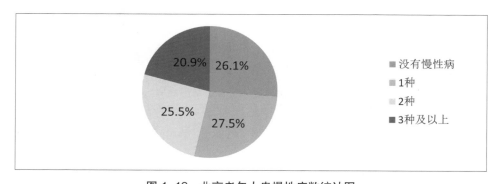

图 1-12　北京老年人患慢性病数统计图
资料来源：根据伊世特中国有限公司的《中国长者服务（养老）市场基线调查》数据绘制

2）上海情况

依据《中国长者服务（养老）市场基线调查》数据，77.0% 的上海老年人患有不同类型慢性病，其中患有高血压/高血脂占比42.7%，其次是心脏病/冠心病（占比 17.8%）、糖尿病（占比 16.3%）、骨质疏松（占比 14.6%）、颈/腰椎病（占比12.7%）（图 1-13）。29.4% 的老年人患有 1 种慢性病，29.1% 的老年人同时患有 2种慢性病，同时患有 3 种及以上慢性病的老年人占比高达 18.4%（图 1-14）。

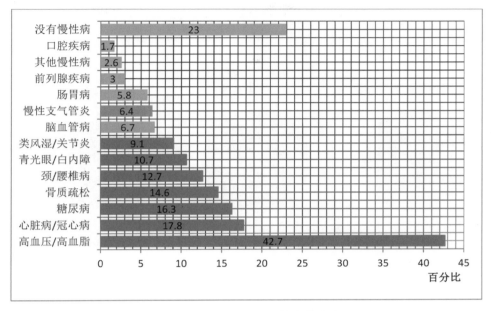

图 1-13 上海老年人患慢性病种统计图

资料来源：根据伊世特中国有限公司的《中国长者服务（养老）市场基线调查》数据绘制

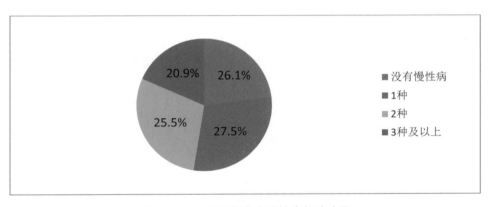

图 1-14 上海老年人患慢性病数统计图

资料来源：根据伊世特中国有限公司的《中国长者服务（养老）市场基线调查》数据绘制

（2）常有孤独、不安和低落感

1）北京情况

基于《中国长者服务（养老）市场基线调查》数据，北京有 44.2% 的老年人过去一年内感到过精神不安、情绪低落，45.7% 的老年人表示过去一年内感到过失落或孤独，有两种心理问题的人群占比 34.1%，反映北京老年人心理健康状况不佳（图 1-15）。

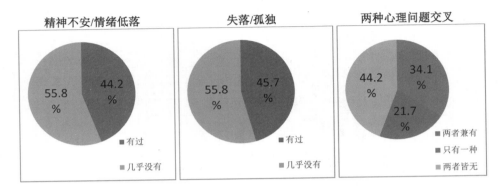

图 1-15 北京老年人心理健康状况统计图
资料来源：根据伊世特中国有限公司的《中国长者服务（养老）市场基线调查》数据绘制

2）上海情况

基于《中国长者服务（养老）市场基线调查》数据分析，48.8% 的上海老年人表示过去一年内感到过精神不安、情绪低落，48.0% 的老年人表示过去一年内感到过失落或孤独，具有两种心理问题人群占总体的 42.3%。与北京老年人相比，上海老年人具有两种心理问题的比例高出 8 个百分点，说明上海老年人心理健康状况较差（图 1-16）。

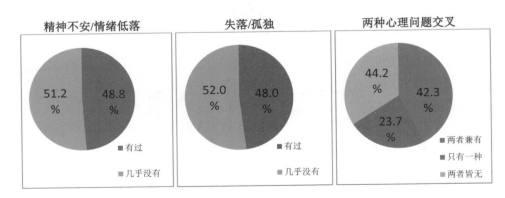

图 1-16 上海老年人心理健康状况统计图
资料来源：根据伊世特中国有限公司的《中国长者服务（养老）市场基线调查》数据绘制

1.1.2　老年人普遍缺乏户外活动

健康老龄化是指老年人衰老过程中心理、生理机能保持着健康状态[8]，而我国当前养老政策仍停留在关注医疗保健和服务照料层面，缺乏针对老年人自我健康管理的政策研究。户外身体活动对促进老年人健康具有极其突出的作用，世界卫生组织（WHO）将身体活动定义为任何消耗能量的骨骼肌肉活动，包括步行、骑车、有氧运动、跳舞等[8]，而老年人的户外身体活动特指一切在户外开展的身体活动，以步行活动和接触自然类活动为主。现代疗养学印证了自然环境是促进老年人身心健康的重要因素[9-10]。无论是步行还是接触自然类活动，都能够提升老年人健康[11-12]，而老年人普遍缺乏足量的户外身体活动[8]。

1.1.2.1　老年人缺乏身体活动易引发死亡

当前我国快速的城市化改变着老年人生活方式。随着城市边界的蔓延和小汽车的普及，老年人出行方式正由"步行交通"向"车行交通"转变，中心城区局限的公共空间也给老年人户外活动带来不便，导致身体活动量不足。老年人因缺乏身体活动而引发的缺血性心脏病、乳腺癌和糖尿病等被世界卫生组织统称为"生活方式病"，已成为仅次于高血压、高血糖和吸烟而导致死亡的因素[8]，是21世纪危害老年人健康的重要杀手。

1.1.2.2　户外活动促进老年人生理健康

1. 步行活动

老年人坚持户外步行活动能够改变肌体内的血脂和血浆脂蛋白成分，不仅有助于降低老年人高血压、高血脂等心脑血管病和Ⅱ型糖尿病的发病率，还有助于预防骨质疏松，改善生理机能，保持良好的肌肉组织形态，预防跌倒，提升自理能力[13-19]。此外，户外步行活动还能改善中枢神经系统，降低老年痴呆症的发病率，提高免疫力[20-21]。美国运动医学会（ACSM）曾发布《老年人身体活动与健康建议》，提出要增强老年人中等强度的有氧活动，改变静止久坐的生活习惯[22]。

2. 接触自然类活动

老年人接触自然对肌体具有康复功效，自然植物的芳香气味可刺激大脑皮层神经组织，降低老年痴呆的发病率，增强记忆力[23-24]。自然环境中的光照还能够促进肌体对磷和钙元素的吸收，提高新陈代谢效率。

1.1.2.3 户外活动促进老年人心理健康

1. 步行活动

规律性的步行活动能够缓解老年人的压抑、抑郁和惊慌等不良情绪，提升老年人的睡眠质量[25]。此外，步行活动还有效促进了老年人社会交往，提高生活满意度，消除孤独感[26-27]。当老年人生活中出现心理问题时，多数老年人（北京60.9%、上海56.5%）会选择外出散步/购物排解（图1-17）。

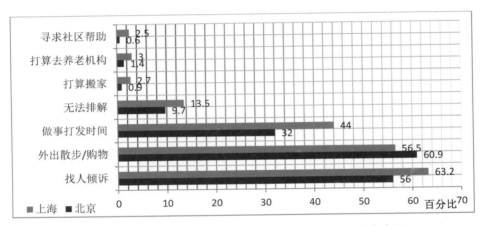

图 1-17　北京和上海老年人排解不良情绪的行为方式统计图
资料来源：根据伊世特中国有限公司的《中国长者服务（养老）市场基线调查》数据绘制

2. 接触自然类活动

自然环境中鸟语花香能够改善老年人的情绪，缓解老年人心理压力和精神紧张度[28]。

1.1.2.4 户外活动减少老年人医药开支

老年人规律性的开展户外活动能够有效降低医疗开支。Ackerman[29]对养老设施中规律性和不规律性户外活动的老年人对照组实验研究发现，不规律性户外活动老年人的医药开支比规律性户外活动者多20.3%。郭慧[30]通过户外活动干预的手段对患有糖尿病老年人纵向研究发现，经过户外活动干预后的老年人日常医药开支明显降低。

1.1.3　养老设施缺乏支持活动的外部环境

Callen[31]通过对118位养老设施老年人的全天不间断调研发现，72.9%的老年人并不开展任何形式户外活动。出于对老年人跌倒、走失等问题的担忧，养老设施常采取封闭式管理，限制外出活动，狭小的内部场地空间也不能满足老年人的户外活动需要（图 1-18）。Lawton[32] 的老年生态学理论（Ecological Theory of Aging）表明，越弱的个体需要越强的环境刺激进而开展特定活动，而老年人的生理机能、环境感知能力都比青壮年人差，对环境的认知和适应能力较差，需要外部环境对户外活动提供更大的支持性[33-34]。支持活动的外部环境包括了养老设施无障碍的步行环境、便利的休憩设施、丰富的绿化环境等[35]。而当前我国养老设施外部环境建设质量较差，有以下几点问题：

图 1-18　洛阳市某老年公寓

1. 大型养老设施周边缺乏步行可达的公共设施

由于城市中心区地价高涨，大型养老设施常建在偏远郊区，而郊区周边公共设施极不完善，也就隔离了老年人的生活。例如，天津某老年公寓是 2013 年开业的持续照料社区（CCRC），由三栋酒店式公寓组成，共有 388 张床位，提供自理、介助、介护、特殊护理、专人护理等照料服务。该社区西侧紧邻一条双向八车道的交通主干道，北侧紧邻生活性主干道，道路车速较高且无过街设施，社区周边 400 米可步行范围内无任何公共设施（图 1-19、图 1-20），老年人仅能在局促的户外场地中短暂活动，导致日常生活与外界隔离。

15

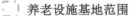
养老设施基地范围

图 1-19　天津某老年公寓基地周边现状地图　　　图 1-20　天津某老年公寓外景

2. 中小型养老设施缺乏支持活动的场地环境

（1）缺乏健康声环境

中小型养老设施大多建在城市高密度地区，部分临近城市主干道，交通噪声严重污染。如天津市某老年公寓，位于天津城市中心区的广开中街和南开五马路交汇处，车流量较大且城市交通噪声嘈杂，而养老设施建筑正立面又临近马路，缺乏健康的声环境（图 1-21、图 1-22）。

养老设施基地范围

图 1-21　天津市某老年公寓基地现状地图　　　图 1-22　天津市某老年公寓建成环境

（2）缺乏绿植景观

养老设施外部环境中普遍缺乏丰富多样的绿植景观，当前多以种植单一灌木为主，绿植颜色单一、样式单一，不能够支持和促进老年人户外活动，致使空间利用率较低（图 1-23）。

（3）缺乏便捷的步行系统

步行系统是养老设施老年人外出活动的主要区域，部分养老设施场地路面铺装不平且砖缝过大，无障碍设施不完备，老年人步行活动体验较差（图1-24）。

图 1-23　养老设施缺乏绿植景观　　　　图 1-24　养老设施缺乏平整的步行系统

（4）缺乏开敞性空间

当前城市中心区的养老设施场地狭小且场地封闭，隔离了老年人与外界环境的联系，使老年人在场地中颇感单一和孤寂（图1-25）。

图 1-25　养老设施缺乏开敞性空间

1.2　既往研究及评析

1.2.1　老年人户外活动的健康促进研究

老年人户外活动的健康促进理论是本书研究主体，通过外部环境的有效干预促进老年人户外活动。户外活动健康促进研究于 1945 年由医学史家 Henry E.Sigerist[36] 开创，提倡通过教育和环境干预的方式促进老年人开展户外活动，并保持健康的饮食和生活习惯。其包含了如下相关理论。

1.2.1.1　理论研究

1. 知信行模式理论

知信行模式理论，即："Attitude，Belief，Practice"，是老年人健康教育中的重要理论。在知信行理论中，"知"阶段指通过全新的环境认知和心理疏导，让老年人接受了新的知识，"信"阶段指通过心理疏导，增强了老年人自我开展户外活动的信心，"行"阶段指摒弃不健康行为，改变不良生活习惯，引导积极的户外活动习惯[37]。知信行模式理论揭示了教育手段强化开展健康行为的"心理图示"，包含了"传递——认知——信念——行为"四个环节，证实了老年人"认知和信念"对户外活动起决定作用，促进老年人户外活动的首要步骤是扭转主观环境认知，建立对外部环境的信任[37]。

2. 计划行动理论

计划行动理论，即"Theory of Planned Behavior"，与 1985 年由美国 Icek 教授提出。该理论证明了社会观念对于老年人户外活动的影响[38]，阐明老年人户外活动的动机、行为态度和主体范式，广泛应用于老年人体育锻炼干预研究中。例如，Corm[39] 基于计划行动理论模型对老年女性户外体育锻炼行为预测研究发现，行为动机和主观态度是影响老年女性开展户外体育锻炼行为的主要影响因素。Kluge[40] 运用计划行动理论分析验证了老年人的户外体育锻炼受到自我效能、性别、生活满意度的影响。

3. 社会生态理论

社会生态理论（Social Ecological Model）诞生于社会学领域，一战后被芝加哥学派的社会学家引入城市问题研究。作为交叉学科理论，社会生态理论交叉了公共健康领域的"个体和群体"研究以及建筑、规划学领域的人居环境研究[41]，其核心原理是分析人类行为受到了个体、社会、环境多时空要素的交互式影响作用，目前在环境行为、健康干预领域研究中，具有极高普适性和应用度。McLeroy[42] 基于社会生态理论将人群户外活动的影响因素分为 3 类：

（1）个体内在因素，包含了个体类型特征、生理指标等，源于健康信仰模型理论（Health Belief Model），用于解释个体行动受到关于内在健康知识的影响[43]。Prochaska[44] 研究得出了阶段变化模型（Transtheoretical Model），揭示了个体行为改变需要经历"反思、关注、准备、行动、保持"5个步骤。个体对实际环境的认知体会是左右其开展户外活动的主要原因,个体对客观环境的评价和社会人群的迎合度是决定开展户外活动的关键[43]。

（2）群体间因素,包含了群体间的相互影响及与家庭人员的影响等要素,源于社会学习理论（Social Learning Theory）和社会认知理论（Social Cognitive Theory）,包含了以下相关子理论[43, 45]:1）互惠决定论,即个体的活动要同环境因素形成互动进而产生互惠效应;2）行动能力,即对相关活动行为所需能力和经验的契合;3）期待,即对发生活动行为后拟取得健康效益的期待;4）自我能效,对相关活动所需肌体能力的认知;5）观察学习,对其他人群行为的学习和体会;6）强化效应,对能够持续性开展该行为的激励机制。

（3）社区因素,包含了社区或机构因素、社区社会网络特征、公共政策等,包含了以下子理论[43]:1）社区组织理论,强调社区群体对某项共同问题的集体认可,以及鼓励人群参与活动的机制;2）创新扩散理论,用于描述新媒体、科技在人群中相互传播的机制;3）传播理论,该理论用于解释信息传播对于社区人群行为改变的影响和作用。

1.2.1.2 实证研究

在谷歌学术（Google Scholar）、美国医学索引（Medline）、ISI网站上搜索关键词:"老年人（Older Adults）"、"健康行为（Health Hehavior）"、"身体活动（Physical Activity）"、"步行（Walking）"、"接触自然（Access to Nature）"和"关联影响（Correlates and Factors）",相关实证研究中,将促进老年人户外活动的要素分为个体、社会氛围和物质环境3类影响因素。

1. 个体影响因素

影响老年人户外活动的个体影响因素包含以下几类:

（1）年龄

随着年龄增长,老年人户外活动量逐渐下降。Bennett[46]通过对英国Nottingham地区303位老年人的8年纵向研究（Longitudinal Study）发现,老年人户外活动量逐年下降。King[47]通过对2912位中年和老年人的横向研究（Cross-selectional Study）发现,年龄与户外活动量正相关。Satariano[48]发现,老年人随着年龄增长患慢性病症数量增多,户外活动量逐年变低。

（2）性别

老年男性的户外活动量大于女性。Bennett[46]研究发现,老年男性户外活动量比女性高，但室内活动量比老年女性少。Lee[49] 分析 276 位老年人发现，女性总体户外活动量比男性低。

（3）健康状况

生理和心理健康状况紧密关联着老年人户外活动量。较积极评价自身健康状况的老年人，其户外活动量较高[50]。缺乏户外活动的老年人普遍健康状况不佳，并患有关节炎、糖尿病和抑郁症等。

（4）自我效能（Self-Efficacy）

自我效能定义为对某方面工作能力的主观评估，它是老年人开展户外活动的有效预测变量。Cousins[51] 访谈了 143 位老年女性发现，老年人自我效能认知较差，会导致老年人对外部环境有较多不良感知。Clark[52] 研究发现，自我效能与老年人户外活动量和健康状况正相关。

（5）社会经济状况

老年人的学历和收入水平越高越可能参与各种户外活动。Meyer[53] 通过对瑞士 8405 位 50 岁以上的中老年人实证分析发现，老年人的社会经济状况对参与规律性的户外活动显著相关。

（6）态度

Dye[50] 发现自我意志力和自我激励是老年人规律性户外活动的关键影响要素，惰性是老年人不愿开展户外活动的重要因素。老年人对户外活动的态度表现为"太老了不便于活动"[54]、"体能不足"[47]、"缺乏活动乐趣"[55] 等。

2. 社会氛围影响因素

影响老年人户外活动的社会氛围因素包含以下几类：

（1）社会支持和陪伴

Wendel-Vos[56] 对 47 篇关于老年人户外活动的文献进行荟萃分析，实证老年人的社会支持影响了其户外活动量。Macdonald[57] 大样本观测发现，绝大多数老年人是与他人一起活动的。Chad[58] 研究发现，老年人和家人或朋友住在一起能获得较多社会支持，进而户外活动量较大。医生、家庭成员或朋友对老年人户外活动的建议和鼓励能有效改变久坐不动老年人的生活习惯[59]。

（2）安全性和社会氛围

King[60] 通过对 8 个社区的 190 位老年人研究发现，老年人主观感知到场所安全和社会凝聚力对其开展户外活动具有积极作用，相关研究证实老年人有人陪伴一起活动是促进其开展户外活动的主要因素[47, 58]。

（3）个体或机构宣传

大众媒体被认为是宣传和鼓励老年人参与户外活动的有效手段。Reger[59] 通过对照组准实验（Quasi-Experiment）对比通过大众媒体健康干预和没有大众媒体健康干预的老年人户外活动开展量，发现干预组中不积极活动的老年人在通过大众媒体健康干预后，户外活动频率和持续时间均增加。

3. 物质环境影响因素

物质环境因素包含了自然环境和人工建成环境，融合了由宏观尺度中城市规划、城市设计、土地利用规划、交通规划等因素，以及微观尺度中人行道的适老化、公共服务设施便利性、交通信号灯适老化等因素。Cunningham[61] 对 1996 年～2002 年间发表的 27 篇户外活动领域实证研究论文（6 篇针对老年人、21 篇针对中年人）综述发现，城市宏观尺度中的安全性和美观性等因素以及微观尺度中的人行道适老化设计、公共服务设施的便利性等因素，与老年人户外活动量密切相关，外部环境中的安全性和美观性与老年人"规律性"开展户外活动密切相关，而公共服务设施便利性因素与老年人"规律性"开展户外活动的关联性暂不显著。继 Cunningham 文献综述后，共有 15 篇论文研究物质环境因素对老年人户外活动的影响，其中 13 篇针对原居安老的老年人，2 篇针对养老设施的老年人，10 篇论文采用客观测量方法（GIS 测量和环境自评价测量）提取物质环境数据；7 篇论文内采用了多元统计建模方法，控制了个体因素和社会氛围因素，计算物质环境因素对老年人户外活动的影响效应。影响老年人户外活动的物质环境因素包含以下几类：

（1）建成环境的支持性

Dawson[62] 对住区 680 位 50 岁以上人群研究发现，部分建成环境阻碍了老年人户外活动的开展意愿，若老年人感知到建成环境中的障碍要素，其户外娱乐型步行活动强度会大幅降低，而与其总体户外活动强度并无显著关联。King[63] 对比分析了住区 158 名绝经后肥胖妇女在 1950 年～1969 年间和 1969 年后户外活动强度，发现该群体在 1950 年～1969 年间户外活动强度较高，且该阶段住区建成环境为户外活动提供了较高的支持性。Berke[64] 对 936 位老年人调研发现，住区的可步行性与户外活动强度紧密相关。相关文献也探讨了建成环境因素对老年人户外活动的影响效应不显著。King[60] 分析了建成环境因素，如无障碍坡道、人行道和零售业态密度等对老年人的事务型步行活动相关，但此类事务型步行活动的总体开展频率却较低，King 推测建成环境因素对老年人户外活动的影响效应低于个体因素和社会氛围因素。Nagel[65]研究发现，建成环境的支持性对老年人户外活动时间正相关，但对其是否开展户外活动并无关联。仅有 2 篇文章分析养老设施的建成环境对老年人活动的关联。Joseph[66]通过对持续性照料社区（CCRC）的 398 位老年人调研发现，具有吸引力的场地景观和室内景观能够促进老年人开展户外活动。Joseph[67]针对 3 个持续性照料社区（CCRC）中 114 位积极开展户外活动的老年人研究发现，该类人群往往在场地中道路连接度较高的区域开展事务型步行活动，而在场地中无台阶、充满景致的区域中开展娱乐型步行活动。

（2）公共服务设施密度与可达性

住区周边公共服务设施密度和可达性对老年人户外活动强度密切相关，更高密度的商业设施（零售店、商贸、便利店等）、办公设施（邮局、银行、办公建筑等）以及更可达的娱乐性设施，老年人户外活动量则更大。King[68]用计步器和自反馈问卷分析了 149 位老年女性户外活动量，得出公共服务设施密度和可达性对老年人户外活动量密切相关。Gauvin[69]对 2641 位加拿大中年女性调研发现，户外活动量并不受住区周边环境友好性和安全性的影响，但与住区周边公共服务设施密度相关。Li[70]对居住在 28 个社区的 303 位老年人调研发现，随着住区周边公共服务设施可达性的提升，老年人不开展户外活动的概率逐渐降低。

（3）微观尺度设计要素

既往研究有 6 篇文章实证了微观尺度的设计因素，如道路连接度、人行道的支持性等对老年人户外活动量的影响。道路连接度与老年人高强度户外活动密切相关。Cunningham[61]综述表明，住区周边的人行道环境质量和覆盖率与老年人户外活动量并无关联，其他因素如无障碍坡道、过街设施的适宜性等与老年人户外活动量有微小影响。

1.2.2 外部环境对老年人户外活动影响机制研究

行为学家、建筑师和规划师等从外部环境视角分析对老年人户外活动的影响机制，相关理论可分为三种。

1.2.2.1 亲生命体假说

1984 年，哈佛大学生物学家 Edward O. Wilson[71]在其著作《Biophilia（亲生命性）》提出了亲生命体假说（Biophilia Hypothesis），揭示了人类对自然界的本质性依赖和喜好，自然环境是人类户外活动的基础诱导因素。

1.2.2.2 注意力恢复理论

1980 年，密歇根大学的 Rachel Kaplan &Stephen Kaplan[72] 在其著作《The Experience of Nature：A Psychological Perspective（自然的体验：一个心理学视角研究)》提出了注意力恢复理论（Attention Restoration Theory），以心理学视角总结了人类注意力的发展模式，包括自觉注意力（Voluntary Attention）和不自觉注意力（Involuntary Attention）。自觉注意力受到自体大脑认知系统的控制，这种注意力更持久，需要数月重复性积累才会显现出疲乏、高度压力等问题，而不自觉注意力则不受大脑认知系统的控制，这种注意力是暂时的，能有效缓解肌体疲劳和压力，受潜在刺激物干预而形成，以自然环境为主，当人类处于自然界中或注视自然环境的图片时，能极大缓解其心理压力、降低疲劳感受。Rachel Kaplan &Stephen Kaplan 通过问卷调研探究了人类对于自然界诸多信息的偏好模式，如天空飘荡的云、风中飘荡的枝叶和溪流等都能有效缓解压力。Rachel Kaplan &Stephen Kaplan 也分析人类对于自然环境的偏好特征，其发现人类普遍喜欢多层次的植物景观[72]，注意力恢复理论分析阐述人与自然环境的内在作用关系，印证了自然环境对人类注意力疲劳度的恢复作用，奠定了疗养花园研究基础。

1.2.2.3 支持性空间理论

基于亲生命体假说和注意力恢复理论，美国德克萨斯 A&M 大学行为学家 Roger S. Ulrich[73] 通过对医疗建筑环境中病人的生理和心理压力指标（血压、生活质量、生活满意度、医疗费用等）长期研究，于 1991 年提出了支持性空间理论（Theory of Supportive Design），强调在医养空间环境中通过设计干预的方式促进人们接触自然、缓解压力。由此，将自然界对人体康复效益研究成功引入到建筑学界，通过设计的引导促进对于病人压力的治愈，并提出了 4 项具有缓解压力、促进康复的外部环境构建原则：（1）便于运动性，疗养花园的设计要能够激发老年人外出活动的热情；（2）控制性，疗养花园的路径系统和视觉可达性是增强老年人控制性的重要因素，如在建筑内能够较通透看到疗养花园，便捷的主入口，具有亲和性的场地环境等；（3）社会支持性，疗养花园要满足不同文化需求以及不同活动类型的社会支持性，如结合开敞空间和私密空间，增强多种社交活动空间，提升社会支持性；（4）自然分散性，表现为活动的自然景观方面，包括野生动物、流水等在内的一切具有生命力的景观都有效缓解了老年人心理压力。

1.2.3　老年人宜居外部环境规划及设计研究

基于理论和实证研究，建筑师和规划师分别在城市、社区、场地三个层次提出老年人依据外部环境规划设计策略。

1.2.3.1　老年友好型城市

老年友好型城市研究强调老年人的社会参与和融合，包含促进老年人户外活动的城市环境要素。Boswell[74] 提出，城市用地布局和交通规划要促进老年人进行户外活动。Colangeli[75] 指出，当前规划师在医学和健康学领域知识较短缺，采用新城市主义理念建设老年友好型城市，通过密路网结合 TOD 规划，控制城市边界蔓延，建设适宜老年人步行的健康城市环境。

1.2.3.2　老年友好型社区

老年友好型社区研究包含了诸多促进社区户外活动的环境干预要素。Gilroy[76] 提出构建便捷可达的社区公共服务设施体系、多元的开放空间和独特的建筑特色等要素，促进老年人参与社区户外活动。Scharlach[77] 提出要构建促进步行活动的交通体系，通过更紧凑的用地规划降低老年人对小汽车的依赖，并组织多样的活动促进老年人社会参与，构建老年人的社交网络。诸多学者提出要基于新城市主义中的精明增长原则推动老年友好型社区建设，构建紧凑融合的用地布局、多样化的交通出行模式、便利的公共服务设施和政策性住宅等要素，促进老年人的社会融合及社区交往活动，构建具有吸引力的社区健康环境 [78-80]。

1.2.3.3　康复花园

Marcus[81-83] 开创了康复花园研究领域的先河，调研并分析了疗养环境中老年人户外活动的环境需求，提出康复花园的设计理论体系。Marcus 全面阐述了康复花园选址、交通组织、绿色植物和场地设施的设计策略：（1）要满足老年人的不同心理、生理需求，在康复花园中设置私密和半私密的环境，提高老年人对场地的领域感；（2）要设计便捷的步行路径促进老年人户外康体活动；（3）要积极考虑城市外界环境对康复花园的影响，避免城市外界环境对康复花园内部环境的干扰；（4）康复花园的设施系统要积极促进老年人群体间的社会交往，张文英[73]对康复花园提出设计原则：（1）注重老年人视野中的绿化面积设计；（2）注重老年人能够听到园林中鸟叫、水流声音；（3）促进老年人与绿植、水流的接触，为老年人户外活动增添活力；（4）通过开展适宜强度的园艺活动提高老年人的健康水平。

1.2.4 文献评析

综上所述，通过外部环境对老年人进行活动干预是促进和改善老年人健康的关键环节，由于养老设施集合居住模式，如何多元分析养老设施老年人"个体、社会和外部环境"的三维因素影响以及清晰阐明主观认知和客观外部环境对户外活动的"交互式"影响机理，这是养老设施外部环境健康促进的主要瓶颈，如何精确建立养老设施外部环境健康促进模型，并科学度量外部环境健康促进要素，这是养老设施老年人健康提升的关键。

尽管国内外针对公共健康领域的老年人户外活动健康促进和城乡规划学领域的老年友好型城市、老年友好型社区、康复花园等领域做了一定的研究并取得了一系列进展，但将公共健康学和城乡规划学结合研究养老设施这一集合居住建筑仍属于空白。既往研究多关注中老年人或初期（50 ~ 75 岁）老年人，而针对中期（75 ~ 84 岁）以及长寿（85 岁及以上）老年人的研究较少，而此类老年人部分伴有认知或行动障碍，在环境干预中既有研究表明该年龄段老年人的认知环境和客观建成环境间存在一定差异，且老年人主观易夸大建成环境潜在危险因素，或低估开展户外活动的能力，进而消极开展户外活动[84-85]，因此既往的健康促进外部空间要素不能准确适用于该年龄段老年人，如何精确挖掘老年人主观环境感知因素并通过相关健康教育政策，改变老年人的主观认知，这是老年人健康促进研究的关键，而此类研究极其缺乏。此外，既往研究多针对住区外部环境进行健康促进研究，提出了设施密度、可达性对老年人户外活动会有一定影响，而这种健康促进的外部环境要素是否适用于养老设施并未证实。相关研究结论大多针对人口高度老龄化的美国、英国等发达国家，但这种结论是否适用于快速老龄化的中国并未证实，研究得到的健康促进效应值是否在中国有效有待商榷。当前中国的养老设施有巨大的供给需求，如何在养老设施的选址和建设中识别现状外部环境的关键问题，做好决策规划决策以及促进老年人健康至关重要，这些奠定养老设施外部环境健康促进研究的必要性和重要性。

1.3 概念界定

1.3.1 养老设施释义

针对养老设施的定义，国内相关法规和规范对其定义存在一定的交叉，相关名词包括养老机构、养老设施、老年人设施。

1. 养老机构

养老机构概念源于《中国老龄事业发展"十二五"规划》、《社会养老服务体系建设规划（2011～2015年)》中，两部规划都提出了要建立"以机构为支撑的养老服务体系"[2, 86]。养老机构作为社会养老专有名词，其为老年人提供日常起居、生活照料、健康管理和文化娱乐等综合性服务，常以老年日间照料中心、老年公寓、养老院和老年护养院等命名。基于经营性质划分，可将养老机构为非营利性和营利养老设施，非营利性养老机构用地社会福利设施用地，采用土地出让的形式供地，而营利性养老机构使用商业或住宅用地，采用招拍挂的方式供地。

2. 养老设施

养老设施概念在《养老设施建筑设计规范》GB 50867—2013[87]中定义为老年人提供起居照料、医治康复、休闲文娱等领域的综合性服务建筑类型，包含了老年日间照料中心、养老院、老年养护院等。

3. 老年人设施

《城镇老年人设施规划规范》GB 50437—2007[88]将老年人设施定义为以老年公寓、养老院、老年护理院为主的居住建筑以及老年学校、老年活动中心、老年服务中心为主的公共建筑的统称。

4. 概念比较

概念比较发现，养老机构和养老设施都是老年人设施的一部分，其强调的是"照料"，包含生活照料、生理照料和心理照料，而老年人设施还包含了相关公共建筑如老年学校、老年活动中心等，养老设施同养老机构的概念类似。养老设施提供了多种照料服务，国际上普遍根据提供照料服务，将其分为自理型（Independent Living)、介助型（Assisted Living)、介护型（Skill Nursing)、老年痴呆症型（Alzheimer's & Dementia)、失忆型（Memory Care）等养老设施。而对于融合多重照料服务为一身的养老设施常以退休社区（Retirement Community）或持续照料社区（CCRC）命名。

5. 本书养老设施特指

本书预调研发现，自理型养老设施老年人的户外活动区域包含了外部场地和基地，介助型养老设施老年人的户外活动区域主要集中在外部场地周围，部分体能较好的老年人会在基地中活动，介护型养老设施老年人普遍身体状况较差，主要活动范围就在室内，极少数自主性参与户外活动，而老年痴呆症型、失忆型养老设施老年人有较大认知和行为障碍，无法自主性参与户外活动。因此，本书研究仅针对以自理型、介助型养老设施，排除了介护型、老年痴呆症型、失忆型养老设施，我国针对自理型、介助型为主要照料方式常以老年公寓、养老院等命名。

1.3.2 老年人户外活动释义

1. 户外活动

户外活动直译为"Physical Activity"，笔者以"Physical Activity"为关键词在 Google Scholar 上检索出了 4510000 个结果（检索日期 2018 年 5 月 18 日），相关研究对于"Physical Activity"界定较为广泛，包括了与肌体相关的所有健康行为和习惯[89-92]。而针对老年人居住外环境领域研究中，多数文章将户外活动定义为有助于老年人强健身心、促进医疗保健的活动，包括了走、跑、在自然环境中活动身躯等一系列有氧运动[92]。

2. 养老设施老年人户外活动

养老设施老年人户外活动主要包含了两种，即户外步行活动，指老年人在养老设施周边基地环境和内部场地环境中的慢跑、散步等活动，以及户外接触自然类活动，指老年人在养老设施内部场地环境中的观望、休憩等活动。

1.3.3 养老设施外部环境释义

促进老年人户外活动的外部环境由物质环境和社会氛围组成。物质环境可细分为养老设施外部场地和外部基地环境要素，社会氛围可细分为养老设施老年人间的社会支持、社会参与和社会网络等要素。

2　养老设施外部环境的健康促进模型

2.1 基于社会生态理论的养老设施外部环境健康促进模型

养老设施外部环境的健康促进研究结合了运动医学、健康促进学、环境行为学、城市规划及建筑学等领域。既往针对老年人户外活动健康促进研究中，普遍关注老年人个体因素和社会氛围因素对户外活动的影响，理论成果有学习理论、健康信任模型、阶段变化模型和计划行为改变模型等[93-95]，并且老年人自我效能、日常生活能力、活动愉悦度、健康感知及满意度等个体因素和家庭、配偶、朋友等的社会支持因素之间的相关性已被证实[96]。除了关注个体因素和社会氛围因素之间二元影响效应，既往针对外部环境的建筑学研究中，大多关注个体因素和外部环境因素之间的影响效应，理论成果有亲生命体假说、注意力恢复理论、支持性空间理论等。由此可见，既往缺乏针对"个体因素、社会氛围因素、外部环境因素"三维因素综合影响的研究，而社会生态理论被越来越广泛应用到户外活动研究领域中，其在"个体、社会、环境"多维度交互式研究中具有独特优势[42, 93, 97]。当同时应用多维度的健康干预措施时，应用社会生态理论能够更好地探求多维度健康促进策略，进而有利于挖掘更具有优势的健康促进条件[95]。本书所指的户外活动既包括养老设施基地周边的步行活动和场地中的接触自然类活动，老年人集合居住在养老设施中，"个体、社会、环境"因素交互影响着老年人户外活动量，应用社会生态理论能更全面地分析养老设施老年人"个体、社会、环境"三维因素对户外活动的影响机制，有助于挖掘更精确、更具有健康促进效益的养老设施外部环境要素。

2.1.1 基于社会生态理论的养老设施外部环境健康促进模型结构

基于社会生态理论，Sallis[98]针对老年人户外活动干预研究总结了一套完整理论框架。其中包含了相关多重变量要素及相关健康活动行为。

1. 多重变量要素

由以下几类变量组成：（1）群体间变量，包含了人口状况、生理和心理状况和家庭状况等；（2）感知环境变量，包含了建成环境特征，如安全度、吸引度、舒适度、可达性和便捷性等；（3）政策环境变量，包含了促进活动的政策机制，如社区周边的土地利用机制、公共交通设施、绿地规划和公共设施规划等；（4）自然环境变量，包含了场所气候、形态、开放空间和空气质量等；（5）信息环境变量，包含了大众媒体对于户外活动的宣传；（6）社会环境变量，包含了人群对危险灾害的感知、预警、社会支持和社会文化等。

2. 户外活动行为

户外活动行为包括积极性娱乐活动、积极性交通活动、积极性家务活动和积极性工作活动。基于社会生态理论，Zimring[99]总结老年人户外活动的干预框架，如图2-1所示，即环境因素与老年人开展户外活动直接相关，但这种关系又受到社会因素和个体因素的调节作用，环境因素在该模型中处于极其重要的位置，这奠定了养老设施外部环境健康促进研究的基础。

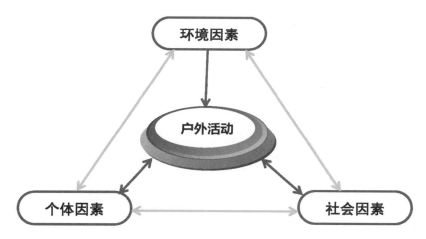

图2-1　社会生态模型结构图

基于社会生态理论建立养老设施外部环境健康促进模型结构（图2-2），养老设施老年人户外活动受到个体因素、社会氛围因素、建成环境因素的影响。其中，物质环境因素为自变量（Independent Variables），户外活动行为是因变量（Dependent Variables），老年人对建成环境的主观感知对户外活动行为的开展起了联系作用，作为居间变量（Mediator Variables），即：主观感知环境承接客观建成环境对户外活动行为的影响机理。而个体因素（年龄、性别、教育背景、健康特征、自理能力等）和社会因素（社会支持或陪伴、机构主体活动开展等）作为调节变量（Moderator Variables），影响了外部环境对户外活动干预的强弱。

基于相关文献研究，可将模型结构可细分为（图2-3）：（1）个体因素，包含了年龄、性别、教育背景、健康体征、自理能力等变量；（2）社会氛围因素，包含了社会陪伴、社会支持、医生建议等变量；（3）建成环境，包含了养老设施基地周边的交通可达性、居住密度、商业密度、设施的步行距离等，以及场地中的植被多样性、休憩环境、作息设施、步行道路、多样的入口等变量；（4）主观感知环境，包含了由老年人主观认知的基地和场地环境要素，变量内容与客观环境内容配对。

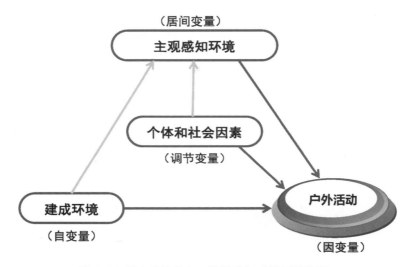

图 2-2　养老设施外部环境健康促进模型结构图

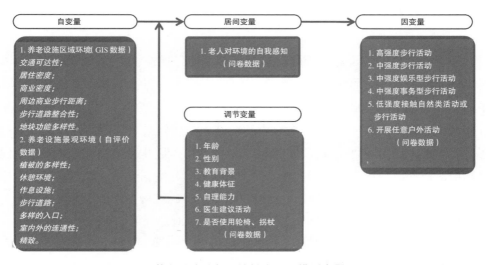

图 2-3　养老设施外部环境健康促进模型变量细分图

本模型结构意在解决以下几个问题：（1）基地、场地和社会氛围变量对老年人户外活动的影响有哪些？（2）基地、场地和社会氛围变量对不同的户外活动行为有哪些侧重影响？（3）基地、场地和社会氛围变量对老年人是否开展任意户外活动有哪些影响？

既往研究表明，多数老年人都有感知障碍，单一针对客观或主观环境数据会造成研究问题的不全面，需要对客观数据对其进行矫正[100]。但若只有客观数据，会造成数据缺乏变异性，同时客观数据的测量边界往往会与实际感知边界之间存在偏差。因此，本书通过主观数据和客观数据的平行测量，能够相互补充信息，有效建构更全面的模型，对比分析主观和客观环境中对户外活动具有突出影响效应的变量，精细化分析养老设施外部环境健康促进要素。

2.1.2　基于社会生态理论的养老设施外部环境健康促进研究数据

老年人户外活动行为、个体信息、场地主观感知和基地主观感知数据通过《老年人问卷（Resident Survey）》提取，社会环境数据通过《机构员工问卷（Staff Survey）》、机构活动日志表（Activity Calendar）提取，场地客观建成环境数据通过《老年人户外环境调查问卷（Seniors' Outdoor Survey）》（简称 SOS）结合分贝仪、照度计等仪器测量提取，基地客观建成环境数据通过地理信息系统软件（Geographic Information Systems）（简称 GIS）和谷歌地图（Google Earth）提取（表 2-1）。

《老年人问卷》的内容由多个相关领域国际知名问卷组成，其内容已通过信度和效度的检测[101]。本书对问卷选项部分做了如下修改：（1）相关研究已表明使用刻度化的李克特量表组成问卷，回答难度较高，老年人易因疲劳而选择问卷中的极值选项，导致数据结果可信度较低[102]。本书"老年人问卷"采用简化版李克量表，以描述内容替换原始数字刻度，降低回答难度；（2）由于养老设施老年人在评价当前居住环境时，普遍存在害怕机构人员报复的心理（Fear of Retribution），若采用的 5 等级陈述，多数老年人会选择以中间值进行度量进而降低了数据信度。本书"老年人问卷"中对于感知环境类的问题都采用 4 等级陈述，偶数级的陈述取消中立选项，迫使老年人选择明确正反方向的感知偏好[102]；（3）对于部分二元量表会产生严重认知问题的选项添加中立选项；（4）部分的选项结尾增添了"替他"项并预留空白区域让老年人填写相应信息。"老年人问卷"生成后对 10 个老年人进行了预调研，并微调描述不清晰的选项。最终版本老年人的问卷使用了"Comic Sans MS 字体"，包含了封面共 10 页。"机构员工问卷"

生成后，也对 5 个机构人员进行了预调研，调整了描述不清晰的选项，最终版本老年人的问卷使用了"Comic Sans MS 字体"，包含了封面共 4 页。"老年人户外环境调查问卷"已验证完信度和效度[103]。

研究变量及测量方式统计表　　　　　　　　　　　　　　　　表2-1

变量	数据	数据测量方法	测量工具
因变量	户外活动	调查问卷	老年人问卷
自变量	个体信息[1]	调查问卷	老年人问卷
	社会因素	调查问卷	老年人问卷
		机构活动日志表	机构员工问卷
			机构活动日志
	场地主观感知环境	调查问卷	老年人问卷
	基地主观感知环境	调查问卷	老年人问卷
	场地客观环境	现场评估	老年人户外环境调查问卷
		仪器测量	分贝仪
			照度仪
			拉力计
	基地客观环境	空间统计	地理信息系统软件
			谷歌地图

注：[1]个体信息包含了老年人的性别、年龄、BMI指数、自我效能、活动辅助设施等。

2.2　养老设施外部环境的健康促进要素

养老设施外部环境的健康促进要素是本书研究重点，由外部基地环境要素、外部场地环境要素和社会氛围要素组成。依据既往针对老年人户外活动行为研究，将养老设施外部基地环境限定为养老设施建设用地范围以外，以 400 米为半径划定的步行缓冲区，老年人平均步行速度为 0.8 米 / 秒，400 米的活动半径是老年人 10 ～ 15 分钟的步行范围。外部场地环境定义为养老设施建设用地范围内除建筑以外的公共区域。社会氛围定义为养老设施的整体社会网络结构、社会支持等虚体空间。

2.2.1　养老设施外部基地环境要素

健康促进型外部基地环境要素包含了主观、客观两类并行数据。基于既有文献综述以及原居安老老年人户外活动的干预要素，构建了养老设施基地主观感知环境数据体系，包括基地活动偏好和态度、基地设施感知、基地步行适宜性、步行道路维护状态、基地步行的安全性等要素。针对客观要素，以地理信息系统数据（GIS）为主，对养老设施以基地外 400 米直径为边界划定步行缓冲区。基于既有文献综述以及原居安老老年人户外活动的干预要素，统计其相关基地环境数据，包括了基地步行适宜性、步行道路的维护状态、基地步行的安全性、基地设施等要素。

2.2.1.1 老年人主观感知基地环境要素

基地主观感知数据由"老年人问卷"提取，问卷内容取自于的《社区环境可步行问卷简化版》（Neighborhood Environment Walkability Survey Abbreviated）（简称 NEWS-A 问卷），NEWS-A 问卷基于 NEWS 问卷简化产生。NEWS 问卷在 2002 年由美国加州大学圣地亚哥分校（University of California, San Diego）的心理学教授 James F. Sallis 和美国辛辛那提大学（University of Cincinnati）的医学和心理学教授 Brian Saelens 合作研发而成，被认为是户外康体活动领域最具权威的测量工具之一[104]。NEWS 问卷包含了 98 个问题，收集评价者户外康体活动方面的邻里感知环境数据，包括如下指标：居住人口密度、用地混合度（包括：距邻里各设施的距离和路径可达性）、道路连接度、步行基础设施、邻里美观性、交通和社会安全性、邻里满意度等。NEWS-A 问卷是 NEWS 问卷的缩减版，其针对老年人进行了多区域（西雅图、华盛顿州和马里兰州的其他地区）大样本（3000 人）调研收集数据，在多层次因子分析后对 NEWS 问卷部分问题合并简化而成，其具有极高的信度和效度[105]。《老年人问卷》中的基地主观感知环境引用了 NEWS-A 问卷，并基于实际调研环境和老年人预调研的评测情况对原问卷进行了调整。修改内容如下：

原 NEWS-A 问卷中的居住人口密度（Types of Residences in Your Neighborhood）维度，由于养老设施外部环境研究范围较小（400 米），老年人对该维度的 6 个子问题的评价存在一定认知偏差，故删除。

原 NEWS-A 问卷中的用地混合度（Stores, facilities, and other things in your neighborhood）问题，将其改成"让老年人勾选在 10 ～ 15 分钟步行时间内的相关设施（Are such Facilities located within 10 ～ 15min walk distance from your living place）"，降低了本分项问题的回答难度，提高了了信度。原问题中的"五金店（Hardware Store）"、"影像店（Video Store）"由于与老年人日常生活关联不

大，故删除。"洗衣店（Laundry/dry Cleaners）"、"理发店（Salon/barber Shop）"由于调研的养老设施皆在室内配备，故删除。"图书馆（Library）、书店（Book Store）"由于养老设施周边普遍配套较少且其属于同一类配套设施，故合并统称为"图书馆/书店（Library/Book Store）"。"快餐店（Fast Food Restaurant）"、"非快餐店（Non-fast Food Restaurant）"、"咖啡厅（Coffee Place）"由于调研区域周边餐厅包含有咖啡服务同时也提供了快餐和非快餐，故合并统称为"餐厅（Resturant）"。

原 NEWS-A 问卷中路径可达性（Access to Service）维度中的问题"商店离住宅很近（Stores are within easy walking distance of my home）"、"附近有较多可步行设施（There are many places to go within easy walking distance of my home）"、"附近有交通换乘站（It is easy to walk to a transit stop from my home）"的问题已经融合到"让老年人勾选在 10 ~ 15 分钟步行时间的相关设施（Are such Facilities located within 10 ~ 15min walk distance from your living place）"问题中，故将其删除。原维度中"周边商业设施停车较困难（Parking is difficult in local shopping areas）"，由于养老设施的老年人开车较少，故删除。原维度中"邻里周边的道路有一定坡度不便于步行（The streets in my neighborhood are hilly, making my neighborhood difficult to walk in）"，由于调研养老设施的邻里环境没有丘陵和坡道，故删除。

原 NEWS-A 问卷中邻里道路（Streets in My Neighborhood）维度中的问题"邻里道路没有断头路（The street in my neighborhood do not have many culdesacs）"，由于调研养老设施的邻里环境较小（400 米基地缓冲区）基本没有断头路，故删除。原维度中的问题"在邻里道路步行中由一处到另一处有多条道路选择（There are many alternative routes for getting from place to place in my neighborhood）"，由于调研养老设施的邻里环境较小（400 米基地缓冲区），道路总线密度较低，故删除。

原 NEWS-A 问卷中步行和骑车环境（Place for walking and cycling）维度的问题"独立的人行道（Sidewalks are separated from the road/traffic in my neighborhood by parked cars）"，由于调研养老设施的邻里环境所有人行道皆和车行道区分，故删除。原 NEWS 问卷中人行道的维护情况（The sidewalks in my neighborhood are well maintained, not a lot of cracks, etc.）由于在前期预调研时发现部分养老设施邻里人行道维护不佳，常伴有坑洼路面，故添加此问题。

原 NEWS-A 邻里周边环境（Neighborhood Surroundings）维度中的问题"邻里

周边有许多自然景观（There are many attractive natural sights in my neighborhood.）"、"邻里周边有许多漂亮建筑（There are attractive buildings in my neighborhood.）"，由于养老设施邻里范围较小，并不普遍存在自然景观和漂亮建筑，故删除。

原 NEWS-A 邻里安全性（Neighborhood Safety）维度中的问题"邻里的道路时速低于 30 英里 / 小时（The speed of traffic on most nearby streets is usually slow 30 mph or less）"、"司机经常超速行驶（Most drivers exceed the posted speed limites while driving in my neighborhood）"，这两项在预调研中信度不高，由于老年人外出活动并不频繁，对于道路中的限速条件和司机的驾驶情况较陌生，故删除。原维度中的问题"邻里周边有较高的犯罪率（There is a high crime rate in my neighborhood）"、"邻里犯罪率较高导致了白天活动不安全（The crime rate in my neighborhood makes it unsafe to go on walks during the day）"、"邻里犯罪率较高导致了夜间活动不安全（The crime rate in my neighborhood makes it unsafe to go on walks during at night）"，此问题针对老年人而言较抽象，老年人很难接触了解到接触犯罪率数据，故删除。

由此，借用 NEWS-A 问卷内容并小幅修改，形成了基地主观感知环境问卷，共分为 5 个维度：基地步行的偏好和态度、基地设施感知、基地步行的适宜性、步行道路维护状态、基地步行的安全性。共 15 个子问题（表 2-2）。

养老设施基地主观感知环境测量变量表　　　　　　　　　表2-2

维度	变量	内容描述
基地活动偏好和态度	对基地步行的偏好度	"你喜欢到基地周边步行活动吗？"选项为"非常喜欢、比较喜欢、比较不喜欢、非常不喜欢"
	基地步行后的感受	"步行活动后，你感觉怎么样？"选项为"比原来好很多、比原来好一些、比原来差一些、比原来差很多"
基地设施感知	基地设施感知	"下列哪些设施您 10 ～ 15 分钟步行即可到达，请勾选"，选项为"便利店 / 杂货店、超市、果蔬市场、服装店、药店、邮局、餐厅、银行、公园 / 公共空间、医院 / 诊所、教堂、图书馆 / 书店、幼儿园 / 小学 / 中学 / 大学"
步行的适宜性	道路连接度	"基地周围道路的交叉口间相距较短，100 码之内（91.4 米）。"选项为"非常赞同、比较赞同、比较反对、非常反对"
	人行道树荫环境	"在基地周边道路有树荫环境。"选项为"非常赞同、比较赞同、比较反对、非常反对"

续表

维度	变量	内容描述
步行的适宜性	有趣景致	"在基地活动时，能看到有趣的景致。"选项为"非常赞同、比较赞同、比较反对、非常反对"
人行道维护状态	人行道的覆盖度	"基地周边多数道路都铺有独立步行道。"选项为"非常赞同、比较赞同、比较反对、非常反对"
	人行道维护状态	"步行道路维护良好，平坦、没有裂缝。"选项为"非常赞同、比较赞同、比较反对、非常反对"
	人行道的独立性	"人行道的步行道路和车行道路间有草坪等间隔。"选项为"非常赞同、比较赞同、比较反对、非常反对"
基地步行的安全性	步行障碍性	"基地周边存在高速路、铁道、河流等障碍物，令活动十分不便。"选项为"非常赞同、比较赞同、比较反对、非常反对"
	交通流量	"基地周边道路交通流量较大，令活动十分不便。"选项为"非常赞同、比较赞同、比较反对、非常反对"
	人行横道	"道路交叉口有人行横道或行人过路灯，帮助通过大流量道路。"选项为"非常赞同、比较赞同、比较反对、非常反对"
	空气质量	"当在基地活动时，能闻到许多尾气（汽车排放、工厂排放等）。"选项为"非常赞同、比较赞同、比较反对、非常反对"
	夜间照明	"基地周边道路夜晚明亮。"选项为"非常赞同、比较赞同、比较反对、非常反对"
	街道眼	"街道上的行人很容易被周边建筑里的人看到。"选项为"非常赞同、比较赞同、比较反对、非常反对"

2.2.1.2 基地客观物质环境要素

通过收集政府的开放 GIS 数据，运用 ArcGIS 10.3 软件测量基地客观环境数据，部分基础设施数据通过谷歌地图测量（表 2-3）。针对相关文献研究，提取 4 个维度研究变量：基地步行的适宜性、步行道路维护状态、基地步行的安全性、基地设施。基地步行的适宜性维度中，基地总面积、居住用地比例、商业用地比例、用地混合度取自于 GIS 数据，道路长度、道路线密度、道路连接度、道路交叉口密度计算公式源于相关文献[118]。步行道路维护状态维度中，人行道覆盖率数据取自于 GIS 数据。基地步行安全性维度中，高速公路最近距离、有高速路变量、快速公路比率、慢速公路的线密度、交通信号灯数量等变量均取自于 GIS 数据。基础设施中，所有设施信息具备一定实时性，故采用谷歌地图网页版测量，进而精确统计基地现状设施信息。

养老设施基地客观环境测量变量表 表2-3

维度	变量	公式
基地步行的适宜性	总占地面积（ha）	—
	居住用地比例（%）	400米缓冲区居住用地面积/400米缓冲区总面积
	商业用地比例（%）	400米缓冲区商业用地面积/400米缓冲区总面积
	商业居住用地比	400米缓冲区商业用地/400米缓冲区住宅用地
	道路长度（米）	—
	道路线密度（米/公顷）	400米缓冲区道路总长度/400米缓冲区总面积
	道路交叉口数量（个）	400米缓冲区内所有道路交叉口（≥3个交通方向）
	道路交叉口密度（个/公顷）	400米缓冲区内所有道路交叉口（≥3个交通方向）/400米缓冲区总面积
步行道路维护状态	人行道覆盖率%	400米缓冲区内总人行道长度/400米缓冲区内道路长度/2
基地步行安全性	高速公路最近距离（米）	道路限速≥65英里/小时（约105公里/小时）为高速公路
	有高速路	—
	快速公路比率（%）	400米缓冲区内总快速公路长度/400米缓冲区内道路长度；道路限速>30英里/小时（约50公里/小时）为快速公路
	慢速公路的线密度（米/公顷）	400米缓冲区内总慢速公路长度/400米缓冲区总面积；道路限速≤30英里/小时（约50公里/小时）为低速公路
基地设施	交通信号灯数量（个）	—
	公交车站点数量（个）	—
	便利店最短距离（百米）	—
	便利店数量（个）	—
	超市最短距离（百米）	—
	超市数量（个）	—
	果蔬市场最短距离（百米）	—
	果蔬市场数量（个）	—
	服装店最短距离（百米）	—

维度	变量	公式
基地设施	服装店数量（个）	—
	药店最短距离（百米）	—
	药店数量（个）	—
	邮局最短距离（百米）	—
	邮局数量（个）	—
	餐厅最短距离（百米）	—
	餐厅数量（个）	—
	银行最短距离（百米）	—
	银行数量（个）	—
	公园最短距离（百米）	—
	公园数量（个）	—
	医院最短距离（百米）	—
	医院数量（个）	—
	教堂最短距离（百米）	—
	教堂数量（个）	—
	书店最短距离（百米）	—
	书店数量（个）	—
	学校最短距离（百米）	—
	学校数量（个）	—
	设施种类（种）	400米缓冲区内的所有设施计数（便利店、超市、果蔬市场、服装店、药店、邮局、餐厅、银行、公园、医院、教堂、书店、学校）
	设施数量（个）	400米缓冲区内的所有设施数量求和（便利店、超市、果蔬市场、服装店、药店、邮局、餐厅、银行、公园、医院、教堂、书店、学校）

2.2.2　养老设施外部场地环境要素

场地尺度的研究融合了场地所有的景观环境信息，同样包含了主观和客观环境的测量。主观环境通过"老年人的自评价问卷"，收集了场地环境感知，包含了绿植、小品、步道、可达性等要素。客观环境测量使用验证信度和效度检验的"老年人户外环境调查问卷"收集数据。相关要素包括：接触自然、舒适性与安全性、散步和户外活动、室内外联系性、外界环境联系性。通过将主观和客观场地环境要素导入最终统计模型中，进而分析场地环境对老年人户外活动的影响，以及老年人感知的主体环境和客体环境的差异性。

2.2.2.1　老年人主观感知场地环境要素

场地主观感知数据由"老年人问卷"提取。基于相关文献综述及研究结果，形成针对场地活动偏好和态度、绿色植物、景观道路、作息环境、空间可达性等问题（表2-4）。

养老设施场地主观感知环境测量变量表　　　　　　　　表2-4

维度	变量	内容描述
场地活动偏好和态度	场地环境的偏好度	"你喜欢场地环境吗？"选项为"非常喜欢"、"比较喜欢"、"比较不喜欢"、"非常不喜欢"
	场地环境的感受	"在场地活动后，你感觉怎么样？"选项为"比原来好很多"、"比原来好一些"、"比原来差一些"、"比原来差很多"
场地环境感知	场地景观的偏好性	"在当前公寓场地内的如下景观设施中，您最喜欢哪个？"选项为"鸟类和野生动物"、"乔木和灌木"、"花朵"、"水池和喷泉和池塘等"、"其他"
	场地景观的满意度	"在当前公寓场地中，您希望添加一些灌木、乔木和花朵吗？"选项为"多添加些"、"稍添加些"、"足够了"
	场地步道的满意度	"户外场地步行道路设计满足您的需求吗？"选项为"非常满足"、"有些满足"、"有些不满足"、"非常不满足"
	作息环境的满意度	"场地各区域都有足够的作息设施吗？"选项为"是"、"否"
	室内外空间的可达性	"从公寓室内便于到户外场地活动吗？"选项为"容易"、"还行"、"不容易"
	室内到室外的通行性	"当想出门时，有没有被锁闭的外门或警报阻止出去？"选项为"是"、"否"
	室外到室内的通行性	"是否被偶尔被锁于室外"选项为"是"、"否"
	室内外环境的可视性	"您经常透过室内窗户观望场地活动吗？"选项为"经常"、"偶尔"、"从不"
	室外环境的通透性	"当您在场地活动时，您经常观望到附近的人流、车流等活动吗？"选项为"经常"、"偶尔"、"从不"

2.2.2.2　场地客观物质环境要素

场地客观环境数据由仪器测量和场地环境自评价而成。仪器测量借用分贝仪、照度仪、拉力计测量老年人户外活动声、光环境和户外大门拉力值（表 2-5）。

仪器测量变量表　　　　　　　　　表2-5

自变量	测量设备	内容描述
户外场地声环境（分贝）	BAFX 3370 分贝仪	将分贝仪平放于人耳高度测量场地中心位置声环境
阳光下照度（勒克斯）	Sekonic L-478D LiteMaster Pro 照度仪	将照度仪水平放置在阳光下的场地区域内，测量 3 次取平均值
阴影中照度（勒克斯）	Sekonic L-478D LiteMaster Pro 照度仪	将照度仪水平放置在阴影中的场地区域内，测量 3 次取平均值
户外大门的拉力（磅）	Camey 拉力计	针对养老设施大门测量开启拉力

场地环境自评价采用了《老年人户外环境调查问卷》，简称《SOS 问卷》。《SOS 问卷》诞生于 2014 年，由美国德州农工大学（Texas A&M University）健康设计中心（Center for Health Systems & Design）的 Susan Rodiek 及 Chanam Lee 等人合作研发，是学术界首个针对养老设施活动场地环境质量的测量工具[115]。《SOS 问卷》包含了场地环境的 5 个维度，分别为：接触自然、舒适性及安全性、散步和户外活动、室内外联系性、外界环境联系性，共有 60 个问题，评价者依据 10 分制李克特量表针对各项环境能够有效满足老年人的户外使用需求进行打分，其中 0 分为不存在该项环境，1 分为完全不满足老年人使用，10 分为完全满足老年人使用。《SOS 问卷》的生成基于相关文献及相关循证研究结论，最初版本首先进行了多区域（休斯敦、芝加哥、西雅图）的大样本调研（68 个养老设施、152 个户外场地环境），对其数据进行因子分析后调整了部分问卷结构和内容。接着又对 12 个养老设施的 22 个场地环境测试了评价者的重测信度和评价者间信度。其具有极高的效度和信度，其 5 各维度平均的重测信度的类内相关性（平均测量）为 0.92，评价者间的类内相关性（平均测量）为 0.91[103]。相关问题如下（表 2-6）。

老年人户外环境调查问卷变量表

表2-6

维度	变量	内容描述
自然环境	大量旺盛植被	该场地能否看到大量生长旺盛的植被 _____
	植被种类多样	植被种类多样，有乔木、灌木、藤草、花卉等 _____
	植被色彩的多样性	一年四季，老年人能否看到颜色丰富的花卉或树叶 _____
	植物的可亲近性	使用轮椅的老年人能否易于看到、闻到以及触摸到场地内的植物 _____
	座椅有景可赏	坐在座椅上是否有景可赏 _____
	座椅有绿植遮挡	座椅周围是否有绿植遮挡 _____
	能看到水景	老年人是否能看到、听到或者接触到水，比如喷泉、水池和小鸟戏水池等 _____
	能看到动态景观	是否有活动的景象（如风铃、飘扬的旗帜、喷泉、随风而动的草木等） _____
	宠物设施	该场地是否专门为宠物提供了设施 _____
	野生动物	场地是否能够吸引松鼠、鸟、蝴蝶等野生动物 _____
	家畜	在此也能看到鸡、兔、牛、马等家畜 _____
	场地较安静	这里是否相对安静，远离噪声 _____
	免于邻里干扰	不会受到邻里住户的干扰 _____
	有私密性环境	至少有一两处安静、私密的休憩环境 _____
舒适性和安全性	足够的座椅	这里是否有足够的座椅 _____
	座椅样式丰富	座椅样式丰富 _____
	即可坐阳光下，又可坐阴影中	老年人是否既可选择坐在阳光下，又可坐在阴凉处 _____
	座椅可随意移动	部分座椅可以随意移动 _____
	座椅稳固性	座椅是否稳固不会翻倒 _____
	有靠背和扶手	有靠背和扶手便于老年人起身 _____
	座椅舒适度较高	座椅是否舒适度较高 _____
	座椅表面材料舒适	其表面材质既不会夏天过热又不会冬天过冷 _____
	部分座椅有坐垫	部分座椅有坐垫 _____
	座椅旁边有小餐桌	座椅周边有小桌子便于放置咖啡或食物 _____

维度	变量	内容描述
舒适性和安全性	有摇椅、吊椅等	该场地还有摇椅、吊椅等 _____
	有洗手间和饮水机	附近有无洗手间，饮水池或饮水机 _____
	场地维护良好	这个户外场地是否维护良好 _____
	独立吸烟区	其中设有独立吸烟区 _____
	小气候调控措施	是否有小气候调控措施（如室外风扇、加热器等）_____
散步和户外活动	不同长度的多条道路	该空间有不同长度的步行路径供老年人选择 _____
	环状道路	道路形态呈环状 _____
	道路上的景致	道路周边有良好、有趣的景致 _____
	道路平整无裂缝	步道铺装是否平整、没裂缝，适合使用轮椅 _____
	道路铺装防滑、不反光	道路表面防滑、不反光 _____
	部分道路有树荫	在烈日下，步行道路是否有部分树荫 _____
	部分道路上有栏杆	是否有些步道有栏杆 _____
	道路周边的作息设施	老年人是否在沿路短距离（约15米）内找到座椅 _____
	遮阴座椅	是否有一些遮阴的座椅 _____
	场地有趣景观	在该场地老年人能够发现有趣的景观小品（如日晷、鸟屋、凉棚、藤架、凉亭、鱼池、花坛等）_____
	社会活动场地	是否有支持社会活动的场地，如烧烤台、小聚会场等 _____
	儿童娱乐设施	是否有儿童娱乐设施和场地，使老年人能够观看或与儿童互动 _____
	特定活动场所	该场地是否为老年人安排了特定活动场所，如门球场、小型高尔夫场、游泳馆、健身中心等 _____
	可参与园艺种植区	是否有鼓励居民和工作人员参与园艺活动的场地 _____
室内外联系性	室内外通透性	在室内能否看到户外空间 _____
	室内外可达性	从室内到室外很方便 _____
	入口的多样性	老年人可由多个入口从室内进入户外场地 _____
	室内到室外的过渡区域	在室内门口处是否有舒适场地可以逗留 _____

维度	变量	内容描述
室内外联系性	室外到室内的过渡区域	在室外门口处是否有舒适场地可以逗留 _____
	大门不上锁	日间是否没有上锁 _____
	大门便于打开	老年人能否不费力气地打开门 _____
	大门不会快速关闭	门不会快速关闭 _____
	自动门	是否有一扇自动门 _____
	门槛易通过	使用助步器或轮椅的老年人能否轻易通过门槛 _____
	门外硬质铺装	大门外有一片面积较大的硬质铺装 _____
外界环境联系性	入口花园	位于建筑入口附近是否有一个"入口花园"或前廊 _____
	可看到到访车辆	在该场地中，老年人能否看到来访车辆 _____
	与行人交流	也能看到门口的活动，有机会与人打招呼 _____
	周边的景致	老年人能否在该场地看到周边景致，如：山、树等 _____
	周边的交通	在该场地，老年人能看到临近的道路和车辆 _____
	周边的人群活动	在该场地，老年人能看到临近人群活动、建筑和邻居 _____ （比如零售店、别墅、公寓、汽车站、行人、自行车等）

2.2.3　养老设施社会氛围要素

社会环境要素通过结合《老年人问卷》、《机构员工问卷》、《机构活动日志表》收集养老设施老年人户外活动的相关社会支持。《老年人问卷》如下（表2-7）。

老年人问卷中的社会环境测量变量表　　　　　　　表2-7

变量	内容描述
户外活动人群	"您平时与谁一起户外活动？"选项为"独自活动、与在此居住的老年人、与家人或其他不在此居住的朋友、与机构护理人员"
医生建议	"您是否被医生建议过要多进行户外步行活动？"选项为"没被建议过、被建议过"

《机构员工问卷》如下（表2-8）。

机构员工问卷中的社会环境测量变量表　　　　　　　　表2-8

维度	变量	内容描述
机构对于场地活动的意见和态度	运营时间	"这个养老设施运营了多久？"
	老年人总数	"在此居住的老年人有多少位？"
	照护人员数	"在此参与照护的员工有多少位？"
	有可供老年人种植的场地	"公寓外部有没有便于老年人种植的场地？"选项为"有"、"没有"
	园艺疗法	"该公寓有没有为老年人提供园艺疗法（Horticultural Therapy）？"选项为"有"、"没有"
	场地景观设施维护	"户外场地的景观设施，如小鸟饮水池、小鸟喂养池等维护的好吗？"选项为"经常维护"、"偶尔维护"、"从不维护"
	建筑设计对在室内监测老年人场地活动的便捷性	"公寓的建筑设计便于您从室内监测户外场地吗？"选项为"非常难"、"比较难"、"比较容易"、"非常容易"
	机构护理人员对老年人场地活动的担忧度	"您担心老年人到场地活动？"选项为"从不担心"、"偶尔担心"、"非常担心"
	机构护理人员对老年人场地活动的态度	"您认为老年人到场地中活动好吗？"选项为"非常不好"、"比较不好"、"比较好"、"非常好"
	机构对于老年人场地活动的开放政策	"老年人能去户外场地活动吗？"选项为"不能"、"能，但需申请并我们依据相关规定审核通过"、"能，他们可以自由外出"、"能，我们鼓励他们到场地活动"
机构对于基地活动的意见和态度	机构护理人员对老年人基地活动的担忧度	"您担心老年人到基地活动吗？"选项为"从不担心"、"偶尔担心"、"非常担心"
	机构护理人员对老年人基地活动的态度	"您认为老年人到基地中活动好吗？"选项为"非常不好"、"比较不好"、"比较好"、"非常好"
	机构对于老年人基地活动的开放政策	"老年人能去基地活动吗？"选项为"不能"、"能，但需申请并我们依据相关规定审核通过"、"能，他们可以自由外出"、"能，我们鼓励他们到基地活动"

依据机构活动日志表，如下（表 2-9）。

机构活动日志表中的社会环境测量变量表　　　　　　　　表2-9

变量	方程
周场地活动数	—
周基地活动数	—

续表

变量	方程
周公共交通远行活动数	—
周室内活动数	—
周室内非体力活动数	—
周总活动数	—
周总体力活动数	—
周总体力活动 %	总体力活动 / 总活动
周总室外活动数	周场地活动数 + 周基地活动数 + 周公共交通远行活动数
周总室外活动 %	周总室外活动数 / 周总活动数

2.3 养老设施老年人户外活动类型

针对实地观测和文献研究，养老设施老年人户外活动主要分为两种：基地周围的步行活动和场地周围的步行以及接触自然类（休憩、观望）活动，其中户外步行活动属于动态运动，接触自然类活动属于静态活动。针对步行活动和接触自然类活动对老年人体能消耗程度分为了三个层次：高强度步行活动、中强度步行活动和低强度接触自然活动。

2.3.1 高强度步行活动

步行活动属于有氧运动范畴，继往老年人规律性步行活动研究采用 ACSM（美国运动医学学会）和 AHA（美国健康学会）提出的健康标准：老年人应每周参加 5 次有氧运动且每次不低于 30 分钟[22]。养老设施老年人的身体状况普遍比普通老年人差[31]。若统一按照 ACSM 和 AHA 提出的健康标准，唯恐多数老年人难以达到要求。因此，本书的高强度步行活动的健康标准采用与 ACSM 和 AHA 准则，即老年人应每周参加 5 次步行活动且每次不低于 30 分钟。基于 Blair[106] 的一项权威研究表明，老年人持续性活动对其生理健康至关重要，其进行 1 次 30 分钟有氧运动与进行 3 次 10 分钟有氧运动所消耗的体能及获得的健康效益基本一致，同时也分析得出了老年人的活动时间略低于 30 分钟同样可以对其产生极大的健康效益[107]。因此，在高强度步行活动的界定对 ACSM 和 AHA 准则做一定调整，不再界定每次不低于 30 分钟的活动原则，并总体考虑每周的活动量。高强度步行活动的指标界定为：老年人应每周参加 150 分钟步行活动。

2.3.2　中强度步行活动

中强度步行活动采用低于 ACSM 和 AHA 的标准，其指标界定为：老年人每周参加 90 分钟步行活动。为了细分外部环境对不同目的步行活动的影响，将中强度步行活动划分为中强度娱乐型步行活动，即老年人每周参加 90 分钟娱乐型步行活动；中强度事务型步行活动，即老年人每周参加 90 分钟事务型步行活动。

2.3.3　低强度接触自然活动

低强度接触自然类的健康行为包括了在自然环境中休憩、观望、攀谈等。自然环境对老年人的康复效益已在文献研究中分析验证，其并不受相关活动时间和开展强度的影响。因此，本书对低强度接触自然类活动的健康指标不再做时间界定，不论时间长短，都对老年人极具健康效益。

3 美国养老设施外部环境的健康
促进实证研究

本章节通过问卷调研、GIS 测量、物理环境测量等方式收集了位于美国德克萨斯州休斯敦、布拉索斯县的 16 座养老设施相关数据信息，建构多因素逻辑回归模型定量分析养老设施健康促进型的外部基地、场地、社会氛围要素及其交互式影响机制。

3.1　研究区域概况

美国德克萨斯州是美国人口第二大州，地处于美国中南部与墨西哥接壤。德克萨斯州总面积 696200 平方公里，截至 2017 年 6 月最新数据，德克萨斯州共有居民 28,304,596 人，人口密度为 40.6 人 / 平方公里，略高于美国平均人口密度 31 人 / 平方公里[108-109]。同时，德克萨斯州经济发达，以石油化工业、航天产业、信息产业为主，德州生产总值是 1.648 万亿美元[109]。

德克萨斯州是美国养老设施建设的典范区域。基于全美养老设施整体分布分析，位于美国南部区域的佛罗里达州、德克萨斯州、加利福尼亚州、亚利桑那州是养老设施建设最广泛的地区，此类区域冬季较暖且夏季气候湿润，极为适合老年人养生度假。尤其是德克萨斯州，地处于墨西哥环湾区域，常年气候宜人、景色优美，是老年人颐养天年的极佳之地（图 3-1）。本书抽样调研了美国德克萨斯州的休斯敦、布拉索斯县的养老设施。休斯敦是德克萨斯州最大的城市，也是美国人口第四大城市，城市总面积 1625.2 平方公里，人口数量 2,099,451 人，人口密度 1414 人 / 平方公里[110]。布拉索斯县属于小城市，位于德克萨斯州中部平原，由大学城（College Station）和布莱恩城（Bryan）两座小城镇组成，以德州农工大学（Texas A&M University）为核心，城市总面积 1531 平方公里，人口数量 209,152 人，人口密度 129 人 / 平方公里[111]。本次抽样城市包含了大城市和小城市，重在收集更全面的养老设施数据，也便于比较不同规模城市养老设施的布局和配建要求。

3.2　实验设计与方法

3.2.1　样本选取

3.2.1.1　养老设施样本

养老设施的选取对本实验起决定性作用，因为各类养老设施的照料模式、社

图 3-1 美国德克萨斯州养老设施外景图

会环境、户外物理环境会大幅影响老年人的健康行为。本研究共选取了休斯敦和布拉索斯县的 16 座养老设施，抽样过程经过初选筛选和二次筛选。

初选筛选包含 3 个原则：（1）养老设施照料类型须至少包含介助型（Assisted Living）或自理型（Independent Living），排除以介护型（Skill Nursing）、老年痴呆症型（Alzheimer's & Dementia）、失忆型（Memory Care）为照料主体的养老设施，因为多数老年人无法独立活动；（2）养老设施至少应有 20 个及以上居住单元，若养老设施的居住单元少于 20 个，则说明养老设施规模较小，场地空间普遍较局促；（3）排除有明确制度和规定不允许户外自由活动的养老设施。经过初次筛选随机选出 28 座养老设施，研究员随即现场调研，并对养老设施管理人员录音访谈，对场地环境和基地环境拍照记录，并初步收集养老设施老年人活动信息及外界环境信息。二次筛选中，两个研究员对这 28 座养老设施的访谈记录、照片比对研究，确保各个养老设施的社会要素、环境要数据呈现差异性，尽最大可能包含各类型数据信息，二次筛选基于以下原则：（1）场地环境中绿色植被的丰富性；（2）场地环境中座椅设施的舒适性和安全性；（3）场地环境中步行路径的质量；（4）建筑环境中与户外场地的联系性；（5）场地环境中与基地环境的联系性；(6) 基地环境中步行道路的质量；(7) 基地环境中的交通拥堵度；(8) 基地环境中的安全性；(9) 基地环境中各类可步行设施的丰富性；(10) 养老设施照料制度中对于户外活动的提倡性；(11) 养老设施月活动表中各活动开展的丰富性。

综上，分析各养老设施的环境信息及相关的户外活动制度最终优选出 16 座养老设施。其中，休斯敦市 11 座 (68.8%)、大学城 1 座 (6.2%)、布莱恩城 4 座 (25.0%)。自理型养老设施 7 座 (43.8%)，介助型养老设施 9 座 (56.2%)。针对养老设施的基地环境和场地环境，这 16 座养老设施涵盖了多样化的基地环境特征，包含了"大型城市中心区——小型城市郊区"的多重基地类型，高或低密度的路网，以及样式丰富的基地周边可步行设施。场地环境中，这 16 座养老设施包含了大小、品质各不相同的场地环境，环境要素也涵盖了近乎所有类型的养老设施场地环境景观，且景观个体差异较大。总之，这 16 座养老设施无论从基地环境和场地环境都较大幅容纳了多元化的环境信息。

3.2.1.2　研究人群样本

采用随机调查法，对 16 座养老设施 20% 的老年人人口抽样。参与调研人群需要满足以下原则：(1) 年龄 60 岁以上；(2) 能够自主步行活动；(3) 能够清晰地记得过去的一个月内发生的事情；(4) 能够识别英语。在调研前的一个星期内，研究员对每座养老设施分别张贴了两份宣传海报，描述本次调研的目的和流程。同时，在养老设施照护人员的陪同下，研究员预先与每个潜在满足条件的老年人积极沟通，并鼓励老年人广泛参与。针对部分养老设施提供多重照料模式（自理、介助、介护等），研究员基于对机构管理人员访谈，选取主流照料群体（照料模式最多人群）调研，最终 504 个老年人填写了调研问卷。

3.2.2　数据收集

3.2.2.1　问卷发放

老年人被邀请到养老设施的活动室参加本次问卷调研，独立填写问卷，其中实验员和机构管理人员针对有读、写障碍的老年人辅助完成问卷。每个老年人的填写时间由 10 ~ 60 分钟不等，平均填写时间约为 20 分钟。填写完成的问卷由实验员审核，并向老年人复议。接着，实验员请养老设施照护人员对问卷结果进行二次复议，以确保数据信度。机构管理人员提供了养老设施的照护服务简介、服务价位、活动日志，并填写机构员工问卷。当老年人和机构员工填写问卷后，实验员对每个人赠送小礼物以表感谢。

3.2.2.2　场地环境自评价

在问卷调研结束后，两个实验员对场地环境进行评价。实验员首先讨论选取养老设施中特色分明且环境较好的户外场地作为评价主体。接着，两个实验员分别对养老设施的两个户外场地进行独立评价，每个场地的平均评价时间约20分钟。

3.2.2.3　GIS 空间数据

通过收集休斯敦、布拉索斯县政府的开放 GIS 数据 [112-113]，运用 ArcGIS 10.3 软件测量基地客观环境数据，部分基础设施数据运用谷歌地图测量。

3.2.3　数据量化

3.2.3.1　问卷筛选

为确保数据信息的有效性，依照以下原则排除了 79 份不合格问卷：（1）有50% 以上问题漏填；（2）信度低的问卷（问卷信息与对老年人复议及机构管理人员对问卷二次复议有严重出入的）。最终对 425 份问卷进行统计计算。对问卷中存在信息缺失的选项进行数据填补，方式分两种：对信息缺失小于 5.0% 的问题，采用随机填补或者中位数填补 [131]；对信息缺失大于等于 5.0% 的问题，采用多重填补法，即：综合考虑该老年人的个体信息预测缺失数据内容 [114-115]。

3.2.3.2　户外活动数据量化

对老年人户外活动频率选项量化，并统一单位（表 3-1）。

使用频率、活动频率量化表　　　　　　　　　　　　　　　表3-1

使用频率、活动频率选项	量化值（次 / 周）
从不活动	0
很少或基本没有	0.5/ 4.345=0.12
每月一次	1/ 4.345=0.23
每月二次	2 / 4.345=0.46
每周一次	1
每周三次	3
每天一次	7
每天多次	2 × 7=14

对活动时间选项量化，统一单位（表3-2）。

活动时间量化表　　　　　　　　　　　　表3-2

单次活动时间选项	量化值（分钟 / 次）
5 分钟以内	5
大概 15 分钟	15
大概 30 分钟	30
大概 45 分钟	45
大概 1 小时	60
大概 1.5 小时	90
两小时或以上	120

对户外活动方式进行量化（表3-3）。

户外活动方式量化表　　　　　　　　　　　　表3-3

户外活动方式选项	量化值
静坐着休息	0
四处走动	1

由此，老年人场地步行时间、基地娱乐型步行时间、基地事务型步行时间计算如下（表3-4）。

活动时间计算表　　　　　　　　　　　　表3-4

活动时间	公式
场地步行时间	场地使用频率 × 单次活动时间 × 户外活动方式
基地娱乐型步行时间	基地娱乐型步行频率 × 单次活动时间
基地事务型步行时间	基地事务型步行频率 × 单次活动时间

将老年人户外活动的分为六种因变量：中强度步行指标、中强度娱乐型步行指标、中强度事务型步行指标、高强度步行指标、仅进行接触自然类活动或其他任何步行活动指标、是否开展任意户外活动指标（表3-5）。

因变量表 表3-5

因变量	量化说明	公式
中强度步行指标	0= 户外步行时间 <90 分钟 / 星期； 1= 户外步行时间 ≥ 90 分钟 / 星期	户外步行时间 = 场地步行时间 + 基地娱乐型步行时间 + 基地事务 型步行时间
中强度娱乐型步行指标	0= 户外娱乐型步行时间 <90 分钟 / 星期； 1= 户外娱乐型步行时间 ≥ 90 分钟 / 星期	户外娱乐型步行时间 = 场地步行 时间 + 基地娱乐型步行时间
中强度事务型步行指标	0= 户外事务型步行时间 <90 分钟 / 星期； 1= 户外事务型步行时间 ≥ 90 分钟 / 星期	—
高强度步行指标	0= 户外步行时间 <150 分钟 / 星期； 1= 户外步行时间 ≥ 150 分钟 / 星期	户外步行时间 = 场地步行时间 + 基地娱乐型步行时间 + 基地事务 型步行时间
仅进行低体能接触自然类 活动或其他任何步行活动	0= 仅在场地休憩； 1= 场地步行、只在基地步行、既在场地步 行又在基地步行、在场地休憩并在基地步行	
是否开展任意户外活动	0= 仅在室内活动； 1= 任何形式户外活动	—

3.2.3.3　个体信息数据量化

个体信息量中，对于无序分类变量如：照护模式、性别、养老设施自选择因素、宠物拥有、摔倒经历，用 0 和 1 设定为哑变量。对于有序分类变量如：整体健康状况自评价、需要的日常生活照料、生活辅助设施、活动量群体比较，按照其对因变量的印象程度由小到大编码为 0、1、2、3。本次研究引入 BMI 指数，即 Body Mass Index，算法为"体重（kg）/[身高（m）]^2"，衡量老年人体脂含量的数据。"宠物拥有"选项中"无宠物、狗、猫、其他"，相关研究表明，狗每天需要外出溜达，老年人养狗能够促进户外活动，而猫以及其他宠物对户外环境无过多依赖，对老年人户外活动的无促进影响。因此，将养狗人群定义为 1，将未养狗人群统一定义为 0。相关研究表明，成长在城市里的老年人比成长在农村、小城镇、郊区的老年人更乐于进行户外活动[116]，因此，将城市人群定义为 1，将农村、小镇、郊区人群统一定义为 0。活动辅助设施作为有序分类变量，为确保各分类变量的间隔均等化，对原选项作如下调整：将步行器、带座椅步行器手杖归为一类，将轮椅、电动轮椅归为另一类。因此，将手杖定义为 1，将步行器、带座椅步行器手杖统一定义为 2，将轮椅、电动轮椅定义为 3（表 3-6）。

个体信息变量量化表   表3-6

自变量	量化说明
照护模式	0= 介助型养老设施；1= 自理型养老设施
性别	0= 女性；1= 男性
年龄	—
BMI 指数	BMI 指数 = 体重（kg）/[身高（m）]²
居住时间	—
养老设施自选择因素	0= 未选择离家近；1= 选择离家近； 0= 未选择离医院近；1= 选择离医院近； 0= 未选择离公园近；1= 选择离公园近； 0= 未选择多样化基地设施；1= 选择多样化基地设施； 0= 未选择优良场地景观；1= 选择优良场地景观； 0= 未选择价位；1= 选择价位； 0= 未选择安全性；1= 选择安全性
宠物拥有	0= 未养狗；1= 养狗
成长环境	0= 农村、小镇、郊区；1= 城市
整体健康状况自评价	1= 不好；2= 一般；3= 好
需要的日常生活照料（ADLs）	0= 无；1= 洗浴；2= 穿衣；3= 吃饭
活动辅助设施	0= 无；1= 手杖；2= 步行器、带座椅步行器手杖；3= 轮椅、电动轮椅
摔倒经历	0= 无；1= 有
活动量群体比较	1= 比别人少；2= 平均水平；3= 比别人多

3.2.3.4 社会氛围数据量化

户外活动人群选项是养老设施外部环境健康促进模型中的社会因素，将该变量编码为 0 和 1 划分的哑变量，即：独自活动定义为 0，非独自活动（在此居住的老年人、与家人或其他不在此居住的朋友、与机构护理人员）定义为 1（表3-7）。

社会环境变量量化表   表3-7

自变量	量化说明
户外活动人群	0= 独自活动；1= 与在此居住的老年人、与家人或其他不在此居住的朋友、与机构护理人员
医生建议	0= 没被建议过；1= 被建议过

针对机构员工问卷中的定序变量，如"从不维护"、"偶尔维护"、"经常维护"、"非常不好"、"比较不好"、"比较好"、"非常好"等，分别采用3等级或4等级李克特量表编码（表3-8）。

社会环境变量量化表   表3-8

维度	自变量	量化说明
机构对于场地活动的意见和态度	运营时间	—
	老年人总数	—
	照护人员数	—
	有可供老年人种植的场地	0=没有；1=有
	园艺疗法	0=没有；1=有
	场地景观设施维护	0=从不维护；1=偶尔维护；2=经常维护
	建筑设计对在室内监测老年人场地活动的便捷性	1=非常难；2=比较难；3=比较容易；4=非常容易
	机构护理人员对老年人场地活动的担忧度	1=非常担心；2=偶尔担心；3=从不担心
	机构护理人员对老年人场地活动的态度	1=非常不好；2=比较不好；3=比较好；4=非常好
	机构对于老年人场地活动的开放政策	0=不能；1=能，但需申请并我们依据相关规定审核通过；2=能，他们可以自由外出；3=能，我们鼓励他们到场地活动
机构对于基地活动的意见和态度	机构护理人员对老年人基地活动的担忧度	1=非常担心；2=偶尔担心；3=从不担心
	机构护理人员对老年人基地活动的态度	1=非常不好；2=比较不好；3=比较好；4=非常好
	机构对于老年人基地活动的开放政策	0=不能；1=能，但需申请并我们依据相关规定审核通过；2=能，他们可以自由外出；3=能，我们鼓励他们到场地活动

3.2.3.5　老年人主观感知场地环境数据量化

针对定序变量，如"非常不喜欢"、"比较不喜欢"、"比较喜欢"、"非常喜欢"、"多添加些"、"稍添加些"、"足够了"等，分别采用3等级或4等级李克特量表编码。针对场地景观的偏好性选项中，对各类环境设定0和1的哑变量，便于分析单类环境对老年人活动的影响（表3-9）。

场地主观感知环境变量量化表　　　　　　　　　表3-9

维度	自变量	量化说明
场地活动偏好和态度	场地环境的偏好度	1= 非常不喜欢；2= 比较不喜欢；3= 比较喜欢；4= 非常喜欢
	场地环境的感受	1= 比原来差很多；2= 比原来差一些；3= 比原来好一些；4= 比原来好很多
场地环境感知	场地景观的偏好性	0= 未选择鸟类和野生动物；1= 选择鸟类和野生动物；
		0= 未选择乔木和灌木；1= 选择乔木和灌木；
		0= 未选择花朵；1= 选择花朵；
		0= 未选择水池和喷泉和池塘等；1= 选择水池和喷泉和池塘等
	场地景观的满意度	1= 多添加些；2= 稍添加些；3= 足够了
	场地步道的满意度	1= 非常不满足；2= 有些不满足；3= 有些满足；4= 非常满足
	作息环境的满意度	0= 否；1= 是
	室内外空间的可达性	1= 不容易；2= 还行；3= 容易
	室内到室外的通行性	0= 是；1= 否
	室外到室内的通行性	0= 是；1= 否
	室内外环境的可视性	1= 从不；2= 偶尔；3= 经常
	室外环境的通透性	1= 从不；2= 偶尔；3= 经常

3.2.3.6 场地客观物质环境数据量化

2 个实验员分别对养老设施的 2 个户外场地独立评价，每个养老设施有 4 套 SOS 问卷数据。首先对 SOS 问卷数据求和，计算每套 SOS 问卷总分。对每个养老设施的 4 组 SOS 数据，以 SOS 总分列进行降序排序，选取总分值最高的前 2 组数据，即：总分值最高的户外场地。接着，针对两组实验员的同一场地 SOS 数据取算数平均数，计算各变量的最终值。

3.2.3.7 老年人主观感知基地环境数据量化

针对定序变量，如"非常反对"、"比较反对"、"比较赞同"、"非常赞同"、"非常不喜欢"、"比较不喜欢"、"比较喜欢"、"非常喜欢"等采用 4 等级李克特量表编码。基地设施感知设定 0 和 1 的哑变量（表 3-10）。

基地主观感知环境变量量化表 表3-10

维度	自变量	量化说明
基地活动偏好和态度	对基地步行的偏好度	1= 非常不喜欢；2= 比较不喜欢；3= 比较喜欢；4= 非常喜欢
	基地步行后的感受	1= 比原来差很多；2= 比原来差一些；3= 比原来好一些；4= 比原来好很多
基地设施感知	基地设施感知	0= 未选择便利店 / 杂货店；1= 选择便利店 / 杂货店；
		0= 未选择超市；1= 选择超市；
		0= 未选择果蔬市场；1= 选择果蔬市场；
		0= 未选择服装店；1= 选择服装店；
		0= 未选择药店；1= 选择药店；
		0= 未选择邮局；1= 选择邮局；
		0= 未选择餐厅；1= 选择餐厅；
		0= 未选择银行；1= 选择银行；
		0= 未选择公园 / 公共空间；1= 选择公园 / 公共空间；
		0= 未选择医院 / 诊所；1= 选择医院 / 诊所；
		0= 未选择教堂；1= 选择教堂；
		0= 未选择图书馆 / 书店；1= 选择图书馆 / 书店；
		0= 未选择幼儿园 / 小学 / 中学 / 大学；1= 选择幼儿园 / 小学 / 中学 / 大学
步行的适宜性	道路连接度	1= 非常反对；2= 比较反对；3= 比较赞同；4= 非常赞同
	人行道树荫环境	1= 非常反对；2= 比较反对；3= 比较赞同；4= 非常赞同
	有趣景致	1= 非常反对；2= 比较反对；3= 比较赞同；4= 非常赞同
人行道维护状态	人行道的覆盖度	1= 非常反对；2= 比较反对；3= 比较赞同；4= 非常赞同
	人行道维护状态	1= 非常反对；2= 比较反对；3= 比较赞同；4= 非常赞同
	人行道的独立性	1= 非常反对；2= 比较反对；3= 比较赞同；4= 非常赞同
基地步行的安全性	步行障碍性	1= 非常反对；2= 比较反对；3= 比较赞同；4= 非常赞同
	交通流量	1= 非常反对；2= 比较反对；3= 比较赞同；4= 非常赞同

续表

维度	自变量	量化说明
基地步行的 安全性	人行横道	1= 非常反对；2= 比较反对；3= 比较赞同；4= 非常赞同
	空气质量	1= 非常反对；2= 比较反对；3= 比较赞同；4= 非常赞同
	夜间照明	1= 非常反对；2= 比较反对；3= 比较赞同；4= 非常赞同
	街道眼	1= 非常反对；2= 比较反对；3= 比较赞同；4= 非常赞同

3.2.4　统计方法

3.2.4.1　描述性统计

描述性统计用 SPSS 19.0 软件完成。统计个体变量、社会氛围变量、场地、基地的主观及客观变量的频数、频率、均值、标准差等数据。

3.2.4.2　信度分析

信度（Reliability）用于检测数据的可靠性，其算法定义为：一组测量分数的真变异数与总变异数（实测变异数）的比率。问卷的信度，即：问卷的内在信度和外在信度分析，其描述了测量工具所测结果的可靠性，用于确定数据是否可信。

1. 内在信度分析

内在信度体现为数据的一致性，即：问卷中的一组问题（或整个问卷）是否测量的是同一个概念。在社科领域，内在信度的常用系数是折半系数和 Cronbach's a 系数，皆用来描述问卷子项目之间的关联程度。而针对李克特量表型数据结构，最常用的就是 Cronbach's a 系数，其适合于多项选择题，对数据的方差没有要求。Cronbach's a 取值在 0 ~ 1 之间，系数越高说明子项目之间的内部一致性越高。

对老年人问卷、机构员工问卷中的态度、感知、偏好变量及 SOS 问卷的所有变量计算 Cronbach's a 系数检验其内部一致性。对于 Cronbach's a 系数阈值，在综合各学者观点后提出了相关建议：对于一般态度或心理感知量表，其总体 Cronbach's a 系数最好在 0.8 以上，如果取值 0.7 ~ 0.8 之间，算可以接受范围；若是分量表 / 问卷，其信度系数最好在 0.7 以上，若是 0.6 ~ 0.7 之间，尚可接受使用，若分量表 / 问卷低于 0.6 以下，或总量表 / 问卷的信度系数在 0.8 以下，应考量重新修订或增删题项[117]。由此，本实验将 Cronbach's a 系数阈值设定为 0.6。若分问题的 a 系数低于 0.6，将表明各分问题之间的内部一致性不高，进而依据

该变量删除后的 *Cronbach's a* 系数删除分问题中的题项。

2. 外在信度分析

外在信度体现为数据结果的稳定性，即：问卷在不同时间进行测量时结果的一致性或两个相同的评分者对同样对象评定时的一致性。本实验通过两个评分者独立使用 SOS 问卷对养老设施的场地环境评价，计算评价者间信度。通过评价者之间的类内相关系数，简称 *ICC* 系数，其阈值在综合各学者观点后提出了相关建议：将 *ICC* 系数阈值设定为 0.70。若单个问题的 *ICC* 系数低于 0.70，说明两个实验员对该问题的认知差异较大，故将其删除。本研究对老年人问卷、机构员工问卷、SOS 问卷分别进行了信度检验，用 SPSS 19.0 软件完成。

3.2.4.3　逻辑回归建模

本实验的因变量数据为二元形态（0/1），以能否达到健康活动指标为原则。而自变量的数据由个体因素、社会因素、环境因素组成，量化后的数据包含了分类变量、定序变量和定距变量，其数据结构不能满足正态分布。因此，本实验采用逻辑回归建模（Logistic Regression）作为主要统计手段。

逻辑回归是一种广义的线性回归分析模型，常用于数据挖掘，疾病自动诊断，经济预测等领域。然后通过逻辑回归分析，可以得到自变量的权重，从而计算出具有健康促进效益的外部环境影响因素，并根据该权值精确预测老年人达到某种户外活动指标的可能性。本实验自变量共 211 个，数据结构较庞大且自变量间的相关性较突出，如何筛选相互正交化的因变量，同时保证最终回归模型中各个因变量具有统计学意义（p 值 <0.05）是统计分析难点。结合相关研究，针对逻辑回归的变量筛选（Data Reduction）常采用单因素逻辑回归（Bivariate Logistic Regression）和多因素逻辑回归（Multivariate Logistic Regression）结合的形式。

1. 单因素逻辑回归

单因素逻辑回归主要用于自变量的初步筛选，通过一对一检验（One by One Test）建立自变量和因变量的单因素逻辑回归模型，p 值 <0.05 作为单因素逻辑回归的阈值，进而相应自变量保留进行多元分析。

2. 多因素逻辑回归

首先生成基础模型，包含了个体信息方面数据。接着，将其余自变量一对一添加到基础模型（One by One Test Base Model）中进行检验，检测控制基础模型后的因变量是否仍然具有统计学意义。p 值 <0.05 作为本次逻辑回归的阈

值，但对于部分有重要理论意义自变量，若其 p 值 <0.20，仍旧保留进行下一步分析。最后，将所有显性的自变量依次导入到基础模型后，排除相关性自变量，生成完整模型。自变量依次导入顺序为：（1）社会环境变量；（2）场地环境变量；（3）基地环境变量。最终完整模型分为 3 类：（1）以"基础模型 + 社会环境 + 场地主观感知环境 + 基地主观感知环境"形成的主观环境模型；（2）以"基础模型 + 社会环境 + 场地客观环境 + 基地客观环境"形成的客观环境模型；（3）以"基础模型 + 社会环境 + 场地主观感知环境 + 基地主观感知环境 + 场地客观环境 + 基地客观环境"形成的主观和客观环境模型。生成完整模型中，需剔除大量相关性的自变量，依据以下 3 个原则进行：（1）单个自变量的 p 值 <0.05 作为逻辑回归的阈值，对于少数有重要理论意义自变量，若其 p 值 <0.20，仍旧保留在完整模型中；（2）Hosmer 和 Lemeshow 检验的 Sig 值 ≥ 0.05；（3）$Nagelkerke\ R^2$ 和 Cox 和 $Snell\ R^2$ 统计量越大越好。

Hosmer 和 Lemeshow 检验是拟合良好度统计量的参数，其计算每组事件发生的实际观测数据与预测数据之间的差异，按照（观测数据－预测数据）^{2}/ 预测数据计算，进行卡方检验，计算 Sig 值。若 Sig 值 ≥ 0.05，说明模型中各变量的观测数据与预测数据之间呈现相似性，说明是个好的模型。Cox 和 $Snell\ R^2$ 是 R^2 在似然值基础上模仿线性回归模型的 R^2 解释逻辑回归模型的参数，Cox 和 $Snell$ R^2 统计量最大值不能为 1。$Nagelkerke\ R^2$ 反映了逻辑回归中可解释的变异百分比，即观测数据被自变量解释的百分比，其最大值为 1。在逻辑回归模型中，重点关注优势比参数（Odds Ratio），简化为 OR，优势比被定义为模型所描述的事件发生概率与不发生的概率之比，也称为比率，即 $exp(\beta_x)$。

3. 模型比较

由于本实验的自变量较多，基于以上原则仍然会生成大量满足条件的模型，因此，采用卡方检验比较－2 对数似然比参数进而选择具有更高解释度的模型。－2 对数似然比参数是判断模型拟合度的数据，记作 $-2ll$。好的模型 $-2ll$ 值响度较小，如果模型 100% 的完美，$-2ll$ 值为 0。在两个模型比较中的卡方值就是当前模型 $-2ll$ 值与上一个模型 $-2ll$ 值的差，对其卡方值进行检验，进而验证两个模型解释度的差别是否具有统计学意义。由此推敲更优化的模型。此方法应用于完整模型的生成过程中，以推解释度更高的模型。同时也用在主观和客观模型与单个主观、客观模型的比较中。

3.3 描述性统计及信度分析

3.3.1 老年个体数据

个体信息变量可分为个体基础信息、个体健康状况、自选择因素三个方面。个体基础信息方面，264 位老年人（62.1%）住自理型养老设施，161 位老年人（37.9%）住介助型养老设施，月平均综合居住成本（包含自理型和介助型）为3050.09 美元。多数的老年人为女性 324（76.2%），男性有 101（23.8%）位，平均年龄为 82.71 岁。平均 BMI 指数为 23.39（标准差 =1.386）。世界卫生组织（WHO）规定的西方人 BMI 标准：偏瘦 <18.5，正常 18.5 ～ 24.9，超重 ≥ 25.0，偏胖25.0 ～ 29.9，肥胖 30.0 ～ 34.9，重度肥胖 35.0 ～ 39.9，极重度肥胖 ≥ 40.0，多数老年人符合 BMI 正常标准。老年人平均在养老设施住了约 2 年（23.62 月，标准差 =17.183 月）（表 3-11）。

个体基础信息描述性统计表　　　　　表3-11

自变量	频率（百分比）/ 均值 ± 标准差
机构照料模式	
自理型	264（62.1%）
介助型	161（37.9%）
价位（美元 / 月）	3050.09±658.051
性别	
女	324（76.2%）
男	101（23.8%）
年龄	82.71±5.229
BMI 指数	23.39±1.386
居住时间（月）	23.62±17.183
养狗	21（4.9%）
成长环境	
城市	178（41.9%）
农村	97（22.8%）
小镇	90（21.2%）
郊区	60（14.1%）

　　个体健康状况方面，老年人整体健康自评价中，多数老年人对自己的健康状况有相对积极的评价（好，44.6%；还行，37.6%），而有71（16.7%）位老年人对其整体健康不满意。

　　关于老年人需要的日常生活照料（ADLs）中，357（84.0%）位老年人不需要养老设施提供任何生活照料，其余部分老年人需要机构辅助部分生活照料（洗澡，7.1%；穿衣，5.4%；进餐，5.4%）。日常活动辅助设施中，147（34.6%）位老年人不需要任何活动辅助设施协助行动，其余部分老年人日常活动中需借助设施（手杖，16.7%；步行器，11.1%；带座椅的步行器，15.5%；轮椅，12.0%；电动轮椅，10.1%）。425个老年人中，115（27.1%）位在过去的一段时间中有过摔倒经历；159（37.4%）位认为自己活动量比其他老年人多，而119（28.0%）位认为自己活动量比其他老年人少（表3-12）。

个体健康状况描述性统计表　　　　　　　　　　表3-12

自变量	频率（百分比）/均值 ± 标准差
整体健康自评价	
好	194（45.6%）
还行	160（37.6%）
不好	71（16.7%）
需要的日常生活照料（ADLs）	
不需要	357（84.0%）
洗澡	30（7.1%）
穿衣	23（5.4%）
进餐	15（3.5%）
活动辅助设施	
不需要	147（34.6%）
手杖	71（16.7%）
带座椅步行器	66（15.5%）
步行器	47（11.1%）
轮椅	51（12.0%）

自变量	频率（百分比）/均值 ± 标准差
电动轮椅	43（10.1%）
摔倒经历	
无	310（72.9%）
有	115（27.1%）
活动量群体比较	
比他人多	159（37.4%）
平均水平	147（34.6%）
比他人少	119（28.0%）

关于养老设施的自选择因素中，离家人近（80.0%）、离医院近（50.1%）是老年人选择养老设施的首要考量因素，仍有三分之一的老年人把基地周边设施的便利性（34.4%）作为选择养老设施考量因素。部分老年人将价位（34.4%）、安全性（31.5%）、场地环境（22.8%）和离公园近（4.9%）作为养老设施的考量因素（表3-13）。

个体对养老设施的选择因素描述性统计表 表3-13

自变量	频率（百分比）/均值 ± 标准差
养老设施自选择因素	
离家人近	340（80.0%）
离医院近	213（50.1%）
多样化基地设施	149（35.1%）
价位	146（34.4%）
安全性	134（31.5%）
优良场地景观	97（22.8%）
离公园近	21（4.9%）

3.3.2 老年人户外活动数据

在425份老年人问卷中，老年人场地活动的平均时间为114.13分钟/星期，其中，场地步行平均时间为 27.66 分钟 / 星期。基地步行平均时间为 21.27 分钟 / 星期，其中娱乐型步行平均时间为 14.91 分钟 / 星期，事务性步平均时间为 6.36 分钟 / 星期。

将场地步行和基地步行时间求和后，老年人户外步行总平均时间为 48.93 分钟 / 星期，近似于 7 分钟 / 天，可见，与美国运动医学学会（ACSM）和美国健康学会（AHA）健康与身体运动的建议标准："每周参加 5 次中强度有氧运动且每次不低于 30 分钟，或者每周 3 次高强度有氧运动且每次不低于 20 分钟"相差较远，进而印证了老年人普遍缺乏活动。在所有户外步行活动中，基于锻炼、娱乐为目的步行平均时间为 42.57 分钟 / 星期。

基于中强度步行指标中，114 位老年人（26.8%）满足此要求。中强度娱乐型步行指标中，112 位老年人（26.4%）满足要求。中强度事务型步行指标中，11 位老年人（2.6%）满足要求。由此看出，养老设施的老年人外出活动主要以锻炼、娱乐为目的。基于美国运动医学学会（ACSM）和美国健康学会（AHA）健康与身体运动的建议标准的高强度步行指标中，50 位老年人（11.8%）满足要求。

针对户外活动指标中，194 位老年人（52.9%）仅在场地中休憩，而 173 位老年人（47.1%）参与场地步行或基地步行等任何步行活动。针对是否开展任意户外活动中，58 位老年人（13.6%）仅仅在室内活动，而 367 位老年人（86.4%）参与任何形式的户外活动（表 3-14）。

因变量描述性统计表　　　　　　　　　　　　　　　　表3-14

因变量	频率（百分比）/ 均值 ± 标准差
场地活动时间	114.13 ± 200.973
场地步行时间	27.66 ± 63.000
基地步行时间	21.27 ± 57.951
基地娱乐型步行时间	14.91 ± 46.324
基地事务型步行时间	6.36 ± 18.165
总步行时间	48.93 ± 89.006
总娱乐型步行时间	42.57 ± 78.805
中强度步行指标	
达标	114（26.8%）
不达标	311（73.2%）

续表

因变量	频率（百分比）/ 均值 ± 标准差
中强度娱乐型步行指标	
达标	112（26.4%）
不达标	313（73.6%）
中强度事务型步行指标	
达标	11（2.6%）
不达标	414（97.4%）
高强度步行指标	
达标	50（11.8%）
不达标	375（88.2%）
户外活动	
仅在场地休憩	194（52.9%）
场地步行、只在基地步行、既在场地步行又在基地步行、在场地步行或在基地步行户外步行时间	173（47.1%）
是否开展任意户外活动	
仅在室内活动	58（13.6%）
任何形式户外活动	367（86.4%）

3.3.3 养老设施外部基地环境数据

1. 主观测量

425 位老年人对于基地步行的偏好度平均感知趋于"比较不喜欢"选项（均值 =2.03，标准差 =1.007），基地步行的态度的平均感知趋于"比原来差一些"选项（均值 =2.28，标准差 =0.859）。信度分析中，基地活动偏好和态度维度的 *Cronbach's a* 系数 0.876，说明内在信度较高（表 3-15）。

基地活动偏好和态度维度描述性统计及信度分析表 表3-15

自变量	均值 ± 标准差	*Cronbach's a*（该变量删除后）
基地活动偏好和态度（*Cronbach's a* =0.876）		
对基地步行的偏好度 [1]	2.03 ± 1.007	—
基地步行后的感受 [2]	2.28 ± 0.859	—

注：[1] 自变量采用4分制李克特量表度量：1=非常不喜欢；2=比较不喜欢；3=比较喜欢；4=非常喜欢。
　　[2] 自变量采用4分制李克特量表度量：1=比原来差很多；2=比原来差一些；3=比原来好一些；4=比原来好很多。

67

425 位老年人对可步行的诸多基地设施感知中，60 位老年人（14.1%）感知到便利店、杂货店，66 位（15.5%）感知到超市，42 位（9.9%）感知到果蔬市场，75 位（17.6%）感知到服装店，41 位（9.6%）感知到药店，1 位（0.2%）感知到邮局，115 位（27.1%）感知到餐厅，32 位（7.5%）感知到银行，60 位（14.1%）感知到公园等公共空间，47 位（11.1%）感知到医院和诊所，57 位（13.4%）感知到教堂，1 位（0.2%）感知到了图书馆和书店，35 位（8.2%）感知到了学校。总体而言，425 位老年人平均感知到 1.49 种可步行设施（标准差 =2.415）。信度分析中，基地活动偏好和态度维度的 *Cronbach's a* 系数 0.750，说明内在信度良好（表 3-16）。

基地设施感知维度描述性统计及信度分析表　　　　　表3-16

自变量	频率（百分比）/ 均值 ± 标准差	*Cronbach's a*（该变量删除后）
基地设施感知（*Cronbach's a*=0.750）		
便利店、杂货店[1]	60（14.1%）	0.721
超市[1]	66（15.5%）	0.725
果蔬市场[1]	42（9.9%）	0.725
服装店[1]	75（17.6%）	0.727
药店[1]	41（9.6%）	0.727
邮局[1]	1（0.2%）	0.753
餐厅[1]	115（27.1%）	0.715
银行[1]	32（7.5%）	0.732
公园、其他公共空间[1]	60（14.1%）	0.747
医院、诊所[1]	47（11.1%）	0.726
教堂[1]	57（13.4%）	0.738
图书馆、书店[1]	1（0.2%）	0.754
幼儿园、小学、中学、大学[1]	35（8.2%）	0.733
用地混合度[2]	1.49±2.415	0.849

注：[1]自变量采用二元度量：0=没选择该项；1=选择该项。
　　[2]自变量将所有可感知设施种类加权计算。

425 位老年人对于道路连接度较高的平均感知趋于"比较反对"选项（均值 =1.70，标准差 =0.890），对于人行道有树荫环境的平均感知趋于"比较反对"选项（均值 =1.89，标准差 =1.083），对于有趣景致的平均感知趋于"比较反对"选项（均值 =1.69，标准差 =1.097）。信度分析中，基地活动偏好和态度维度的 *Cronbach's a* 系数 0.764，说明内在信度良好（表 3-17）。

步行的适宜性维度描述性统计及信度分析表　　　　　表3-17

自变量	均值 ± 标准差	*Cronbach's a*（该变量删除后）
步行的适宜性（*Cronbach's a*=0.764）[1]		
道路连接度	1.70±0.890	0.746
人行道树荫环境	1.89±1.083	0.724
有趣景致	1.69±1.097	0.548

注：[1]自变量采用4分制李克特量表度量：1=非常反对；2=比较反对；3=比较赞同；4=非常赞同。

425 位老年人对于人行道覆盖度的平均感知趋于"比较反对"选项（均值 =2.28，标准差 =1.103），对于人行道维护状态的平均感知趋于"比较反对"选项（均值 =2.09，标准差 =1.012），对于人行道独立性的平均感知介于"比较反对"和"比较赞同"之间（均值 =2.59，标准差 =1.074）。信度分析中，基地活动偏好和态度维度的 *Cronbach's a* 系数 0.761，说明内在信度良好（表 3-18）。

人行道维护状态维度描述性统计及信度分析表　　　　　表3-18

自变量	均值 ± 标准差	*Cronbach's a*（该变量删除后）
人行道维护状态（*Cronbach's a*=0.761）[1]		
人行道覆盖度	2.28±1.103	0.656
人行道维护状态	2.09±1.012	0.556
人行道独立性	2.59±1.074	0.807

注：[1]自变量采用4分制李克特量表度量：1=非常反对；2=比较反对；3=比较赞同；4=非常赞同。

425 位老年人对于步行障碍性的平均感知趋于"比较赞同"选项（均值 =3.12，标准差 =1.067），对于交通流量的平均感知趋于"比较赞同"选项（均值 =3.28，标准差 =0.991），对于人行横道的平均感知介于"非常反对"和"比较反对"之间（均

值 =1.56，标准差 =0.902），对于空气质量的平均感知趋于"比较反对"选项（均值 =1.73，标准差 =0.857），对于夜间照明的平均感知介于"非常反对"和"比较反对"之间（均值 =1.53,标准差 =0.844),对于街道眼的平均感知介于"非常反对"和"比较反对"之间（均值 =1.63，标准差 =0.905）。信度分析中，基地活动偏好和态度维度的 Cronbach's a 系数 0.784，说明内在信度良好（表 3-19）。

基地步行的安全性维度描述性统计及信度分析表 表3-19

自变量	频率（百分比）/ 均值 ± 标准差	Cronbach's a（该变量删除后）
基地步行的安全性（Cronbach's a =0.784）[1]		
步行障碍性	3.12 ± 1.067	0.682
交通流量	3.28 ± 0.991	0.691
人行横道	1.56 ± 0.902	0.766
空气质量	1.73 ± 0.857	0.801
夜间照明	1.53 ± 0.844	0.808
街道眼	1.63 ± 0.905	0.719

注：[1]自变量采用4分制李克特量表度量：1=非常反对；2=比较反对；3=比较赞同；4=非常赞同。

2. 客观测量

基于 ArcGIS 和 GoogleMaps 针对养老设施基地范围划定 400 米缓冲区，测量客观环境数据，分为 4 个维度。基地步行的适宜性维度中，16 座养老设施 400 米缓冲区的平均总占地面积 73.88 公顷（标准差 =11.130）。其中，平均居住用地比例 30.84%（标准差 =14.349），平均商业用地比例 26.29%（标准差 =19.661），平均商业居住用地比 1.75（标准差 =3.025），平均道路长度 6456.83 米（标准差 =2239.638），平均道路线密度 88.84 米 / 公顷（标准差 =34.164），平均道路交叉口 19.81 个（标准差 =9.523），平均道路交叉口密度 0.27 个 / 公顷（标准差 =0.133）（表 3-20）。

基地步行的适宜性维度描述性统计表 表3-20

自变量[1]	均值 ± 标准差
总占地面积（公顷）	73.88 ± 11.130
居住用地比例	30.84 ± 14.349
商业用地比例	26.29 ± 19.661

续表

自变量[1]	均值 ± 标准差
商业居住用地比	1.75±3.025
道路长度	6456.83±2239.638
道路线密度	88.84±34.164
道路交叉口数量	19.81±9.523
道路交叉口密度	0.27±0.133

注：[1]自变量基于ArcGIS软件空间统计400米缓冲区数据。

步行道路维护状态维度中，16座养老设施的平均人行道覆盖率46.75%（标准差=24.646）（表3-21）。

步行道路维护状态维度描述性统计表　　　　表3-21

自变量[1]	频率（百分比）/均值 ± 标准差
人行道覆盖率	46.75±24.646

注：[1]自变量基于ArcGIS软件空间统计400米缓冲区数据。

基地步行安全性维度中，16座养老设施到高速公路平均最近距离1473.00米（标准差=1208.887）。3座养老设施基地（18.8%）周边400米缓冲区内有高速公路。基地周边道路中快速公路所占的平均比例为48.12%（标准差=27.151），慢速公路的平均线密度43.29米公顷（标准差=21.700），平均交通信号灯数量1.63个（标准差=1.310）（表3-22）。

基地步行安全性维度描述性统计表　　　　表3-22

自变量[1]	频率（百分比）/均值 ± 标准差
高速公路最近距离	1625.54±1200.458
有高速路	3（18.8%）
快速公路比例	48.12±27.151
慢速公路线密度	43.29±21.700
交通信号灯数量	1.63±1.310

注：[1]自变量基于ArcGIS软件空间统计400米缓冲区数据。

基地步设施维度中，16座养老设施基地的400缓冲区内，平均公交站点数量3.25个（标准差=4.139），到便利店的平均最短距离1.47百米（标准差=4.139），便利店的平均数量0.75个（标准差=0.683）。到超市的平均最短距离0.36百米（标准差=0.883），超市的平均数量0.25个（标准差=0.577）。到果蔬市场的平均最短距离0.08百米（标准差=0.300），果蔬市场的平均数量0.06个（标准差=0.250）。到服装店的平均最短距离0.93百米（标准差=1.598），服装店的平均数量2.56个（标准差=6.821）。到药店的平均最短距离1.53百米（标准差=1.728），药店的平均数量1.13个（标准差=1.455）。到邮局的平均最短距离0.70百米（标准差=1.514），邮局的平均数量0.19个（标准差=0.403）。到餐厅的平均最短距离1.28百米（标准差=1.436），餐厅的平均数量5.31个（标准差=8.444）。到银行的平均最短距离1.83百米（标准差=1.510），银行的平均数量1.56个（标准差=1.999）。到公园的平均最短距离1.01百米（标准差=1.496），公园的平均数量0.50个（标准差=0.632）。到医院的平均最短距离2.11百米（标准差=1.904），医院的平均数量1.00个（标准差=1.673）。到教堂的平均最短距离2.01百米（标准差=1.684），教堂的平均数量1.00个（标准差=0.632）。到书店的平均最短距离0.45百米（标准差=1.238），书店的平均数量0.13个（标准差=0.342）。到学校的平均最短距离1.88百米（标准差=1.739），学校的平均数量1.50个（标准差=2.033）。16座养老设施基地400米缓冲区内的平均设施种类5.75种（标准差=2.887），平均设施数量15.94个（标准差=16.747）（表3-23）。

基地设施维度描述性统计表

表3-23

自变量[1]	频率（百分比）/均值 ± 标准差
公交站点数量	3.25±4.139
便利店最短距离	1.47±1.458
便利店数量	0.75±0.683
超市最短距离	0.36±0.883
超市数量	0.25±0.577
果蔬市场最短距离	0.08±0.300
果蔬市场数量	0.06±0.250
服装店最短距离	0.93±1.598

自变量 [1]	频率（百分比）/ 均值 ± 标准差
服装店数量	2.56±6.821
药店最短距离	1.53±1.728
药店数量	1.13±1.455
邮局最短距离	0.70±1.514
邮局数量	0.19±0.403
餐厅最短距离	1.28±1.436
餐厅数量	5.31±8.444
银行最短距离	1.83±1.510
银行数量	1.56±1.999
公园最短距离	1.01±1.496
公园数量	0.50±0.632
医院最短距离	2.11±1.904
医院数量	1.00±1.673
教堂最短距离	2.01±1.684
教堂数量	1.00±0.632
书店最短距离	0.45±1.238
书店数量	0.13±0.342
学校最短距离	1.88±1.739
学校数量	1.50±2.033
设施种类	5.75±2.887
设施数量	15.94±16.747

注：[1]自变量基于Google Map网页版统计400米缓冲区数据。

3.3.4　养老设施外部场地环境数据

1. 主观测量

场地活动偏好和态度维度中，老年人对活动场地的平均偏好度介于"比较喜欢"和"非常喜欢"选项之间（均值 =3.27，标准差 =0.725），场地活动后的平均感受趋于"比原来好一些"选项（均值 =3.01，标准差 =0.409）。总体 *Cronbach's a* 系数 0.611，基本满足信度要求。

场地活动感知维度中，191 位（44.9%）偏好场地内的鸟类、野生动物，251位（59.1%）偏好乔木、灌木，279 位（65.6%）偏好花朵，121 位（28.5%）偏好水池、喷泉、池塘。

场地景观的满意度变量中，老年人对于愿意在场地中多添加一些植物、树木、花朵的平均感知趋于"稍添加些"选项（均值 =2.17，标准差 =0.800）。

场地步道满意度变量中，老年人对于场地步道设计是否满足老年人需求的平均感知趋于"有些满足"选项（均值 =2.76，标准差 =1.129）。

作息环境的满意度变量中，208 位（48.9%）老年人认为场地有多样的作息空间。室内外空间的可达性变量中，老年人对于室外空间可达性的平均感知趋于"还行"选项（均值 =2.22，标准差 =0.789）。室内到室外的通行性变量中，24 位（5.6%）老年人被锁闭的外门或警报阻止出去，室外到室内的通行性变量中，26 位（6.1%）老年人曾经被锁在门外。

室内外环境的可视性变量中，老年人对于透过室内窗户观望室外场地活动的平均感知趋于"偶尔"和"经常"之间（均值 =2.24，标准差 =0.691）。室外环境的通透性变量中，老年人对于能够看到附近基地环境的人群活动的平均感知趋于"偶尔"选项（均值 =1.82，标准差 =0.757）。场地活动感知维度中的 *Cronbach's a* 系数 0.705，基本满足信度要求（表 3-24）。

场地环境感知变量描述性统计及信度分析表　　　　　表3-24

自变量	频率（百分比）/ 均值 ± 标准差	*Cronbach's a*（该变量删除后）
场地活动偏好和态度（*Cronbach's a*=0.611）		
对活动场地的偏好度 [1]	3.27±0.725	——
场地活动后的感受 [2]	3.01±0.409	——
场地环境感知（*Cronbach's a*=0.705）		
偏好场地内的鸟类、野生动物 [3]	191（44.9%）	0.688
偏好场地内的乔木、灌木 [3]	251（59.1%）	0.688
偏好场地内的花朵 [3]	279（65.6%）	0.679
偏好场地内的水池、喷泉、池塘等 [3]	121（28.5%）	0.709

自变量	频率（百分比）/ 均值 ± 标准差	Cronbach's a（该变量删除后）
场地景观的满意度 [4]	2.17±0.800	0.648
场地步道的满意度 [5]	2.76±1.129	0.655
作息环境的满意度 [6]	208（48.9%）	0.680
室内外空间的可达性 [7]	2.22±0.789	0.654
室内到室外的通行性 [8]	401（94.4%）	0.710
室外到室内的通行性 [8]	399（93.9%）	0.710
室内外环境的可视性 [9]	2.24±0.691	0.688
室外环境的通透性 [9]	1.82±0.757	0.701

注：[1]自变量采用4分制李克特量表度量：1=非常不喜欢；2=比较不喜欢；3=比较喜欢；4=非常喜欢。

[2]自变量采用4分制李克特量表度量：1=比原来差很多；2=比原来差一些；3=比原来好一些；4=比原来好很多。

[3]自变量采用二元度量：0=没选择该项；1=选择该项。

[4]自变量采用3分制度量：1=多添加些；2=稍添加些；3=足够了。

[5]自变量采用4分制李克特量表度量：1=非常不满足；2=有些不满足；3=有些满足；4=非常满足。

[6]自变量采用二元度量：0=否；1=是。

[7]自变量采用3分制李克特量表度量：1=不容易；2=还行；3=容易。

[8]自变量采用二元度量：0=是；1=否。

[9]自变量采用3分制李克特量表度量：1=从不；2=偶尔；3=经常。

2. 客观测量

场地物理环境中，户外场地的声环境平均 52.18 分贝（标准差 =5.651），光环境中，平均阳光下照度 16231.61 勒克斯（标准差 =2720.676），阴影中的照度 3555.992 勒克斯（标准差 =2013.068）。户外大门的平均拉力 2.60 磅（标准差 =3.089）（表 3-25）。

场地物理环境描述性统计表　　　　　　　　　　　表3-25

自变量	均值 ± 标准差
场地物理环境	
户外场地声环境（分贝）	52.18±5.651
阳光下照度（勒克斯）	16231.61±2720.676
阴影中照度（勒克斯）	3555.992±2013.068
户外大门的拉力（磅）	2.60±3.089

SOS 问卷的接触自然维度中，两个实验员针对大量旺盛植被变量的测量均值 7.63（标准差 =1.443），植被种类多样变量均值 7.22（标准差 =1.826），植被色彩的多样性变量均值 6.03（标准差 =2.037），植物的可亲近性变量均值 5.75（标准差 =2.456），座椅有景可赏变量均值 6.97（标准差 =1.953），座椅有绿植遮挡变量均值 6.16（标准差 =2.399），能看到水景变量均值 3.34（标准差 =3.270），能看到动态景观变量均值 5.50（标准差 2.938），宠物设施变量均值 6.47（标准差 =2.298），野生动物变量均值 6.47（标准差 =2.254），家畜变量由于 16 座养老设施均不存在，因此排除该变量。场地较安静变量均值 6.69（标准差 =1.692），免于邻里干扰变量均值 7.56（标准差 =1.448），有私密性环境变量均值 6.94（标准差 =1.721）。信度分析中，接触自然维度的 Cronbach's a 系数 0.918，说明内在信度较高。类内相关性 ICC 系数范围在 0.865 ~ 0.988 之间，说明两个实验员对同一问题的认知度较一致，即：外在信度较高（表 3-26）。

接触自然维度描述性统计及信度分析表　　　　　　　　表3-26

自变量	均值 ± 标准差	Cronbach's a（该变量删除后）	类内相关系数 ICC（平均测量）
接触自然（Cronbach's a =0.918）[1]			
大量旺盛植被	7.63 ± 1.443	0.909	0.888
植被种类多样	7.22 ± 1.826	0.906	0.928
植被色彩的多样性	6.03 ± 2.037	0.908	0.934
植物的可亲近性	5.75 ± 2.456	0.903	0.953
座椅有景可赏	6.97 ± 1.953	0.916	0.943
座椅有绿植遮挡	6.16 ± 2.399	0.905	0.980
接触到水景	3.34 ± 3.270	0.914	0.988
能看到动态景观	5.50 ± 2.938	0.923	0.950
宠物设施	6.47 ± 2.298	0.905	0.940
野生动物	6.47 ± 2.254	0.902	0.949
家畜（排除）	0	—	—
场地较安静	6.69 ± 1.692	0.924	0.897
免于邻里干扰	7.56 ± 1.448	0.919	0.865
有私密性环境	6.94 ± 1.721	0.913	0.900

注：[1]自变量采用10分制李克特量表度量：0=不存在该项环境；1=完全不满足老年人使用；10=完全满足老年人使用。

SOS 问卷的舒适性和安全性维度中，两个实验员针对有足够的座椅变量的测量均值 5.94（标准差 =2.105），座椅样式丰富变量均值 6.13（标准差 =2.045），既可坐阳光下，又可坐阴凉处变量均值 6.88（标准差 =2.473），座椅可随意移动变量均值 6.88（标准差 =2.156），座椅稳固性变量均值 7.38（标准差 =1.443），有靠背和扶手变量均值 7.50（标准差 =1.080），座椅舒适度较高变量均值 7.38（标准差 =1.443），座椅表面材质舒适变量均值 6.41（标准差 =2.193），部分座椅有坐垫变量均值 6.22（标准差 =2.627），座椅旁边有小餐桌变量均值 5.56（标准差 =2.898），有吊椅和摇椅变量均值 4.72（标准差 =3.881），有洗衣机和饮水机变量由于 16 座养老设施均不存在，因此排除该变量。场地维护良好变量均值 7.22（标准差 =2.302），独立吸烟区变量均值 3.75（标准差 =3.322），小气候调控措施变量均值 6.25（标准差 =3.386）。信度分析中，舒适性及安全性维度的 Cronbach's a 系数 0.866，说明内在信度较高。类内相关性 ICC 系数范围在 0.714 ~ 0.997 之间，说明两个实验员对同一问题的认知度基本一致，即：外在信度良好（表 3-27）。

舒适性及安全性维度描述性统计及信度分析表　　　　表3-27

自变量	均值 ± 标准差	Cronbach's a（该变量删除后）	类内相关系数 ICC（平均测量）
舒适性及安全性（Cronbach's a =0.866）[1]			
有足够的座椅	5.94±2.105	0.847	0.971
座椅样式丰富	6.13±2.045	0.842	0.929
既可坐阳光下，又可坐阴凉处	6.88±2.473	0.849	0.935
座椅可随意移动	6.88±2.156	0.858	0.901
座椅稳固性	7.38±1.443	0.853	0.714
有靠背和扶手	7.50±1.080	0.858	0.718
座椅舒适度较高	7.38±1.443	0.853	0.856
座椅表面材质舒适	6.41±2.193	0.855	0.978
部分座椅有坐垫	6.22±2.627	0.852	0.959
座椅旁边有小餐桌	5.56±2.898	0.856	0.992
有摇椅、吊椅等	4.72±3.881	0.879	0.999
有洗手间和饮水机（排除）	0	—	—

自变量	均值 ± 标准差	Cronbach's a（该变量删除后）	类内相关系数 ICC（平均测量）
场地维护良好	7.22±2.302	0.851	0.986
独立吸烟区	3.75±3.322	0.876	0.997
小气候调控措施	6.25±3.386	0.873	0.984

注：[1]自变量采用10分制李克特量表度量；0=不存在该项环境；1=完全不满足老年人使用；10=完全满足老年人使用。

  SOS 问卷的接触散步和户外活动中，两个实验员针对不同长度的多条道路变量的测量均值 6.38（标准差 =3.243），环状道路变量均值 7.03（标准差 =3.181），道路上的景致变量均值 6.41（标准差 =2.577），道路平整无裂缝变量均值 7.59（标准差 =0.664），道路铺装防滑、不反光变量均值 6.28（标准差 =2.206），部分道路有树荫变量均值 6.06（标准差 =2.489），部分道路有栏杆变量均值 0.56（标准差 =2.250），道路周边的作息设施变量均值 5.22（标准差 =3.209），遮阴座椅变量均值 6.22（标准差 =3.066），场地有趣景观变量均值 6.38（标准差 =3.165），社会活动场地变量均值 3.44（标准差 =3.240），儿童娱乐设施变量均值 1.06（标准差 =2.955），特定活动场所变量均值 2.97（标准差 =2.849），可参与园艺种植区变量均值 2.53（标准差 =3.154）。信度分析中，散步和户外活动维度的 Cronbach's a 系数 0.832，说明内在信度较高。类内相关性 ICC 系数范围在 0.832 ～ 1.000 之间，说明两个实验员对同一问题的认知度较一致，即：外在信度较高（表 3-28）。

散步和户外活动维度描述性统计及信度分析表　　　　表3-28

自变量	均值 ± 标准差	Cronbach's a（该变量删除后）	类内相关系数 ICC（平均测量）
散步和户外活动（Cronbach's a =0.832）[1]			
不同长度的多条道路	6.38±3.243	0.818	0.983
环状道路	7.03±3.181	0.803	0.991
道路上的景致	6.41±2.577	0.799	0.969
道路平整无裂缝	7.59±0.664	0.837	0.832
道路铺装防滑、不反光	6.28±2.206	0.846	0.906
部分道路有树荫	6.06±2.489	0.818	0.947

续表

自变量	均值 ± 标准差	Cronbach's a（该变量删除后）	类内相关系数 ICC（平均测量）
部分道路上有栏杆	0.56±2.250	0.830	1.000
道路周边的作息设施	5.22±3.209	0.798	0.993
遮阴座椅	6.22±3.066	0.801	0.976
场地有趣景观	6.38±3.165	0.806	0.990
社会活动场地	3.44±3.240	0.795	0.997
儿童娱乐设施	1.06±2.955	0.842	1.000
特定活动场所	2.97±2.849	0.829	0.979
可参与园艺种植区	2.53±3.154	0.848	0.995

注：[1]自变量采用10分制李克特量表度量：0=不存在该项环境；1=完全不满足老年人使用；10=完全满足老年人使用。

  SOS 问卷的室内外的联系性维度中，两个实验员针对室内外通透性变量的测量均值 6.69（标准差 =2.380），室内外可达性变量均值 7.38（标准差 =1.607），入口多样性变量均值 6.47（标准差 =3.334），室内到室外的过渡区域变量均值 6.31（标准差 =1.861），室外到室内的过渡区域变量均值 6.16（标准差 =1.514），大门不上锁变量均值 6.91（标准差 =2.859），大门便于打开变量均值 7.22（标准差 =2.073），大门不会快速关闭变量均值 7.09（标准差 =2.282），自动门变量均值 3.16（标准差 =4.114），门槛易通过变量均值 7.06（标准差 =1.063），门外硬质铺装变量均值 7.63（标准差 =0.827）（表 3-29）。

室内外的联系性维度描述性统计及信度分析表　　　　表3-29

自变量	均值 ± 标准差	Cronbach's a（该变量删除后）	类内相关系数 ICC（平均测量）
室内外的联系性（Cronbach's a=0.470）[1]			
室内外通透性	6.69±2.380	0.534	0.965
室内外可达性	7.38±1.607	0.387	0.924
入口的多样性	6.47±3.334	0.542	0.975
室内到室外的过渡区域	6.31±1.861	0.541	0.934
室外到室内的过渡区域	6.16±1.514	0.488	0.804

续表

自变量	均值 ± 标准差	*Cronbach's a*（该变量删除后）	类内相关系数 *ICC*（平均测量）
大门不上锁	6.91±2.859	0.334	0.994
大门便于打开	7.22±2.073	0.267	0.950
大门不会快速关闭	7.09±2.282	0.298	0.959
自动门	3.16±4.114	0.455	0.999
门槛易通过	7.06±1.063	0.435	0.738
门外硬质铺装	7.63±0.827	0.498	0.811

注：[1]自变量采用10分制李克特量表度量：0=不存在该项环境；1=完全不满足老年人使用；10=完全满足老年人使用。

　　信度分析中，室内外的联系性维度的 *Cronbach's a* 系数 0.470，说明内在信度较低，需要重新调整问卷。*Cronbach's a*（该变量删除后）系数中，入口的多样性和室内到室外的过渡区域变量单独删除后，室内外的联系性维度的 *Cronbach's a* 系数会有大幅提高（分别是 0.542 和 0.541），遂将其该变量删除重新计算。由此，新生成的室内外的联系性维度的 *Cronbach's a* 系数 0.614，满足信度要求（*Cronbach's a* 系数 ≥ 0.600）。类内相关性 *ICC* 系数范围在 0.738 ~ 0.999 之间，说明两个实验员对同一问题的认知度基本一致，即：外在信度良好（表 3-30）。

室内外的联系性维度变量调整表　　　　　表3-30

自变量	*Cronbach's a*（该变量删除后）	类内相关系数 *ICC*（平均测量）
室内外的联系性 （*Cronbach a*=0.614）[1]		
室内外通透性	0.722	0.965
室内外可达性	0.561	0.924
室外到室内的过渡区域	0.633	0.804
大门不上锁	0.566	0.994
大门便于打开	0.460	0.950
大门不会快速关闭	0.439	0.959

续表

自变量	Cronbach's a （该变量删除后）	类内相关系数 ICC （平均测量）
自动门	0.589	0.999
门槛易通过	0.570	0.738
门外硬质铺装	0.624	0.811

注：[1] 自变量采用10分制李克特量表度量：0=不存在该项环境；1=完全不满足老年人使用；10=完全满足老年人使用。

SOS 问卷的外界环境联系性维度中，两个实验员针对入口花园变量的测量均值 7.06（标准差 =2.664），可看到到访车辆变量均值 5.16（标准差 =2.998），与行人交流变量均值 4.31（标准差 =3.526），周边的景致变量均值 3.97（标准差 =2.717），周边的交通变量均值 4.50（标准差 =3.235），周边的人群活动变量均值 3.25（标准差 2.910）。信度分析中，外界环境联系性维度的 Cronbach's a 系数 0.21，说明内在信度较高。类内相关性 ICC 系数范围在 0.952 ~ 0.994 之间，说明两个实验员对同一问题的认知度较一致，即：外在信度较高（表 3-31）。

外界环境的联系性维度描述性统计及信度分析表　　表3-31

自变量	均值 ± 标准差	Cronbach's a （该变量删除后）	类内相关系数 ICC （平均测量）
外界环境联系性（Cronbach's a=0.821）[1]			
入口花园	7.06±2.664	0.884	0.963
可看到到访车辆	5.16±2.998	0.732	0.983
与行人交流	4.31±3.526	0.763	0.991
周边的景致	3.97±2.717	0.773	0.952
周边的交通	4.50±3.235	0.753	0.994
周边的人群活动	3.25±2.910	0.805	0.984

注：[1] 自变量采用10分制李克特量表度量：0=不存在该项环境；1=完全不满足老年人使用；10=完全满足老年人使用。

两个实验员的测量总分均值 339.53（标准差 =51.554）（表 3-32）。

场地环境客观变量描述性统计及信度分析表　　　　表3-32

自变量	均值 ± 标准差
SOS 总分[1]	339.53±51.554

注：[1]自变量采用10分制李克特量表度量：0=不存在该项环境；1=完全不满足老年人使用；10=完全满足老年人使用。

3.3.5　养老设施社会氛围数据

老年人户外活动人群变量中，233 位（54.8%）老年人的户外活动是同邻居、家人、机构护理人员一同开展的。医生是否建议过外出步行活动变量中，93 位（21.9%）老年人表示被医生建议过外出步行活动（表 3-33）。

老年人个体活动社会因素描述性统计表　　　　表3-33

自变量	频率（百分比）
户外活动人群	
与邻居、家人、机构护理人员等一起活动	233（54.8%）
独自活动	192（45.2%）
医生建议	
没被建议过	332（78.1%）
被建议过	93（21.9%）

养老设施基本信息中，平均运营时间是 11.88 年（标准差 =6.131），老年人居住人数 151.06 人（标准差 =124.106），平均机构护理人员数 32.19 人（标准差 =25.359）。户外环境方面，10 座（62.5%）养老设施为老年人提供了便于种植的场地，4 座（25.0%）养老设施提供了园艺疗法。机构人员对户外场地景观大多有一定维护（均值 =1.69，标准差 =0.602），同时，机构人员对于从室内监测室外的视线通透性取向"比较容易"选项（均值 =3.06，标准差 =1.063）（表 3-34）。

养老设施基本信息描述性统计表　　　　表3-34

自变量	频率（百分比）/ 均值 ± 标准差
养老设施运营时间（年）	11.88±6.131
机构老年人住户总数（人）	151.06±124.106

续表

自变量	频率（百分比）/ 均值 ± 标准差
机构护理人员总数（人）	32.19±25.359
可供老年人种植的场地 [1]	10（62.5%）
园艺疗法 [1]	4（25.0%）
场地景观设施维护 [2]	1.69±0.602
建筑设计对室内监测老年人场地活动的便捷性 [3]	3.06±1.063

注：[1]自变量采用二元度量：0=没有；1=有。
[2]自变量采用3分制李克特量表度量：0=从不维护；1=偶尔维护；2=经常维护。
[3]自变量采用4分制李克特量表度量：1=非常难；2=比较难；3=比较容易；4=非常容易。

机构人员对场地活动意见和态度维度中，对场地活动的担忧度趋于"从不担心"选项（均值 =2.75，标准差 =0.447），对场地活动的态度趋于"认为场地活动对老年人健康非常好"选项（均值 =3.94，标准差 =0.250），对于场地活动开放政策普遍趋于"能，我们鼓励他们到场地活动"选项（均值 =2.69，标准差 =0.479）。总体 *Cronbach's a* 系数 0.798，满足信度要求。机构人员基地活意见和态度维度中，对基地活动担忧度趋于"偶尔担心"选项（均值 =1.94，标准差 =0.854），对基地活动态度相比场地活动态度有所下降，趋向于"比较好"选项（均值 =3.25，标准差 =1.000），对于基地活动的开放政策普遍趋于"审核通过"选项（均值 =1.31，标准差 =0.602）。总体 *Cronbach's a* 系数 0.846，满足信度要求（表 3-35）。

机构人员对老年人户外活动态度描述性统计及信度分析表 表3-35

自变量	频率（百分比）/ 均值 ± 标准差	Cronbach's a （该变量删除后）
机构对于场地活动的意见和态度 （*Cronbach's a* =0.798）		
机构对老年人场地活动的担忧度 [1]	2.75±0.447	0.478
机构对老年人场地活动的态度 [2]	3.94±0.250	0.921
机构对老年人场地活动的开放政策 [3]	2.69±0.479	0.552
机构对于基地活动的意见和态度 （*Cronbach's a*=0.846）		
机构对老年人基地活动的担忧度 [1]	1.94±0.854	0.720

续表

自变量	频率（百分比）/ 均值 ± 标准差	Cronbach's a（该变量删除后）
机构对老年人基地活动的态度 [2]	3.25±1.000	0.787
机构对老年人基地活动的开放政策 [4]	1.31±0.602	0.833

注：[1]自变量采用3分制李克特量表度量：1=非常担心；2=偶尔担心；3=从不担心。

[2]自变量采用4分制李克特量表度量：1=非常不好；2=比较不好；3=比较好；4=非常好。

[3]自变量采用3分制度量：0=不能；1=能，但需申请并我们依据相关规定审核通过；2=能，他们可以自由外出；3=能，我们鼓励他们到场地活动。

[4]自变量采用3分制度量：0=不能；1=能，但需申请并我们依据相关规定审核通过；2=能，他们可以自由外出；3=能，我们鼓励他们到基地活动。

在 16 个机构活动日志统计中，机构人员平均每周组织活动 41.06 次（标准差 =5.105），其中：场地活动每周 1.16 次（标准差 =1.768），基地活动每周 0.19 次（标准差 =0.403），公共交通远行活动每周 2.02 次（标准差 =1.496），室内活动每周 4.94 次（标准差 =1.611）。基于活动行为统计，周平均体力活动 8.30 次（标准差 =2.638），占总活动的 20.46%（标准差 =6.780），周总室外活动 3.36 次（标准差 =2.102），占总活动的 8.22%（标准差 =5.135），周总室内非体力活动 32.77 次（标准差 =5.540）（表 3-36）。

机构活动日志描述性统计表 表3-36

自变量	频率（百分比）/ 均值 ± 标准差
总活动（每周）	41.06±5.105
场地活动（每周）	1.16±1.768
基地活动（每周）	0.19±0.403
公共交通远行活动（每周）	2.02±1.496
室内活动（每周）	4.94±1.611
总体力活动（每周）	8.30±2.638
总体力活动%（总体力活动/总活动）	20.46±6.780
总室外活动（场地活动+基地活动+公共交通远行活动）	3.36±2.102
总室外活动%（总室外活动/总活动）	8.22±5.135
总室内非体力活动	32.77±5.540

3.4　模型结果

3.4.1　中强度步行与外部环境的关联度模型

3.4.1.1　中强度步行与外部环境要素关联度的单因素分析

单因素逻辑回归通过一对一检验（One by One Test）建立自变量和因变量的单因素逻辑回归模型。

1. 个体信息变量

机构的照料模式（$OR=1.624$，$p=0.039$）、性别（$OR=2.642$，$p<0.001$）、养狗（$OR=4.875$，$p=0.001$）、成长环境（$OR=2.990$，$p<0.001$）、整体健康自评价（$OR=2.891$，$p<0.001$）、活动量群体比较（$OR=9.338$，$p<0.001$）变量与老年人能达到中强度步行指标的概率正相关。

价位（$OR=0.999$，$p<0.001$）、年龄（$OR=0.879$，$p<0.001$）、BMI指数（$OR=0.572$，$p<0.001$）、居住时间（$OR=0.958$，$p<0.001$）、需要的日常生活照料（$OR=0.067$，$p=0.005$）、活动辅助设施（$OR=0.123$，$p<0.001$）、摔倒经历（$OR=0.066$，$p<0.001$）变量与老年人能达到中强度步行指标的概率负相关（表 3-37）。

个体信息变量二元逻辑回归表　　　　　　表3-37

自变量	回归系数 B (Coefficient B)	优势比 (Odds Ratio)	P 值 (P-Value)	优势比 95% 信任区间 (Odds Ratio 95% C.I.)	
				下限	上限
机构照料模式[1]	0.485	1.624	0.039	1.025	2.574
价位	−0.001	0.999	<0.001	0.999	0.999
性别[2]	0.971	2.642	<0.001	1.644	4.245
年龄	−0.129	0.879	<0.001	0.839	0.922
BMI 指数	−0.559	0.572	<0.001	0.477	0.686
居住时间	−0.042	0.958	<0.001	0.942	0.975
养狗[3]	1.584	4.875	0.001	1.964	12.100
成长环境[4]	1.095	2.990	<0.001	1.919	4.656
整体健康自评价[5]	1.062	2.891	<0.001	2.006	4.168

续表

自变量	回归系数 B (Coefficient B)	优势比 (Odds Ratio)	P 值 (P-Value)	优势比 95% 信任区间 (Odds Ratio 95% C.I.)	
				下限	上限
需要的日常生活照料 [6]	−2.708	0.067	0.005	0.010	0.444
活动辅助设施 [7]	−2.098	0.123	<0.001	0.123	0.191
摔倒经历 [8]	−2.725	0.066	<0.001	0.024	0.182
活动量群体比较 [9]	2.234	9.338	<0.001	5.792	15.053

注：[1] 自变量采用二元度量：0=介助型养老设施；1=自理型养老设施。

[2] 自变量采用二元度量：0=女性；1=男性。

[3] 自变量采用二元度量：0=未养狗；1=养狗。

[4] 自变量采用二元度量：0=农村、小镇、郊区；1=城市。

[5] 自变量采用3分制度量：1=不好；2=一般；3=好。

[6] 自变量采用4分制度量：0=无；1=洗浴；2=穿衣；3=吃饭。

[7] 自变量采用4分制度量：0=无；1=手杖；2=步行器、带座椅步行器手杖；3=轮椅、电动轮椅。

[8] 自变量采用二元度量：0=无；1=有。

[9] 自变量采用3分制度量：1=比别人少；2=平均水平；3=比别人多。

2. 社会环境变量

社会环境变量中，医生建议（OR=14.463，$p<0.001$）、机构中老年人住户总数（OR=1.002，p=0.039）、机构对老年人场地活动的担忧度（OR=2.147，p=0.029），机构对老年人基地活动的态度（OR=1.853，p=0.029），机构对老年人基地活动的开放政策（OR=1.873，p=0.004）变量与老年人能达到中强度步行指标的概率正相关。

机构活动日志中，公共交通远行活动（OR=1.179，p=0.022）、总室外活动数（OR=1.131，p=0.018）、总室外对活动比例（OR=1.064，p=0.002）变量与老年人能达到中强度步行指标呈现正相关。而总活动数（OR=0.954，p=0.030）、室内活动数（OR=0.868，p=0.029）、总室内非体力活动数（OR=0.952，p=0.021）变量与老年人能达到中强度步行指标的概率负相关（表3-38）。

社会环境变量二元逻辑回归表 表3-38

自变量	回归系数 B (Coefficient B)	优势比 (Odds Ratio)	P 值 (P-Value)	优势比 95% 信任区间 (Odds Ratio 95% C.I.)	
				下限	上限
医生建议 [1]	2.672	14.463	<0.001	8.409	24.874
机构老年人住户总数	0.002	1.002	0.039	1.000	1.003

续表

自变量	回归系数 B (Coefficient B)	优势比 (Odds Ratio)	P 值 (P-Value)	优势比 95% 信任区间 (Odds Ratio 95% C.I.)	
				下限	上限
机构对老年人场地活动的担忧度 [2]	0.764	2.147	0.029	1.083	4.254
机构对老年人基地活动的态度 [3]	0.617	1.853	<0.001	1.326	2.591
机构对于老年人基地活动的开放政策 [4]	0.628	1.873	0.004	1.224	2.867
总活动	−0.047	0.954	0.030	0.914	0.995
公共交通远行活动	0.165	1.179	0.022	1.024	1.359
室内活动	−0.142	0.868	0.029	0.764	0.986
总室外活动	0.123	1.131	0.018	1.021	1.252
总室外活动比例	0.062	1.064	0.002	1.022	1.107
总室内非体力活动	−0.049	0.952	0.021	0.913	0.993

注：[1] 自变量采用二元度量：0=没被建议过；1=被建议过。
[2] 自变量采用3分制李克特量表度量：1=非常担心；2=偶尔担心；3=从不担心。
[3] 自变量采用4分制李克特量表度量：1=非常不好；2=比较不好；3=比较好；4=非常好。
[4] 自变量采用3分制度量：0=不能；1=能，但需申请并我们依据相关规定审核通过；2=能，他们可以自由外出；3=能，我们鼓励他们到基地活动。

3. 场地环境变量

主观场地环境变量中，对活动场地的偏好度（OR=3.464，$p<0.001$）、场地活动后的感受（OR=7.980，$p<0.001$）、偏好场地内的鸟类或野生动物（OR=3.233，$p<0.001$）、偏好场地内的乔木或灌木（OR=2.036，$p=0.003$）、偏好场地内的花朵（OR=3.201，$p<0.001$）、场地景观的满意度（OR=2.642，$p<0.001$）、场地步道的满意度（OR=2.882，$p<0.001$）、作息环境的满意度（OR=1.719，$p=0.015$）、室内外空间的可达性（OR=4.938，$p<0.001$）、室内外环境的可视性（OR=1.485，$p=0.017$）、室外环境的通透性（OR=1.506，$p=0.005$）变量与老年人能达到中强度步行指标的概率正相关（表 3-39）。

主观场地环境变量二元逻辑回归表

表3-39

自变量	回归系数 B (Coefficient B)	优势比 (Odds Ratio)	P 值 (P-Value)	优势比 95% 信任区间 (Odds Ratio 95% C.I.)	
				下限	上限
对活动场地的偏好度 [1]	1.243	3.464	<0.001	3.464	5.104
场地活动后的感受 [2]	2.077	7.980	<0.001	4.050	15.726
偏好场地内的鸟类、野生动物 [3]	1.173	3.233	<0.001	2.061	5.070
偏好场地内的乔木、灌木 [3]	0.711	2.036	0.003	1.282	3.232
偏好场地内的花朵 [3]	1.163	3.201	<0.001	3.201	5.455
场地景观的满意度 [4]	0.972	2.642	<0.001	1.912	3.653
场地步道的满意度 [5]	1.059	2.882	<0.001	2.196	3.783
作息环境的满意度 [6]	0.542	1.719	0.015	1.113	2.654
室内外空间的可达性 [7]	1.597	4.938	<0.001	3.257	7.486
室内外环境的可视性 [8]	0.395	1.485	0.017	1.074	2.052
室外环境的通透性 [8]	0.409	1.506	0.005	1.133	2.000

注：[1]自变量采用4分制李克特量表度量：1=非常不喜欢；2=比较不喜欢；3=比较喜欢；4=非常喜欢。

[2]自变量采用4分制李克特量表度量：1=比原来差很多；2=比原来差一些；3=比原来好一些；4=比原来好很多。

[3]自变量采用二元度量：0=没选择该项；1=选择该项。

[4]自变量采用3分制度量：1=多添加些；2=稍添加些；3=足够了。

[5]自变量采用4分制李克特量表度量：1=非常不满足；2=有些不满足；3=有些满足；4=非常满足。

[6]自变量采用二元度量：0=否；1=是。

[7]自变量采用3分制李克特量表度量：1=不容易；2=还行；3=容易。

[8]自变量采用3分制李克特量表度量：1=从不；2=偶尔；3=经常。

客观场地环境变量中，户外大门的拉力（$OR=1.103$，$p=0.002$）、植被种类多样（$OR=1.153$，$p=0.029$）、接触到水景（$OR=1.128$，$p<0.001$）、宠物设施（$OR=1.141$，$p=0.031$）、野生动物（$OR=1.120$，$p=0.049$）、场地较安静（$OR=1.214$，$p=0.004$）、有私密性环境（$OR=1.164$，$p=0.038$）、场地维护良好（$OR=1.170$，$p=0.020$）、小气候调控措施（$OR=1.105$，$p=0.003$）、不同长度的多条道路（$OR=1.082$，$p=0.026$）、环状道路（$OR=1.151$，$p=0.001$）、道路上的景致（$OR=1.140$，$p=0.006$）、部分道路有树荫（$OR=1.104$，$p=0.049$）、道路周边的作息设施（$OR=1.111$，$p=0.005$）、遮阴座椅（$OR=1.088$，$p=0.023$）、场地有趣景观（$OR=1.096$，$p=0.013$）、SOS 总分（$OR=1.006$，$p=0.006$）变量与老年人能达到中

强度步行指标的概率正相关，而座椅可随意移动（*OR*=0.900，*p*=0.030）变量与老年人能达到中强度步行指标的概率负相关（表3-40）。

		客观场地环境变量二元逻辑回归表		表3-40	
自变量[1]	回归系数 *B* (Coefficient *B*)	优势比 (Odds Ratio)	*P* 值 (*P*-Value)	优势比 95% 信任区间 (Odds Ratio 95% C.I.)	
				下限	上限
户外大门的拉力	0.098	1.103	0.002	1.037	1.172
植被种类多样	0.143	1.153	0.029	1.015	1.311
接触到水景	0.120	1.128	<0.001	1.059	1.202
宠物设施	0.132	1.141	0.031	1.012	1.286
野生动物	0.114	1.120	0.049	1.000	1.255
场地较安静	0.194	1.214	0.004	1.065	1.383
有私密性环境	0.152	1.164	0.038	1.009	1.343
座椅可随意移动	−0.106	0.900	0.030	0.818	0.990
场地维护良好	0.157	1.170	0.020	1.025	1.336
小气候调控措施	0.100	1.105	0.003	1.034	1.181
不同长度的多条道路	0.079	1.082	0.026	1.009	1.160
环状道路	0.141	1.151	0.001	1.057	1.254
道路上的景致	0.131	1.140	0.006	1.038	1.251
部分道路有树荫	0.099	1.104	0.049	1.001	1.219
道路周边的作息设施	0.105	1.111	0.005	1.032	1.196
遮阴座椅	0.084	1.088	0.023	1.012	1.170
场地有趣景观	0.092	1.096	0.013	1.020	1.178
SOS 总分	0.006	1.006	0.006	1.002	1.010

注：[1]自变量采用10分制李克特量表度量：0=不存在该项环境；1=完全不满足老年人使用；10=完全满足老年人使用。

4. 基地环境变量

主观基地环境变量中，对基地步行的偏好度（*OR*=4.701，*p*<0.001）、基地步行后的感受（*OR*=7.399，*p*<0.001）变量与老年人能达到中强度步行指标的概率

正相关。

基地设施维度中，感知到便利店或杂货店（OR=18.121，$p<0.001$）、超市（OR=4.673，$p<0.001$）、果蔬市场（OR=23.462，$p<0.001$）、服装店（OR=4.576，$p<0.001$）、药店（OR=15.431，$p<0.001$）、餐厅（OR=6.153，$p<0.001$）、银行（OR=18.993，$p<0.001$）、公园或其他公共空间（OR=2.215，$p=0.006$）、医院或诊所（OR=23.475，$p<0.001$）、教堂（OR=5.820，$p<0.001$）、学校（OR=62.944，$p<0.001$）、用地混合度（OR=1.797，$p<0.001$）变量与老年人能达到中强度步行指标的概率正相关。

步行的适宜性维度中，道路连接度（OR=3.754，$p<0.001$）、人行道树荫环境（OR=2.513，$p<0.001$）、有趣景观（OR=3.647，$p<0.001$）变量与老年人能达到中强度步行指标的概率正相关。

人行道维护状态维度中，人行道覆盖度（OR=3.760，$p<0.001$）、人行道维护状态（OR=4.481，$p<0.001$）、人行道独立性（OR=2.288，$p<0.001$）变量与老年人能达到中强度步行指标的概率正相关。

基地步行的安全性维度中，人行横道（OR=2.432，$p<0.001$）、夜间照明（OR=1.681，$p<0.001$）、街道眼（OR=3.844，$p<0.001$）变量与老年人能达到中强度步行指标的概率正相关，而步行障碍性（OR=0.382，$p<0.001$）、交通流量（OR=0.293，$p<0.001$）、空气质量（OR=0.308，$p<0.001$）变量与老年人能达到中强度步行指标的概率负相关（表3-41）。

主观基地环境变量二元逻辑回归表　　　　　　　表3-41

自变量	回归系数 B (Coefficient B)	优势比 (Odds Ratio)	P 值 (P-Value)	优势比 95% 信任区间 (Odds Ratio 95% C.I.)	
				下限	上限
对基地步行的偏好度[1]	1.548	4.701	<0.001	3.466	6.377
基地步行后的感受[2]	2.001	7.399	<0.001	4.902	11.169
便利店、杂货店[3]	2.897	18.121	<0.001	9.122	36.000
超市[3]	1.542	4.673	<0.001	2.703	8.079
果蔬市场[3]	3.155	23.462	<0.001	9.545	57.667
服装店[3]	1.521	4.576	<0.001	2.713	7.717
药店[3]	2.736	15.431	<0.001	6.862	34.699

续表

自变量	回归系数 B (Coefficient B)	优势比 (Odds Ratio)	P 值 (P-Value)	优势比 95% 信任区间 (Odds Ratio 95% C.I.)	
				下限	上限
餐厅[3]	1.817	6.153	<0.001	3.829	9.887
银行[3]	2.944	18.993	<0.001	7.103	50.784
公园、其他公共空间[3]	0.795	2.215	0.006	1.258	3.902
医院、诊所[3]	3.156	23.475	<0.001	10.112	54.498
教堂[3]	1.761	5.820	<0.001	3.231	10.483
幼儿园、小学、中学、大学[3]	4.142	62.944	<0.001	14.793	267.830
用地混合度[4]	0.586	1.797	<0.001	1.574	2.050
道路连接度[5]	1.274	3.574	<0.001	2.686	4.756
人行道树荫环境[5]	0.921	2.513	<0.001	2.021	3.123
有趣景致[5]	1.294	3.647	<0.001	2.861	4.649
人行道覆盖度[5]	1.324	3.760	<0.001	2.847	4.965
人行道维护状态[5]	1.500	4.481	<0.001	3.309	6.068
人行道独立性[5]	0.828	2.288	<0.001	1.777	2.946
步行障碍性[5]	−0.962	0.382	<0.001	0.306	0.477
交通流量[5]	−1.227	0.293	<0.001	0.227	0.379
人行横道[5]	0.889	2.432	<0.001	1.908	3.099
空气质量[5]	−1.178	0.308	<0.001	0.210	0.452
夜间照明[5]	0.520	1.681	<0.001	1.320	2.141
街道眼[5]	1.347	3.844	<0.001	2.884	5.124

注：[1]自变量采用4分制李克特量表度量：1=非常不喜欢；2=比较不喜欢；3=比较喜欢；4=非常喜欢。
　　[2]自变量采用4分制李克特量表度量：1=比原来差很多；2=比原来差一些；3=比原来好一些；4=比原来好很多。
　　[3]自变量采用二元度量：0=没选择该项；1=选择该项。
　　[4]自变量将所有可感知设施种类加权计算。
　　[5]自变量采用4分制李克特量表度量：1=非常反对；2=比较反对；3=比较赞同；4=非常赞同。

客观基地环境变量中，基地步行的适宜性维度中，总占地面积（$OR=1.022$，$p=0.032$）、商业用地比例（$OR=1.013$，$p=0.020$）、交通交叉口数量（$OR=1.028$，

p=0.017）变量与老年人能达到中强度步行指标的概率正相关，而道路线密度（OR=0.993，p=0.039）变量与老年人能达到中强度步行指标的概率负相关。

基地步行的安全性维度中，慢速公路线密度（OR=1.016，p=0.008）变量与老年人能达到中强度步行指标的概率正相关，而快速公路比例（OR=0.985，p<0.001）变量与老年人能达到中强度步行指标的概率负相关。

基地设施维度中，公交站点数量（OR=1.059，p=0.030）、果蔬市场最短距离（OR=2.612，p<0.001）、果蔬市场数量（OR=3.165，p<0.001）、服装店最短距离（OR=1.049，p<0.001）、餐厅数量（OR=1.037，p=0.003）、银行数量（OR=1.123，p=0.047）、医院最短距离（OR=1.206，p=0.008）、设施种类（OR=1.082，p=0.048）、设施数量（OR=1.020，p<0.001）变量与老年人能达到中强度步行指标的概率正相关，而邮局数量（OR=0.431，p=0.047）变量与老年人能达到中强度步行指标的概率负相关（表3-42）。

客观基地环境变量二元逻辑回归表

表3-42

自变量[1]	回归系数 B (Coefficient B)	优势比 (Odds Ratio)	P 值 (P-Value)	优势比 95% 信任区间 (Odds Ratio 95% C.I.)	
				下限	上限
总占地面积	0.022	1.022	0.032	1.002	1.042
商业用地比例	0.013	1.013	0.020	1.002	1.024
道路线密度	−0.007	0.993	0.039	0.987	1.000
道路交叉口数量	0.028	1.028	0.017	1.005	1.051
快速公路比例	−0.015	0.985	<0.001	0.978	0.993
慢速公路线密度	0.016	1.016	0.008	1.004	1.028
公交站点数量	0.058	1.059	0.030	1.006	1.116
果蔬市场最短距离	0.960	2.612	<0.001	2.612	4.394
果蔬市场数量	1.152	3.165	<0.001	1.695	5.908
服装店最短距离	0.048	1.049	<0.001	1.024	1.074
邮局数量	−0.842	0.431	0.047	0.187	0.990
餐厅数量	0.036	1.037	0.003	1.012	1.062
银行数量	0.116	1.123	0.047	1.002	1.258

续表

自变量 [1]	回归系数 B (Coefficient B)	优势比 (Odds Ratio)	P 值 (P-Value)	优势比 95% 信任区间 (Odds Ratio 95% C.I.)	
				下限	上限
医院最短距离	0.187	1.206	0.008	1.051	1.384
设施种类	0.079	1.082	0.048	1.001	1.170
设施数量	0.020	1.020	<0.001	1.009	1.032

注：[1] 自变量基于ArcGIS软件空间统计400米缓冲区数据。

3.4.1.2 中强度步行与外部环境要素关联度的多因素逻辑回归模型

多因素逻辑回归中，首先生成基础模型，接着将其余变量一对一添加到基础模型中检验其显著性，并进行数据筛选（Data Reduction）。最后，将所有显著意义的变量导入到基础模型中，生成完整模型。完整模型包含三个：主观环境模型、客观环境模型、主观和客观环境模型。

1. 主观环境模型

在模型 1-1 中，当控制了基础模型中的 6 个个体信息变量，共有 2 个社会环境变量、2 个主观场地环境变量、3 个主观基地环境变量进入最终模型，模型总体具有统计学意义（$Sig.<0.001$）。

基础模型中，若养老设施为自理型养老设施，老年人能达到中强度步行指标的优势比增加了 1.215 倍（$OR=2.215$，$p=0.049$）。性别变量，在二元逻辑回归中具有统计学意义（$OR=2.642$，$p<0.001$），而在多元逻辑回归中控制了其他环境变量后，该变量统计学意义并不显著（$OR=1.873$，$p=0.112$）。当老年人的年龄增加 1 岁，其能达到中强度步行指标的优势比仅是原来的 93.0%（$OR=0.930$，$p=0.042$）。当老年人 BMI 指数每增加 1，其能达到中强度步行指标的优势比仅是原来的 67.6%（$OR=0.676$，$p=0.004$）。若老年人主要在城市中生活，其能达到中强度步行指标的优势比比不在城市中生活的老年人增加了 1.267 倍（$OR=2.267$，$p=0.022$）。若老年人在过去有严重的摔倒经历，其能达到中强度步行指标的优势比仅是原来的 20.4%（$OR=0.204$，$p=0.007$）。

社会环境变量中，若老年人被医生建议过外出步行活动有益健康，其能达到中强度步行指标的优势比增加了 5.130 倍（$OR=6.130$，$p<0.001$）。机构对老年人基地活动的态度（您认为老年人到基地中活动好吗？），每增加 1 个单位（区间

由"非常不好"至"非常好"），其能达到中强度步行指标的优势比增加了 87.1%
（OR=1.871，p=0.032）。

主观场地环境变量中，对活动场地的偏好度（你喜欢场地环境吗？）每增
加 1 个单位（区间由"非常不喜欢"至"非常喜欢"），其能达到中强度步行指
标的优势比增加了 2.108 倍（OR=3.108，p=0.001）。偏好场地内的鸟类或野生
动物的老年人，其能达到中强度步行指标的优势比增加了 1.563 倍（OR=2.563，
p=0.011）。

主观基地环境变量中，便利店或杂货店（OR=2.668，p=0.048）、公园或其他
公共空间（OR=3.106，p=0.043）、道路连接度（OR=2.055，p=0.001）与老年人
能达到中强度步行指标呈现正相关。

感知到便利店或杂货店在养老设施周边可步行范围内的老年人，其能达到中
强度步行指标的优势比增加了 1.668 倍（OR=2.668，p=0.048）。感知到公园或其
他公共空间在养老设施周边可步行范围内的老年人，其能达到中强度步行指标的
优势比增加了 2.106 倍（OR=3.106，p=0.043）。老年人对道路连接度（基地周围
道路的交叉口间相距在 91.4 米之内）的感知评价每增加 1 个单位（区间由"非
常不满足"至"非常满足"），其能达到中强度步行指标的优势比增加了 1.055 倍
（OR=2.055，p=0.001）。

总体而言，模型 1-1 能解释 66.4% 的变异比，即：66.4% 的数据被模型的自
变量解释（$Nagelkerke\ R^2$=0.664），模型的拟合度良好（Hosmer 和 Lemeshow 检
验 Sig=0.325）（表 3-43）。

模型1-1　　　　　　　　　表3-43

自变量	回归系数 B (Coefficient B)	优势比 (Odds Ratio)	P 值 (P-Value)	优势比 95% 信任区间 (Odds Ratio95% C.I.)	
				下限	上限
基础模型					
机构照料模式 [1]	0.795	2.215	0.049	1.004	4.891
性别 [2]	0.628	1.873	0.112	0.863	4.065
年龄	−0.073	0.930	0.042	0.867	0.997
BMI 指数	−0.392	0.676	0.004	0.516	0.885
成长环境 [3]	0.818	2.267	0.022	1.124	4.573

续表

自变量	回归系数 B (Coefficient B)	优势比 (Odds Ratio)	P 值 (P-Value)	优势比 95% 信任区间 (Odds Ratio95% C.I.)	
				下限	上限
摔倒经历 4	−1.591	0.204	0.007	0.065	0.641
社会环境					
医生建议 5	1.813	6.130	<0.001	2.984	12.594
机构对老年人基地活动的态度 6	0.627	1.871	0.032	1.056	3.316
主观场地环境					
对活动场地的偏好度 7	1.104	3.108	0.001	1.615	5.637
偏好场地内的鸟类、野生动物 8	0.941	2.563	0.011	1.244	5.283
主观基地环境					
便利店、杂货店 8	0.981	2.668	0.048	1.009	7.054
公园、其他公共空间 8	1.133	3.106	0.043	1.038	9.293
道路连接度 9	0.720	2.055	0.001	1.362	3.101
模型 Sig.	−2 对数似然比	Hosmer 和 Lemeshow 检验 Sig.	Cox 和 Snell R^2	Nagelkerke R^2	
<0.001	235.045	0.325	0.457	0.664	

注：[1] 自变量采用二元度量：0=介助型养老设施；1=自理型养老设施。
[2] 自变量采用二元度量：0=女性；1=男性。
[3] 自变量采用二元度量：0=农村、小镇、郊区；1=城市。
[4] 自变量采用二元度量：0=无；1=有。
[5] 自变量采用二元度量：0=没被建议过；1=被建议过。
[6] 自变量采用4分制李克特量表度量：1=非常不好；2=比较不好；3=比较好；4=非常好。
[7] 自变量采用4分制李克特量表度量：1=非常不喜欢；2=比较不喜欢；3=比较喜欢；4=非常喜欢。
[8] 自变量采用二元度量：0=没选择该项；1=选择该项。
[9] 自变量采用4分制李克特量表度量：1=非常反对；2=比较反对；3=比较赞同；4=非常赞同。

2. 客观环境模型

在模型 1-2 中，当控制了基础模型中的 6 个个体信息变量，共有 2 个社会环境变量、2 个客观场地环境变量、1 个客观基地环境变量进入最终模型，模型总体具有统计学意义（Sig.<0.001）。

基础模型中，机构照料模式、性别变量在二元逻辑回归中具有统计学意义

（OR=1.624，p=0.039；OR=2.642，$p<0.001$），而多元逻辑回归中控制了其他环境变量后，其统计学意义并不显著（OR=1.633，p=0.247；OR=1.777，p=0.110）。当老年人的年龄增加1岁，其能达到中强度步行指标的优势比仅是原来的85.7%（OR=0.857，$p<0.001$）。当老年人BMI指数每增加1，其能达到中强度步行指标的优势比仅是原来的54.0%（OR=0.540，$p<0.001$）。若老年人主要生活在城市中，其能达到中强度步行指标的优势比比没生活在城市中的老年人增加了1.498倍（OR=2.498，p=0.007）。若老年人在过去有严重的摔倒经历，其能达到中强度步行指标的优势比仅是原来的10.4%（OR=0.104，$p<0.001$）。

社会环境变量中，若老年人被医生建议过外出步行活动有益健康，其能达到中强度步行指标的优势比增加了9.082倍（OR=10.082，$p<0.001$）。机构对老年人基地活动的态度（您认为老年人到基地中活动好吗？）每增加1个单位（区间由"非常不好"至"非常好"），其能达到中强度步行指标的优势比增加了81.8%（OR=1.818，p=0.033）。

客观场地环境变量中，座椅可随意移动的客观感知度每增加1（区间0～10），其能达到中强度步行指标的优势比仅是原来的85.1%（OR=0.851，p=0.026）。道路上景致的客观感知度每增加1（区间0～10），其能达到中强度步行指标的优势比增加了25.2%（OR=1.252，p=0.005），该变量并不具备统计学意义，

客观基地环境中，基地周边慢速公路线密度每增加1米/公顷，公寓老年人能达到中强度步行指标的优势比增加了1.7%（OR=1.017，p=0.079），该变量并不具备统计学意义，但其在二元逻辑回归中具有统计学意义（OR=1.016，p=0.008）。

总体而言，模型1-2能解释60.0%的变异比，即：60.0%的数据被模型的自变量解释（$Nagelkerke\ R^2$=0.600），模型的拟合度一般（Hosmer和Lemeshow检验Sig=0.055）（表3-44）。

<table>
<tr><td colspan="6" align="center">模型1-2</td><td align="right">表3-44</td></tr>
<tr><td rowspan="2">自变量</td><td rowspan="2">回归系数 B
(Coefficient B)</td><td rowspan="2">优势比
(Odds Ratio)</td><td rowspan="2">P 值
(P-Value)</td><td colspan="2" align="center">优势比 95% 信任区间
(Odds Ratio95% C.I.)</td></tr>
<tr><td>下限</td><td>上限</td></tr>
<tr><td colspan="6">基础模型</td></tr>
<tr><td>机构照料模式 [1]</td><td>0.491</td><td>1.633</td><td>0.247</td><td>0.712</td><td>3.749</td></tr>
</table>

续表

自变量	回归系数 B (Coefficient B)	优势比 (Odds Ratio)	P 值 (P-Value)	优势比 95% 信任区间 (Odds Ratio95% C.I.)	
				下限	上限
性别[2]	0.575	1.777	0.110	0.878	3.595
年龄	−0.154	0.857	<0.001	0.799	0.920
BMI 指数	−0.616	0.540	<0.001	0.419	0.697
成长环境[3]	0.915	2.498	0.007	1.289	4.839
摔倒经历[4]	−2.265	0.104	<0.001	0.033	0.331
社会环境					
医生建议[5]	2.311	10.082	<0.001	5.030	20.206
机构对老年人基地活动的态度[6]	0.598	1.818	0.033	1.049	3.150
客观场地环境					
座椅可随意移动[7]	−0.162	0.851	0.026	0.738	0.980
道路上的景致[7]	0.225	1.252	0.005	1.070	1.466
客观基地环境					
慢速公路线密度[8]	0.017	1.017	0.079	0.998	1.036
模型 Sig.	−2 对数似然比	Hosmer 和 Lemeshow 检验 Sig.	Cox 和 Snell R^2	Nagelkerke R^2	
<0.001	268.169	0.055	0.413	0.600	

注：[1]自变量采用二元度量：0=介助型养老设施；1=自理型养老设施。
[2]自变量采用二元度量：0=女性；1=男性。
[3]自变量采用二元度量：0=农村、小镇、郊区；1=城市。
[4]自变量采用二元度量：0=无；1=有。
[5]自变量采用二元度量：0=没被建议过；1=被建议过。
[6]自变量采用4分制李克特量表度量：1=非常不好；2=比较不好；3=比较好；4=非常好。
[7]自变量采用10分制李克特量表度量：0=不存在该项环境；1=完全不满足老年人使用；10=完全满足老年人使用。
[8]自变量基于ArcGIS软件空间统计400米缓冲区数据。

3. 主观和客观环境模型

在模型 1-3 中，当控制了基础模型中的 6 个个体信息变量，共有 1 个社会环境变量、2 个主观场地环境变量、1 个客观场地环境变量、3 个主观基地环境变量、

1 个客观基地环境变量进入最终模型，模型总体具有统计学意义（*Sig.*<0.001）。

基础模型中，若养老设施为自理型养老设施，老年人能达到中强度步行指标的优势比增加了 2.238 倍（*OR*=3.238，*p*=0.002）。性别因素，在二元逻辑回归中具有统计学意义（*OR*=2.642，*p*<0.001），而在多元逻辑回归中，当控制了其他环境变量后，其统计学意义略下降（*OR*=1.797，*p*=0.139）。当老年人的年龄增加 1 岁，其能达到中强度步行指标的优势比仅是原来的 89.6%（*OR*=0.896，*p*=0.006）。当老年人 BMI 指数每增加 1，其能达到中强度步行指标的优势比仅是原来的 62.0%（*OR*=0.620，*p*=0.001）。若老年人主要在城市中生活，其能达到中强度步行指标的优势比比不在城市中生活的老年人增加了 1.558 倍（*OR*=2.558，*p*=0.010）。若老年人在过去有严重的摔倒经历，其能达到中强度步行指标的优势比仅是原来的 20.0%（*OR*=0.200，*p*=0.008）。

社会环境变量中，若老年人被医生建议过外出步行活动有益健康，其能达到中强度步行指标的优势比增加了 6.132 倍（*OR*=7.132，*p*<0.001）。机构对老年人基地活动的态度变量在模型 1-3 中已不再具备统计学意义，说明该变量的数据已被其他解释力更强的变量解释，故排除。

主观场地环境变量中，老年人对活动场地的偏好度增加 1 个单位，其能达到中强度步行指标的优势比增加了 1.844 倍（*OR*=2.844，*p*=0.001）。偏好场地内的鸟类或野生动物的老年人，其能达到中强度步行指标的优势比增加了 1.929 倍（*OR*=2.929，*p*=0.006）。

客观场地环境变量中，道路上的景致的客观感知度每增加 1（区间 0 ~ 10），其能达到中强度步行指标的优势比增加了 11.5%（*OR*=1.115，*p*=0.118）。该变量在模型 1-2 中具有显著意义（*p*=0.033），而当控制了主观变量后，其显著性有所下降。原 1-2 模型中的座椅可随意移动变量的数据已被其他解释力更强的变量解释，由此不在具备统计学意义，故排除。

主观基地环境变量中，老年人能够感知到便利店或杂货店在自己的可步行范围内，其能达到中强度步行指标的优势比增加了 1.350 倍（*OR*=2.350，*p*=0.089），该变量在模型 1-1 中具有显著意义（*p*=0.048），而当控制了主观变量后，其显著性有所下降。老年人能够感知到公园或其他公共空间在自己的可步行范围内，其能达到中强度步行指标的优势比增加了 5.646 倍（*OR*=6.646，*p*=0.002）。老年人对基地周边道路连接度的感知提升 1 个单位，其能达到中强度步行指标的优势比增加了 70.0%（*OR*=1.700，*p*=0.012）。

　　客观基地环境中，每增加基地周边 1% 的快速公路比率，养老设施老年人能达到中强度步行指标的优势比减少了 1.7%（*OR*=0.983，*p*=0.027）。

　　总体而言，模型 1-3 能解释 67.6% 的变异比，即：67.6% 的数据被模型的自变量解释（*Nagelkerke* R^2=0.676），模型的拟合度较好（Hosmer 和 Lemeshow 检验 *Sig*=0.640）（表 3-45）。

模型1-3　　　　　　　　　　　　　　　　　　　　　　　表3-45

自变量	回归系数 B (Coefficient B)	优势比 (Odds Ratio)	P 值 (P-Value)	优势比 95% 信任区间 (Odds Ratio95% C.I.)	
				下限	上限
基础模型					
机构照料模式 [1]	1.175	3.238	0.002	1.528	6.862
性别 [2]	0.586	1.797	0.139	0.826	3.908
年龄	−0.110	0.896	0.006	0.829	0.968
BMI 指数	−0.478	0.620	0.001	0.465	0.826
成长环境 [3]	0.939	2.558	0.010	1.246	5.249
摔倒经历 [4]	−1.610	0.200	0.008	0.061	0.660
社会环境					
医生建议 [5]	1.965	7.132	<0.001	3.368	15.105
主观场地环境					
对活动场地的偏好度 [6]	1.045	2.844	0.001	1.494	5.415
偏好场地内的鸟类、野生动物 [7]	1.075	2.929	0.006	1.369	6.270
客观场地环境					
道路上的景致 [8]	0.109	1.115	0.118	0.973	1.277
主观基地环境					
便利店、杂货店 [7]	0.855	2.350	0.089	0.877	6.296
公园、其他公共空间 [7]	1.894	6.646	0.002	2.022	21.840
道路连接度 [9]	0.531	1.700	0.012	1.123	2.573
客观基地环境					

续表

自变量	回归系数 B (Coefficient B)	优势比 (Odds Ratio)	P 值 (P-Value)	优势比 95% 信任区间 (Odds Ratio 95% C.I.)	
				下限	上限
快速公路比率 [10]	−0.017	0.983	0.027	0.968	0.998
模型 Sig.	−2 对数似然比	Hosmer 和 Lemeshow 检验 Sig.	Cox 和 Snell R^2	Nagelkerke R^2	
<0.001	228.717	0.640	0.465	0.676	

注：[1]自变量采用二元度量：0=介助型养老设施；1=自理型养老设施。
[2]自变量采用二元度量：0=女性；1=男性。
[3]自变量采用二元度量：0=农村、小镇、郊区；1=城市。
[4]自变量采用二元度量：0=无；1=有。
[5]自变量采用二元度量：0=没被建议过；1=被建议过。
[6]自变量采用4分制李克特量表度量：1=非常不喜欢；2=比较不喜欢；3=比较喜欢；4=非常喜欢。
[7]自变量采用二元度量：0=没选择该项；1=选择该项。
[8]自变量采用10分制李克特量表度量：0=不存在该项环境；1=完全不满足老年人使用；10=完全满足老年人使用。
[9]自变量采用4分制李克特量表度量：1=非常反对；2=比较反对；3=比较赞同；4=非常赞同。
[10]自变量基于ArcGIS软件空间统计400米缓冲区数据。

3.4.1.3 中强度步行与外部环境要素关联度模型的比较和筛选

模型检验中，卡方检验比较模型 1-3、1-2、1-1 的 -2 对数似然比，进而选择具有更高解释度的模型，模型间的 -2 对数似然比之差等于模型间的卡方差异，且其差异值服从卡方分布。由表 3-46 看出，模型 1-3 的卡方值比模型 1-1 提升了 6.543（df=2，Sig.=0.038），卡方差异值具有统计学意义。模型 1-3 的卡方值比模型 1-2 提升了 49.919（df=7，Sig.<0.001），卡方差异值具有统计学意义。由此说明，模型 1-3 比模型 1-1 和模型 1-2 的解释度都高，因此，主观和客观模型是最精确的统计模型（图 3-2）。

模型1-3、模型1-2、模型1-1比较表　　　　　　　　表3-46

	模型 1-3 VS 模型 1-1	模型 1-3 VS 模型 1-2
卡方提升值 x^2	6.543	49.919
自由度（df）	2	7
Sig.	0.038	<0.001

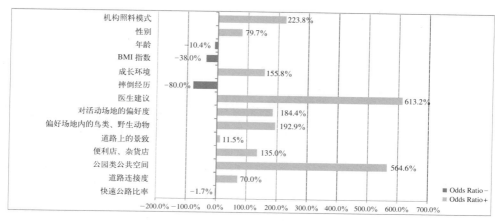

图 3-2　模型 1-3 各变量优势比增减分析图

3.4.2　中强度娱乐型步行与外部环境的关联度模型

3.4.2.1　中强度娱乐型步行与外部环境要素关联度的单因素分析

单因素逻辑回归通过一对一检验（One by One Test）建立自变量和因变量的单因素逻辑回归模型。

1. 个体信息变量

机构的照料模式（OR=1.753，p=0.019）、性别（OR=2.528，$p<0.001$）、优良场地景观自选择因素（OR=4.564，$p<0.001$）、多样化基地设施自选择因素（OR=2.248，$p<0.001$）、养狗（OR=5.006，p=0.001）、成长环境（OR=3.003，$p<0.001$）、整体健康自评价（OR=2.901，$p<0.001$）、活动量群体比较（OR=9.506，$p<0.001$）变量与老年人能达到中强度娱乐型步行指标的概率正相关。

价位（OR=0.999，$p<0.001$）、年龄（OR=0.847，$p<0.001$）、BMI 指数（OR=0.586，$p<0.001$）、居住时间（OR=0.958，$p<0.001$）、离医院近自选择因素（OR=0.640，p=0.045）、需要的日常生活照料（OR=0.068，p=0.005）、活动辅助设施（OR=0.121，$p<0.001$）、摔倒经历（OR=0.067，$p<0.001$）变量与老年人能达到中强度娱乐型步行指标的概率负相关（表 3-47）。

与中强度步行指标相比，中强度娱乐型步行指标的个体变量优势比呈现一定差异。其中，机构照料模式、BMI 指数、养狗、成长环境、整体健康自评价、需要的日常生活照料、摔倒经历、活动量群体比较变量的优势比增大，说明在不考虑其他因素下，该类自变量发生 1 个单位的变化，其所引起的中强度娱乐型步行

101

指标优势比的改变值比中强度步行指标优势比的改变值大，即：该类自变量提升1 个单位，其引起老年人能达到中强度娱乐型步行指标的概率比老年人能满足中强度步行指标的概率大。

个体信息变量二元逻辑回归表　　　　　　　　　　　　表3-47

自变量	回归系数 B (Coefficient B)	优势比 (Odds Ratio)	P 值 (P-Value)	优势比 95% 信任区间 (Odds Ratio95% C.I.)	
				下限	上限
机构照料模式 [1]	0.561	1.753	0.019	1.098	2.798
价位	−0.001	0.999	<0.001	0.999	0.999
性别 [2]	0.949	2.583	<0.001	1.605	4.158
年龄	−0.135	0.847	<0.001	0.833	0.916
BMI 指数	−0.534	0.586	<0.001	0.490	0.702
居住时间	−0.043	0.958	<0.001	0.942	0.975
自选择因素：优良场地景观 [3]	1.518	4.564	<0.001	2.811	7.411
自选择因素：多样化基地设施 [3]	0.810	2.248	<0.001	1.444	3.499
自选择因素：离医院近 [3]	−0.446	0.640	0.045	0.414	0.990
养狗 [4]	1.611	5.006	0.001	2.016	12.430
成长环境 [5]	1.100	3.003	<0.001	1.922	4.692
整体健康自评价 [6]	1.065	2.901	<0.001	2.006	4.196
需要的日常生活照料 [7]	−2.684	0.068	0.005	0.010	0.454
活动辅助设施 [8]	−2.111	0.121	<0.001	0.077	0.191
摔倒经历 [9]	−2.697	0.067	<0.001	0.024	0.188
活动量群体比较 [10]	2.252	9.506	<0.001	5.852	15.442

注：[1]自变量采用二元度量：0=介助型养老设施；1=自理型养老设施。
　　[2]自变量采用二元度量：0=女性；1=男性。
　　[3]自变量采用二元度量：0=没选该项；1=选择该项。
　　[4]自变量采用二元度量：0=未养狗；1=养狗。
　　[5]自变量采用二元度量：0=农村、小镇、郊区；1=城市。
　　[6]自变量采用3分制度量：1=不好；2=一般；3=好。
　　[7]自变量采用4分制度量：0=无；1=洗浴；2=穿衣；3=吃饭。
　　[8]自变量采用4分制度量：0=无；1=手杖；2=步行器、带座椅步行器手杖；3=轮椅、电动轮椅。
　　[9]自变量采用二元度量：0=无；1=有。
　　[10]自变量采用3分制度量：1=比别人少；2=平均水平；3=比别人多。

而性别、年龄、活动辅助设施变量的优势比减小，说明在不考虑其他因素下，该类自变量发生 1 个单位的变化，其所引起的中强度娱乐型步行指标优势比的改变值比中强度步行指标优势比的改变值小，即：该类自变量提升 1 个单位，其引起老年人能达到中强度娱乐型步行指标的概率比老年人能达到中强度步行指标的概率小。

此外，中强度步行指标模型中没有出现的变量：优良场地景观自选择因素、多样化基地设施自选择因素、离医院近自选择因素变量出现中强度娱乐型步行指标模型中，说明其对因变量有特殊影响。

2. 社会环境变量

社会环境变量中，医生建议（$OR=13.507$，$p<0.001$）、机构中老年人住户总数（$OR=1.002$，$p=0.023$）、机构对老年人场地活动的担忧度（$OR=2.714$，$p=0.008$）、机构对老年人基地活动的担忧度（$OR=1.369$，$p=0.027$）、机构对老年人基地活动的态度（$OR=2.056$，$p<0.001$）、机构对老年人基地活动的开放政策（$OR=1.994$，$p=0.002$）变量与老年人能达到中强度娱乐型步行指标的概率正相关。

机构活动日志中，公共交通远行活动（$OR=1.196$，$p=0.014$）、总室外活动数（$OR=1.144$，$p=0.010$）、总室外对活动比例（$OR=1.069$，$p=0.001$）变量与老年人能达到中强度娱乐型步行指标的概率正相关。而总活动数（$OR=0.948$，$p=0.016$）、室内活动数（$OR=0.874$，$p=0.038$）、总室内非体力活动数（$OR=0.944$，$p=0.008$）变量与老年人能达到中强度娱乐型步行指标的概率负相关（表 3-48）。

与中强度步行指标相比，中强度娱乐型步行指标的社会环境变量优势比呈现一定差异。其中，机构对老年人场地活动的担忧度、机构对老年人基地活动的态度、机构对老年人基地活动的开放政策、公共交通远行活动、室内活动、总室外活动、总室外活动比例变量的优势比增大，说明在不考虑其他因素下，该类自变量发生 1 个单位的变化，其所引起的中强度娱乐型步行指标优势比的改变值比中强度步行指标优势比的改变值大，即：该类自变量提升 1 个单位，其引起老年人能达到中强度娱乐型步行指标的概率比老年人能达到中强度步行指标的概率大。

而医生建议、机构对老年人基地活动的担忧度、总活动、总室内非体力活动变量的优势比减小，说明在不考虑其他因素下，该类自变量发生 1 个单位的变化，其所引起的中强度娱乐型步行指标优势比的改变值比中强度步行指标优势比的改变值小，即：该类自变量提升 1 个单位，其引起老年人能达到中强度娱乐型步行指标的概率比老年人能达到中强度步行指标的概率小。

此外，中强度步行指标模型中没有出现的变量：机构对老年人基地活动的担忧度出现中强度娱乐型步行指标模型中，说明其对因变量有特殊影响。

社会环境变量二元逻辑回归表　　　　　　表3-48

自变量	回归系数 B (Coefficient B)	优势比 (Odds Ratio)	P 值 (P-Value)	优势比 95% 信任区间 (Odds Ratio95% C.I.)	
				下限	上限
医生建议 [1]	2.569	13.057	<0.001	7.649	22.291
机构老年人住户总数	0.002	1.002	0.023	1.000	1.004
机构对老年人场地活动的担忧度 [2]	0.998	2.714	0.008	1.299	5.672
机构对老年人基地活动的担忧度 [2]	0.314	1.369	0.027	1.036	1.810
机构对老年人基地活动的态度 [3]	0.721	2.056	<0.001	1.440	2.934
机构对于老年人基地活动的开放政策 [4]	0.690	1.994	0.002	1.293	3.076
总活动	−0.053	0.948	0.016	0.908	0.990
公共交通远行活动	0.179	1.196	0.014	1.038	1.379
室内活动	−0.135	0.874	0.038	0.769	0.993
总室外活动	0.135	1.144	0.010	1.033	1.268
总室外活动比例	0.067	1.069	0.001	1.027	1.112
总室内非体力活动	−0.057	0.944	0.008	0.906	0.985

注：[1]自变量采用二元度量：0=没被建议过；1=被建议过。

[2]自变量采用3分制李克特量表度量：1=非常担心；2=偶尔担心；3=从不担心。

[3]自变量采用4分制李克特量表度量：1=非常不好；2=比较不好；3=比较好；4=非常好。

[4]自变量采用3分制度量：0=不能；1=能，但需申请并我们依据相关规定审核通过；2=能，他们可以自由外出；3=能，我们鼓励他们到基地活动。

3. 场地环境变量

主观场地环境变量中，对活动场地的偏好度（OR=3.621，p<0.001）、场地活动后的感受（OR=8.153，p<0.001）、偏好场地内的鸟类或野生动物（OR=3.442，p<0.001）、偏好场地内的乔木或灌木（OR=2.076，p=0.002）、偏好场地内的花朵（OR=3.342，p<0.001）、场地景观的满意度（OR=2.788，p<0.001）、场地步

道的满意度（*OR*=2.979，*p*<0.001）、作息环境的满意度（*OR*=1.816，*p*=0.008）、室内外空间的可达性（*OR*=5.005，*p*<0.001）、室内外环境的可视性（*OR*=1.470，*p*=0.020）、室外环境的通透性（*OR*=1.533，*p*=0.003）变量与老年人能达到中强度娱乐型步行指标的概率正相关（表3-49）。

除了室内外环境的可视性变量优势比下降外，其余变量的优势比都比在中强度步行指标中大，说明在不考虑其他因素下，该类自变量发生1个单位的变化，其所引起的中强度娱乐型步行指标优势比的改变值比中强度步行指标优势比的改变值大，即：该类自变量提升1个单位，其引起老年人能达到中强度娱乐型步行指标的概率比老年人能达到中强度步行指标的概率大。

主观场地环境变量二元逻辑回归表　　　　　　　　　表3-49

自变量	回归系数 *B* (Coefficient *B*)	优势比 (Odds Ratio)	*P* 值 (*P*-Value)	优势比 95% 信任区间 (Odds Ratio95% C.I.)	
				下限	上限
对活动场地的偏好度 [1]	1.287	3.621	<0.001	2.438	5.376
场地活动后的感受 [2]	2.098	8.153	<0.001	4.129	16.101
偏好场地内的鸟类、野生动物 [3]	1.236	3.442	<0.001	2.183	5.430
偏好场地内的乔木、灌木 [3]	0.730	2.076	0.002	1.302	3.310
偏好场地内的花朵 [3]	1.207	3.342	<0.001	1.943	5.750
场地景观的满意度 [4]	1.025	2.788	<0.001	2.001	3.884
场地步道的满意度 [5]	1.092	2.979	<0.001	2.255	3.937
作息环境的满意度 [6]	0.597	1.816	0.008	1.171	2.816
室内外空间的可达性 [7]	1.610	5.005	<0.001	3.282	7.631
室内外环境的可视性 [8]	0.385	1.470	0.020	1.062	2.035
室外环境的通透性 [8]	0.427	1.533	0.003	1.152	2.041

注：[1]自变量采用4分制李克特量表度量：1=非常不喜欢；2=比较不喜欢；3=比较喜欢；4=非常喜欢。
　　[2]自变量采用4分制李克特量表度量：1=比原来差很多，2=比原来差一些；3=比原来好一些；4=比原来好很多。
　　[3]自变量采用二元度量：0=没选择该项；1=选择该项。
　　[4]自变量采用3分制度量：1=多添加些；2=稍添加些；3=足够了。
　　[5]自变量采用4分制李克特量表度量：1=非常不满足；2=有些不满足；3=有些满足；4=非常满足。
　　[6]自变量采用二元度量：0=否；1=是。
　　[7]自变量采用3分制李克特量表度量：1=不容易；2=还行；3=容易。
　　[8]自变量采用3分制李克特量表度量：1=从不；2=偶尔；3=经常。

客观场地环境变量中，户外大门的拉力（OR=1.096，p=0.003）、植被种类多样（OR=1.172，p=0.016）、植被色彩的多样性（OR=1.116，p=0.045）、接触到水景（OR=1.131，p<0.001）、野生动物（OR=1.126，p=0.042）、场地较安静（OR=1.210，p=0.004）、座椅样式丰富（OR=1.150，p=0.025）、场地维护良好（OR=1.272，p=0.002）、小气候调控措施（OR=1.105，p=0.002）、不同长度的多条道路（OR=1.078，p=0.034）、环状道路（OR=1.152，p=0.001）、道路上的景致（OR=1.138，p=0.007）、部分道路有树荫（OR=1.127，p=0.021）、道路周边的作息设施（OR=1.118，p=0.003）、遮阴座椅（OR=1.100，p=0.012）、场地有趣景观（OR=1.095，p=0.014）、社会活动场地（OR=1.072，p=0.042）、SOS 总分（OR=1.006，p=0.002）变量与老年人能达到中强度娱乐型步行指标的概率正相关。

座椅可随意移动（OR=0.906，p=0.042）、入口花园（OR=0.930，p=0.049）变量与老年人能达到中强度娱乐型步行指标的概率负相关（表 3-50）。

客观场地环境变量二元逻辑回归表　　　　　　　　　表3-50

自变量[1]	回归系数 B (Coefficient B)	优势比 (Odds Ratio)	P 值 (P-Value)	优势比 95% 信任区间 (Odds Ratio95% C.I.)	
				下限	上限
户外大门的拉力	0.092	1.096	0.003	1.031	1.165
植被种类多样	0.159	1.172	0.016	1.030	1.335
植被色彩的多样性	0.109	1.116	0.045	1.002	1.242
接触到水景	0.123	1.131	<0.001	1.061	1.205
野生动物	0.119	1.126	0.042	1.004	1.263
场地较安静	0.191	1.210	0.004	1.061	1.380
座椅样式丰富	0.140	1.150	0.025	1.018	1.300
座椅可随意移动	−0.099	0.906	0.042	0.823	0.997
场地维护良好	0.241	1.272	0.002	1.094	1.480
小气候调控措施	0.106	1.111	0.002	1.039	1.189
不同长度的多条道路	0.075	1.078	0.034	1.006	1.156
环状道路	0.141	1.152	0.001	1.057	1.256
道路上的景致	0.129	1.138	0.007	1.036	1.250

自变量[1]	回归系数 B (Coefficient B)	优势比 (Odds Ratio)	P 值 (P-Value)	优势比 95% 信任区间 (Odds Ratio95% C.I.)	
				下限	上限
部分道路有树荫	0.120	1.127	0.021	1.018	1.247
道路周边的作息设施	0.112	1.118	0.003	1.038	1.205
遮阴座椅	0.095	1.100	0.012	1.022	1.184
场地有趣景观	0.091	1.095	0.014	1.018	1.177
社会活动场地	0.070	1.072	0.042	1.003	1.147
入口花园	−0.072	0.930	0.049	0.865	1.000
SOS 总分	0.006	1.006	0.002	1.002	1.011

注：[1]自变量采用10分制李克特量表度量：0=不存在该项环境；1=完全不满足老年人使用；10=完全满足老年人使用。

与中强度步行指标相比，植被种类多样、接触到水景、野生动物、场地较安静、座椅可随意移动、场地维护良好、小气候调控措施、环状道路、部分道路有树荫、道路周边的作息设施、遮阴座椅、场地有趣景观变量的优势比增大，说明在不考虑其他因素下，该类自变量发生 1 个单位的变化，其所引起的中强度娱乐型步行指标优势比的改变值比中强度步行指标优势比的改变值大，即：该类自变量提升 1 个单位，其引起老年人能达到中强度娱乐型步行指标的概率比老年人能满足中强度步行指标的概率大。

而户外大门的拉力、不同长度的多条道路、道路上的景致变量的优势比减小，说明在不考虑其他因素下，该类自变量发生 1 个单位的变化，其所引起的中强度娱乐型步行指标优势比的改变值比中强度步行指标优势比的改变值小，即：该类自变量提升 1 个单位，其引起老年人能达到中强度娱乐型步行指标的概率比老年人能达到中强度步行指标的概率小。

此外，中强度步行指标模型中没有出现的变量：植被色彩的多样性、座椅样式丰富、社会活动场地、入口花园出现中强度娱乐型步行指标模型中，说明其对因变量有特殊影响。

4. 基地环境变量

主观基地环境变量中，对基地步行的偏好度（OR=4.474，p<0.001）、基地步行后的感受（OR=6.891，p<0.001）变量与老年人能达到中强度娱乐型步行指标

的概率正相关。

基地设施维度中，感知到便利店或杂货店（$OR=14.855$，$p<0.001$）、超市（$OR=4.831$，$p<0.001$）、果蔬市场（$OR=24.237$，$p<0.001$）、服装店（$OR=4.739$，$p<0.001$）、药店（$OR=15.926$，$p<0.001$）、餐厅（$OR=6.453$，$p<0.001$）、银行（$OR=19.567$，$p<0.001$）、公园或其他公共空间（$OR=2.282$，$p=0.006$）、医院或诊所（$OR=24.286$，$p<0.001$）、教堂（$OR=5.030$，$p<0.001$）、学校（$OR=29.565$，$p<0.001$）、用地混合度（$OR=1.775$，$p<0.001$）变量与老年人能达到中强度娱乐型步行指标的概率正相关。

步行的适宜性维度中，道路连接度（$OR=3.352$，$p<0.001$）、人行道树荫环境（$OR=2.468$，$p<0.001$）、有趣景观（$OR=3.485$，$p<0.001$）变量与老年人能达到中强度娱乐型步行指标的概率正相关。人行道维护状态维度中，人行道覆盖度（$OR=3.819$，$p<0.001$）、人行道维护状态（$OR=4.391$，$p<0.001$）、人行道独立性（$OR=2.250$，$p<0.001$）变量与老年人能达到中强度娱乐型步行指标的概率正相关。

基地步行的安全性维度中，人行横道（$OR=2.306$，$p<0.001$）、夜间照明（$OR=1.690$，$p<0.001$）、街道眼（$OR=3.589$，$p<0.001$）变量与老年人能达到中强度娱乐型步行指标的概率正相关，而步行障碍性（$OR=0.385$，$p<0.001$）、交通流量（$OR=0.298$，$p<0.001$）、空气质量（$OR=0.317$，$p<0.001$）变量与老年人能达到中强度娱乐型步行指标的概率负相关（表3-51）。

主观基地环境变量二元逻辑回归表　　　　　　表3-51

自变量	回归系数 B (Coefficient B)	优势比 (Odds Ratio)	P 值 (P-Value)	优势比 95% 信任区间 (Odds Ratio95% C.I.)	
				下限	上限
对基地步行的偏好度 [1]	1.498	4.474	<0.001	3.319	6.031
基地步行后的感受 [2]	1.930	6.891	<0.001	4.609	10.304
便利店、杂货店 [3]	2.700	14.885	<0.001	7.732	28.655
超市 [3]	1.575	4.831	<0.001	2.791	8.363
果蔬市场 [3]	3.188	24.237	<0.001	9.854	59.613
服装店 [3]	1.556	4.739	<0.001	2.806	8.002
药店 [3]	2.768	15.926	<0.001	7.077	35.837
餐厅 [3]	1.865	6.453	<0.001	4.003	10.403

续表

自变量	回归系数 B (Coefficient B)	优势比 (Odds Ratio)	P 值 (P-Value)	优势比 95% 信任区间 (Odds Ratio95% C.I.)	
				下限	上限
银行 [3]	2.974	19.567	<0.001	7.315	52.344
公园、其他公共空间 [3]	0.825	2.282	0.004	1.295	4.023
医院、诊所 [3]	3.190	24.286	<0.001	10.453	56.426
教堂 [3]	1.615	5.030	<0.001	2.812	8.999
幼儿园、小学、中学、大学 [3]	3.387	29.565	<0.001	10.145	86.162
用地混合度 [4]	0.574	1.775	<0.001	1.559	2.021
道路连接度 [5]	1.210	3.352	<0.001	2.535	4.432
人行道树荫环境 [5]	0.904	2.468	<0.001	1.987	3.066
有趣景致 [5]	1.249	3.485	<0.001	2.749	4.418
人行道覆盖度 [5]	1.340	3.819	<0.001	2.881	5.062
人行道维护状态 [5]	1.479	4.391	<0.001	3.248	5.936
人行道独立性 [5]	0.811	2.250	<0.001	1.748	2.897
步行障碍性 [5]	−0.955	0.385	<0.001	0.308	0.480
交通流量 [5]	−1.210	0.298	<0.001	0.231	0.385
人行横道 [5]	0.836	2.306	<0.001	1.816	2.929
空气质量 [5]	−1.149	0.317	<0.001	0.216	0.465
夜间照明 [5]	0.525	1.690	<0.001	1.326	2.154
街道眼 [5]	1.278	3.589	<0.001	2.713	4.748

注：[1] 自变量采用4分制李克特量表度量：1=非常不喜欢；2=比较不喜欢；3=比较喜欢；4=非常喜欢。
[2] 自变量采用4分制李克特量表度量：1=比原来差很多；2=比原来差一些；3=比原来好一些；4=比原来好很多。
[3] 自变量采用二元度量：0=没选择该项；1=选择该项。
[4] 自变量将所有可感知设施种类加权计算。
[5] 自变量采用4分制李克特量表度量：1=非常反对；2=比较反对；3=比较赞同；4=非常赞同。

与中强度步行指标相比，超市、果蔬市场、服装店、药店、餐厅、银行、公园或其他公共空间、医院或诊所、教堂、人行道的覆盖度、步行障碍性、交通流量、空气质量、夜间照明变量的优势比增大，说明在不考虑其他因素下，该类自变量发生 1 个单位的变化，其所引起的中强度娱乐型步行指标优势比的改变值比中强度步行指标优势比的改变值大，即：该类自变量提升 1 个单位，其引起老年人能达到中强度娱乐型步行指标的概率比老年人能达到中强度步行指标的概率大。

而对基地步行的偏好度、基地步行后的感受、便利店或杂货店、学校、用地混合度、道路连接度、人行道树荫环境、有趣景致、人行道维护状态、人行道独立性、人性横道、街道眼变量的优势比减小，说明在不考虑其他因素下，该类自变量发生 1 个单位的变化，其所引起的中强度娱乐型步行指标优势比的改变值比中强度步行指标优势比的改变值小，即：即：该类自变量提升 1 个单位，其引起老年人能达到中强度娱乐型步行指标的概率比老年人能达到中强度步行指标的概率小。

客观基地环境变量中，基地步行的适宜性维度中，总占地面积（$OR=1.022$，$p=0.034$）、商业用地比例（$OR=1.014$，$p=0.009$）、交通交叉口数量（$OR=1.029$，$p=0.012$）变量与老年人能达到中强度娱乐型步行指标的概率正相关，而道路线密度（$OR=0.993$，$p=0.041$）变量与老年人能达到中强度娱乐型步行指标的概率负相关。

基地步行的安全性维度中，慢速公路线密度（$OR=1.014$，$p=0.020$）变量与老年人能达到中强度娱乐型步行指标的概率正相关，而快速公路比例（$OR=0.986$，$p<0.001$）变量与老年人能达到中强度娱乐型步行指标的概率负相关。

基地设施维度中，公交站点数量（$OR=1.057$，$p=0.038$）、超市数量（$OR=1.422$，$p=0.043$）、果蔬市场最短距离（$OR=2.676$，$p<0.001$）、果蔬市场数量（$OR=3.258$，$p<0.001$）、服装店数量（$OR=1.051$，$p<0.001$）、餐厅数量（$OR=1.039$，$p=0.002$）、银行数量（$OR=1.137$，$p=0.028$）、医院最短距离（$OR=1.244$，$p=0.002$）、教堂最短距离（$OR=1.143$，$p=0.041$）、设施种类（$OR=1.094$，$p=0.025$）、设施数量（$OR=1.021$，$p<0.001$）变量与老年人能达到中强度娱乐型步行指标的概率正相关（表 3-52）。

与中强度步行指标相比，商业用地比例、道路交叉口数量、快速公路比例、果蔬市场最短距离、果蔬市场数量、餐厅数量、银行数量、医院最短距离、设施种类、设施数量变量的优势比增大，说明在不考虑其他因素下，该类自变量发生 1 个单位的变化，其所引起的中强度娱乐型步行指标优势比的改变值比中强度步行指标优势比的改变值大，即：该类自变量提升 1 个单位，其引起老年人能达到中强度娱乐型步行指标的概率比老年人能达到中强度步行指标的概率大。

而慢速公路线密度、公交站点数量变量的优势比减小，说明在不考虑其他因素下，该类自变量发生 1 个单位的变化，其所引起的中强度娱乐型步行指标优势比的改变值比中强度步行指标优势比的改变值小，即：该类自变量提升 1 个单位，其引起老年人能达到中强度娱乐型步行指标的概率比老年人能达到中强度步行指标的概率小。

此外，中强度步行指标模型中没有出现的变量：超市数量、服装店数量、教堂最短距离出现中强度娱乐型步行指标模型中，说明其对因变量有特殊影响。

客观基地环境变量二元逻辑回归表　　　　　　　　　　　表3-52

自变量[1]	回归系数 B（Coefficient B）	优势比（Odds Ratio）	P 值（P-Value）	优势比 95% 信任区间（Odds Ratio95% C.I.）	
				下限	上限
总占地面积	0.021	1.022	0.034	1.002	1.042
商业用地比例	0.014	1.014	0.009	1.004	1.025
道路线密度	−0.007	0.993	0.041	0.987	1.000
道路交叉口数量	0.029	1.029	0.012	1.006	1.053
快速公路比例	−0.014	0.986	0.001	0.978	0.994
慢速公路线密度	0.014	1.014	0.020	1.002	1.026
公交站点数量	0.055	1.057	0.038	1.003	1.113
超市数量	0.352	1.422	0.043	1.011	1.999
果蔬市场最短距离	0.984	2.676	<0.001	1.590	4.505
果蔬市场数量	1.181	3.258	<0.001	1.744	6.087
服装店数量	0.049	1.051	<0.001	1.026	1.076
餐厅数量	0.039	1.039	0.002	1.014	1.065
银行数量	0.128	1.137	0.028	1.014	1.274
医院最短距离	0.218	1.244	0.002	1.080	1.433
教堂最短距离	0.134	1.143	0.041	1.005	1.299
设施种类	0.090	1.094	0.025	1.011	1.184
设施数量	0.021	1.021	0.000	1.010	1.033

注：[1]自变量基于ArcGIS软件空间统计400米缓冲区数据。

3.4.2.2　中强度娱乐型步行与外部环境要素关联度的多因素逻辑回归模型

多因素逻辑回归中，首先生成基础模型，接着将其余变量一对一添加到基础模型中检验其显著性并进行数据筛选（Data Reduction）。最后，将所有显著意义的变量同时导入到基础模型中，生成完整模型，完整模型包含三个：主观环境模型、客观环境模型、主观和客观环境模型。

1. 主观环境模型

在模型 2-1 中，当控制了基础模型中的 5 个个体信息变量，共有 1 个社会环境变量、2 个主观场地环境变量、4 个主观基地环境变量进入最终模型，模型总体具有统计学意义（$Sig.<0.001$）。

基础模型中，若养老设施为自理型养老设施，老年人能达到中强度娱乐型步行指标的优势比增加了 2.208 倍（$OR=3.208$，$p=0.004$）。性别变量，在二元逻辑回归中具有统计学意义（$OR=2.583$，$p<0.001$），而多元逻辑回归中控制了其他环境变量后，其统计学意义并不显著（$OR=2.040$，$p=0.095$）。当老年人的年龄增加 1 岁，其能达到中强度娱乐型步行指标的优势比仅是原来的 90.3%（$OR=0.903$，$p=0.005$）。当老年人 BMI 指数每增加 1，其能达到中强度娱乐型步行指标的优势比仅是原来的 59.8%（$OR=0.598$，$p=0.001$）。若老年人在过去有严重的摔倒经历，其能达到中强度娱乐型步行指标的优势比仅是原来的 25.0%（$OR=0.250$，$p=0.024$）。

社会环境变量中，若老年人被医生建议过外出步行活动有益健康，其能达到中强度娱乐型步行指标的比率增加了 4.969 倍（$OR=5.969$，$p<0.001$）。

主观场地环境变量中，偏好场地内的鸟类或野生动物的老年人，其能达到中强度娱乐型步行指标的优势比增加了 2.520 倍（$OR=3.520$，$p=0.001$）。老年人对场地步道的满意度增加 1 个单位（区间由"非常不满足"至"非常满足"），其能达到中强度娱乐型步行指标的优势比增加了 3.456 倍（$OR=4.456$，$p<0.001$）。

主观基地环境中，感知到公园或其他公共空间在养老设施周边可步行范围内的老年人，其能达到中强度娱乐型步行指标的优势比增加了 5.102 倍（$OR=6.102$，$p=0.003$）。老年人每感知到 1 个基地周边可步行设施，其能达到中强度娱乐型步行指标的优势比增加了 23.5%（$OR=1.235$，$p=0.032$）。老年人对道路连接度（基地周围道路的交叉口间相距在 91.4 米之内）的感知评价每增加 1 个单位（区间由"非常反对"至"非常赞同"），其能达到中强度娱乐型步行指标的优势比增加了 89.6%（$OR=1.896$，$p=0.005$）。老年人对基地周边的空气质量（基地周围能闻到许多汽车或工厂的尾气）的感知评价每增加 1 个单位（区间由"非常反对"至"非常赞同"），其能达到中强度娱乐型步行指标的优势比仅是原来的 62.1%

（OR=0.621，p=0.082），尽管该变量的 P 值并不显著，但其在二元逻辑回归中仍然显著（OR=0.317，$p<0.001$）。

　　总体而言，模型 2-1 能解释 71.9% 的变异比，即：71.9% 的数据被模型的自变量解释（$Nagelkerke$ R^2=0.719），模型的拟合度良好（Hosmer 和 Lemeshow 检验 Sig=0.133）（表 3-53）。

模型2-1　　　　　　　　　　　　　　　　　　　表3-53

自变量	回归系数 B (Coefficient B)	优势比 (Odds Ratio)	P 值 (P-Value)	优势比 95% 信任区间 (Odds Ratio 95% C.I.)	
				下限	上限
基础模型					
机构照料模式[1]	1.166	3.208	0.004	1.443	7.130
性别[2]	0.713	2.040	0.095	0.884	4.708
年龄	−0.103	0.903	0.005	0.840	0.970
BMI 指数	−0.514	0.598	0.001	0.441	0.812
摔倒经历[3]	−1.385	0.250	0.024	0.075	0.834
社会环境					
医生建议[4]	1.787	5.969	<0.001	2.697	13.210
主观场地环境					
偏好场地内的鸟类、野生动物[5]	1.258	3.520	0.001	1.620	7.648
场地步道的满意度[6]	1.494	4.456	<0.001	2.478	8.011
主观基地环境					
公园、其他公共空间[5]	1.809	6.102	0.003	1.820	20.456
用地混合度[7]	0.211	1.235	0.032	1.018	1.497
道路连接度[8]	0.640	1.896	0.005	1.215	2.958
空气质量[8]	−0.477	0.621	0.082	0.362	1.063
模型 Sig.	−2 对数似然比	Hosmer 和 Lemeshow 检验 Sig.	Cox 和 Snell R²	Nagelkerke R²	

续表

自变量	回归系数 B (Coefficient B)	优势比 (Odds Ratio)	P 值 (P-Value)	优势比 95% 信任区间 (Odds Ratio95% C.I.)	
				下限	上限
<0.001	202.213	0.133	0.492	0.719	

注：[1]自变量采用二元度量：0=介助型养老设施；1=自理型养老设施。
   [2]自变量采用二元度量：0=女性；1=男性。
   [3]自变量采用二元度量：0=无；1=有。
   [4]自变量采用二元度量：0=没被建议过；1=被建议过。
   [5]自变量采用二元度量：0=没选择该项；1=选择该项。
   [6]自变量采用4分制李克特量表度量：1=非常不满足；2=有些不满足；3=有些满足；4=非常满足。
   [7]自变量将所有可感知设施种类加权计算。
   [8]自变量采用4分制李克特量表度量：1=非常反对；2=比较反对；3=比较赞同；4=非常赞同。

2. 客观环境模型

在模型 2-2 中，当控制了基础模型中的 5 个个体信息变量，共有 1 个社会环境变量、2 个客观场地环境变量、1 个客观基地环境变量进入最终模型，模型总体具有统计学意义（Sig.<0.001）。

基础模型中，机构照料模式、性别变量在二元逻辑回归中具有统计学意义（$OR=1.624$，$p=0.039$；$OR=2.642$，$p<0.001$），而多元逻辑回归中控制了客观环境变量后，其统计学意义并不显著（$OR=2.024$，$p=0.052$；$OR=1.908$，$p=0.063$）。当老年人的年龄增加 1 岁，其能达到中强度娱乐型步行指标的优势比仅是原来的 83.9%（$OR=0.839$，$p<0.001$）。当老年人 BMI 指数每增加 1，其能达到中强度娱乐型步行指标的优势比仅是原来的 52.7%（$OR=0.527$，$p<0.001$）。若老年人在过去有严重的摔倒经历，其能达到中强度娱乐型步行指标的优势比仅是原来的 18.1%（$OR=0.181$，$p=0.003$）。

社会环境变量中，若老年人被医生建议过外出步行活动有益健康，其能达到中强度娱乐型步行指标的优势比增加了 8.588 倍（$OR=9.588$，$p<0.001$）。

客观场地环境变量中，场地较安静的客观感知度每增加 1（区间 0 ~ 10），其能达到中强度娱乐型步行指标的优势比比增加了 42.8%（$OR=1.428$，$p=0.002$）。道路上景致的客观感知度每增加 1（区间 0 ~ 10），其能达到中强度娱乐型步行指标的优势比增加了 23.6%（$OR=1.236$，$p=0.006$）。

客观基地环境中，基地周边的道路交叉口数量每增加 1 个，公寓老年人能达到中强度娱乐型步行指标的优势比增加了 5.1%（$OR=1.051$，$p=0.008$）。

总体而言，模型 2-2 能解释 56.9% 的变异比，即：56.9% 的数据被模型的自变量解释（*Nagelkerke R²*=0.569），模型的拟合度一般（Hosmer 和 Lemeshow 检验 *Sig*=0.100）（表 3-54）。

模型2-2 表3-54

自变量	回归系数 B (Coefficient B)	优势比 (Odds Ratio)	P 值 (P-Value)	优势比 95% 信任区间 (Odds Ratio95% C.I.)	
				下限	上限
基础模型					
机构照料模式[1]	0.705	2.024	0.052	0.993	4.128
性别[2]	0.646	1.908	0.063	0.966	3.770
年龄	−0.176	0.839	<0.001	0.785	0.896
BMI 指数	−0.640	0.527	<0.001	0.407	0.683
摔倒经历[3]	−1.712	0.181	0.003	0.059	0.550
社会环境					
医生建议[4]	2.261	9.588	<0.001	4.901	18.758
客观场地环境					
场地较安静[5]	0.356	1.428	0.002	1.142	1.787
道路上的景致[5]	0.212	1.236	0.006	1.062	1.439
客观基地环境					
道路交叉口数量[6]	0.050	1.051	0.008	1.013	1.091
模型 Sig.	−2 对数似然比	Hosmer 和 Lemeshow 检验 Sig.	Cox 和 Snell R²	Nagelkerke R²	
<0.001	280.634	0.100	0.389	0.569	

注：[1]自变量采用二元度量：0=介助型养老设施；1=自理型养老设施。
[2]自变量采用二元度量：0=女性；1=男性。
[3]自变量采用二元度量：0=无；1=有。
[4]自变量采用二元度量：0=没被建议过；1=被建议过。
[5]自变量采用10分制李克特量表度量：0=不存在该项环境；1=完全不满足老年人使用；10=完全满足老年人使用。
[6]自变量基于ArcGIS软件空间统计400米缓冲区数据。

3. 主观和客观环境模型

当主观和客观环境变量同时导入模型中时，模型 2-2 中的客观场地、客观基地环境变量不再具有显著意义。因此，主观和客观模型仍然为模型 2-1。

3.4.2.3 中强度娱乐型步行与外部环境要素关联度模型的比较和筛选

模型检验中，卡方检验比较模型 2-1、2-2 的 -2 对数似然比，进而选择具有更高解释度的模型，模型间的 -2 对数似然比之差等于模型间的卡方差异，且其差异值服从卡方分布。由表 3-55 看出，模型 2-1 的卡方值比模型 2-2 提升了 79.253（$df=6$，$Sig.<0.001$），卡方差异值具有统计学意义。由此说明，模型 2-1 比模型 2-2 的解释度都高，因此，主观环境模型是最精确的统计模型（图 3-3）。

<table>
<tr><td colspan="2" align="center">模型2-1、模型2-2比较表</td><td align="right">表3-55</td></tr>
</table>

	模型 2-1 VS 模型 1-2
卡方提升值 x^2	79.253
自由度（df）	6
$Sig.$	<0.001

将模型 2-1 与模型 1-3 比较，医生建议、偏好场地内的鸟类或野生动物、感知到基地附近的公园或其他公共空间、道路连接度变量都存在于两个模型中，说明该类变量不受步行活动目的的影响（步行或娱乐型步行）。

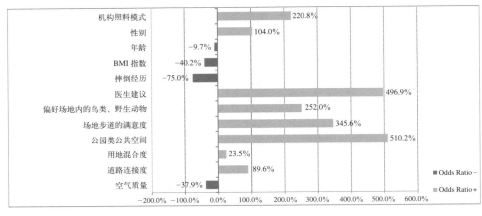

图 3-3　模型 2-1 各变量优势比增减分析图

此外，模型 1-3 中没有出现的变量：场地步道的满意度、用地混合度、空气质量变量出现本模型中，说明其对中强度娱乐型步行指标有特殊影响。

3.4.3 中强度事务型步行与外部环境的关联度模型

3.4.3.1 中强度事务型步行与外部环境要素关联度的单因素分析

单因素逻辑回归通过一对一检验（One by One Test）建立自变量和因变量的二元逻辑回归模型。

1. 个体信息变量

性别（$OR=4.029$，$p=0.024$）、多样化基地设施自选择因素（$OR=8.807$，$p=0.006$）、养狗（$OR=13.345$，$p<0.001$）、成长环境（$OR=14.643$，$p=0.011$）、整体健康自评价（$OR=9.501$，$p=0.025$）变量与老年人能达到中强度事务型步行指标的概率正相关。

价位（$OR=0.998$，$p<0.001$）、年龄（$OR=0.835$，$p=0.001$）、BMI 指数（$OR=0.486$，$p=0.005$）、居住时间（$OR=0.916$，$p=0.015$）变量与老年人能达到中强度事务型步行指标的概率负相关（表 3-56）。

与中强度步行指标相比，中强度事务型步行指标的个体变量优势比呈现一定差异。其中，性别、养狗、成长环境、整体健康自评价变量的优势比增大，说明在不考虑其他因素下，该类自变量发生 1 个单位的变化，其所引起的中强度事务型步行指标优势比的改变值比中强度步行指标优势比的改变值大，即：该类自变量提升 1 个单位，其引起老年人能达到中强度事务型步行指标的概率比老年人能达到中强度步行指标的概率大。

而价位、年龄、BMI 指数、居住时间变量的优势比减小，说明在不考虑其他因素下，该类自变量发生 1 个单位的变化，其所引起的中强度事务型步行指标优势比的改变值比中强度步行指标优势比的改变值小，即：该类自变量提升 1 个单位，其引起老年人能达到中强度事务型步行指标的概率比老年人能达到中强度步行指标的概率小。

此外，中强度步行指标模型中没有出现的变量：多样化基地设施自选择因素变量出现中强度事务型步行指标模型中，说明其对因变量有特殊影响。

个体信息变量二元逻辑回归表 表3-56

自变量	回归系数 B (Coefficient B)	优势比 (Odds Ratio)	P 值 (P-Value)	优势比 95% 信任区间 (Odds Ratio95% C.I.)	
				下限	上限
价位	−0.002	0.998	0.001	0.997	0.999
性别 [1]	1.394	4.029	0.024	1.203	13.496
年龄	−0.180	0.835	0.001	0.751	0.929
BMI 指数	−0.722	0.486	0.005	0.294	0.801
居住时间	−0.088	0.916	0.015	0.853	0.983
自选择因素：多样化基地设施 [2]	2.176	8.807	0.006	1.877	41.314
养狗 [3]	2.591	13.345	<0.001	3.562	49.999
成长环境 [4]	2.684	14.643	0.011	1.857	115.459
整体健康自评价 [5]	2.251	9.501	0.025	1.320	68.384

注：[1] 自变量采用二元度量：0=女性；1=男性。
[2] 自变量采用二元度量：0=没选择该项；1=选择该项。
[3] 自变量采用二元度量：0=未养狗；1=养狗。
[4] 自变量采用二元度量：0=农村、小镇、郊区；1=城市。
[5] 自变量采用3分制度量：1=不好；2=一般；3=好。

2. 社会环境变量

社会环境变量中，医生建议（$OR=17.679$，$p<0.001$）、机构中老年人住户总数（$OR=1.009$，$p=0.006$）变量与老年人能达到中强度事务型步行指标的概率正相关。

机构活动日志中，公共交通远行活动（$OR=1.684$，$p=0.008$）、总室外活动数（$OR=1.364$，$p=0.027$）、总室外对活动比例（$OR=1.173$，$p=0.004$）变量与老年人能达到中强度事务型步行指标的概率正相关（表 3-57）。

与中强度步行指标相比，中强度事务型步行指标的社会环境变量优势比呈现一定差异。其中，医生建议、机构老年人住户总数、公共交通远行活动、总室外活动、总室外活动比例变量的优势比增大，说明在不考虑其他因素下，该类自变量发生 1 个单位的变化，其所引起的中强度事务型步行指标优势比的改变值比中强度步行指标优势比的改变值大，即：该类自变量提升 1 个单位，其引起老年人能达到中强度事务型步行指标的概率比老年人能达到中强度步行指标的概率大。

社会环境变量二元逻辑回归表				表3-57	
自变量	回归系数 B (Coefficient B)	优势比 (Odds Ratio)	P 值 (P-Value)	优势比 95% 信任区间 (Odds Ratio95% C.I.)	
				下限	上限
医生建议 [1]	2.872	17.679	<0.001	3.749	83.357
机构老年人住户总数	0.009	1.009	0.006	1.003	1.016
公共交通远行活动	0.521	1.684	0.008	1.147	2.471
总室外活动	0.310	1.364	0.027	1.036	1.795
总室外活动比例	0.159	1.173	0.004	1.053	1.306

注：[1]自变量采用二元度量：0=没被建议过；1=被建议过。

3. 场地环境变量

主观场地环境变量中，场地活动后的感受（$OR=6.189$，$p=0.004$）、作息环境的满意度（$OR=4.862$，$p=0.045$）、室内外空间的可达性（$OR=8.968$，$p=0.026$）、室外环境的通透性（$OR=2.677$，$p=0.022$）变量与老年人能达到中强度事务型步行指标的概率正相关（表 3-58）。

所有变量的优势比都比在中强度步行指标中大，说明在不考虑其他因素下，该类自变量发生 1 个单位的变化，其所引起的中强度事务型步行指标优势比的改变值比中强度步行指标优势比的改变值大，即：该类自变量提升 1 个单位，其引起老年人能达到中强度事务型步行指标的概率比老年人能达到中强度步行指标的概率大。

主观场地环境变量二元逻辑回归表				表3-58	
自变量	回归系数 B (Coefficient B)	优势比 (Odds Ratio)	P 值 (P-Value)	优势比 95% 信任区间 (Odds Ratio95% C.I.)	
				下限	上限
场地活动后的感受 [1]	1.823	6.189	0.004	1.814	21.116
作息环境的满意度 [2]	1.581	4.862	0.045	1.038	22.775
室内外空间的可达性 [3]	2.194	8.968	0.026	1.302	61.746
室外环境的通透性 [4]	0.985	2.677	0.022	1.150	6.233

注：[1]自变量采用4分制李克特量表度量：1=比原来差很多；2=比原来差一些；3=比原来好一些；4=比原来好很多。
[2]自变量采用二元度量：0=否；1=是。
[3]自变量采用3分制李克特量表度量：1=不容易；2=还行；3=容易。
[4]自变量采用3分制李克特量表度量：1=从不；2=偶尔；3=经常。

客观场地环境变量中，户外大门的拉力（$OR=1.370$，$p<0.001$）、接触到水景（$OR=1.343$，$p=0.007$）、免于邻里干扰（$OR=1.821$，$p=0.019$）、座椅旁边有小餐桌（$OR=1.422$，$p=0.042$）、可参与园艺种植区（$OR=1.199$，$p=0.050$）、周围的人群活动（$OR=1.332$，$p=0.007$）变量与老年人能达到中强度事务型步行指标的概率正相关。

座椅可随意移动（$OR=0.739$，$p=0.038$）、大门便于打开（$OR=0.682$，$p=0.041$）、大门不会快速关闭（$OR=0.739$，$p=0.045$）变量与老年人能达到中强度事务型步行指标的概率负相关（表3-59）。

与中强度步行指标相比，户外大门的拉力、接触到水景变量的优势比增大，说明在不考虑其他因素下，该类自变量发生1个单位的变化，其所引起的中强度事务型步行指标优势比的改变值比中强度步行指标优势比的改变值大，即：该类自变量提升1个单位，其引起老年人能达到中强度事务型步行指标的概率比老年人能达到中强度步行指标的概率大。

而座椅可随意移动变量的优势比减小，说明在不考虑其他因素下，该类自变量发生1个单位的变化，其所引起的中强度事务型步行指标优势比的改变值比中强度步行指标优势比的改变值小，即：该类自变量提升1个单位，其引起老年人能达到中强度事务型步行指标的概率比老年人能达到中强度步行指标的概率小。

此外，中强度步行指标模型中没有出现的变量：免于邻里干扰、座椅旁边有小餐桌、可参与园艺种植去、大门便于打开、大门不会快速关闭、周边的人群活动变量出现中强度事务型步行指标模型中，说明其对因变量有特殊影响。

客观场地环境变量二元逻辑回归表　　　　　　　　　　　　表3-59

自变量[1]	回归系数 B (Coefficient B)	优势比 (Odds Ratio)	P 值 (P-Value)	优势比 95% 信任区间 (Odds Ratio95% C.I.)	
				下限	上限
户外大门的拉力	0.315	1.370	<0.001	1.159	1.620
接触到水景	0.295	1.343	0.007	1.083	1.666
免于邻里干扰	0.599	1.821	0.019	1.104	3.005
座椅可随意移动	−0.303	0.739	0.038	0.555	0.983
座椅旁边有小餐桌	0.352	1.422	0.042	1.013	1.995
可参与园艺种植区	0.181	1.199	0.050	1.000	1.437

自变量[1]	回归系数 B (Coefficient B)	优势比 (Odds Ratio)	P 值 (P-Value)	优势比 95% 信任区间 (Odds Ratio95% C.I.)	
				下限	上限
大门便于打开	−0.383	0.682	0.041	0.472	0.985
大门不会快速关闭	−0.303	0.739	0.045	0.550	0.993
周边的人群活动	0.287	1.332	0.007	1.082	1.641

注：[1]自变量采用10分制李克特量表度量：0=不存在该项环境；1=完全不满足老年人使用；10=完全满足老年人使用。

4. 基地环境变量

主观基地环境变量中，基地步行后的感受（$OR=14.053$，$p<0.001$）变量与老年人能达到中强度事务型步行指标的概率正相关。

基地设施维度中，感知到便利店或杂货店（$OR=72.800$，$p<0.001$）、超市（$OR=7.080$，$p<0.001$）、果蔬市场（$OR=12.600$，$p<0.001$）、服装店（$OR=13.811$，$p<0.001$）、药店（$OR=30.788$，$p<0.001$）、餐厅（$OR=29.429$，$p<0.001$）、银行（$OR=43.333$，$p<0.001$）、医院或诊所（$OR=44.526$，$p<0.001$）、教堂（$OR=78.085$，$p<0.001$）、学校（$OR=67.154$，$p<0.001$）、用地混合度（$OR=1.898$，$p<0.001$）变量与老年人能达到中强度事务型步行指标的概率正相关。

步行的适宜性维度中，道路连接度（$OR=10.947$，$p<0.001$）、人行道树荫环境（$OR=4.763$，$p<0.001$）、有趣景致（$OR=4.503$，$p<0.001$）变量与老年人能达到中强度步行指标呈现正相关。人行道维护状态维度中，人行道覆盖率（$OR=4.756$，$p<0.001$）、人行道维护状态（$OR=4.437$，$p<0.001$）、人行道独立性（$OR=2.900$，$p<0.001$）变量与老年人能达到中强度事务型步行指标的概率正相关。

基地步行的安全性维度中，人行横道（$OR=2.227$，$p=0.002$）、夜间照明（$OR=2.832$，$p<0.001$）、街道眼（$OR=6.273$，$p<0.001$）变量与老年人能达到中强度事务型步行指标的概率正相关，而步行障碍性（$OR=0.139$，$p<0.001$）、交通流量（$OR=0.290$，$p<0.001$）、空气质量（$OR=0.126$，$p=0.038$）变量与老年人能达到中强度事务型步行指标的概率负相关（表3-60）。

与中强度步行指标相比，基地步行后的感受、基地可感知的设施（便利店或杂货店、超市、果蔬市场、服装店、药店、餐厅、银行、医院或诊所、教堂、学校）、道路连接度、人行道树荫环境、有趣景致、人行道覆盖率、人行道独立性、夜间照明、街道眼等变量的优势比大幅增大，说明在不考虑其他因素下，该类自变量发生 1 个单位的变化，其所引起的中强度事务型步行指标优势比的改变值比中强度步行指标优势比的改变值大，即：该类自变量提升 1 个单位，其引起老年人能达到中强度事务型步行指标的概率比老年人能达到中强度步行指标的概率大。

而用地混合度、人行道维护状态、步行障碍性、交通流量、人行横道、空气质量变量的优势比减小，说明在不考虑其他因素下，该类自变量发生 1 个单位的变化，其所引起的中强度事务型步行指标优势比的改变值比中强度步行指标优势比的改变值小，即：该类自变量提升 1 个单位，其引起老年人能达到中强度事务型步行指标的概率比老年人能达到中强度步行指标的概率小。

主观基地环境变量二元逻辑回归表　　　　　　　　表3-60

自变量	回归系数 B (Coefficient B)	优势比 (Odds Ratio)	P 值 (P-Value)	优势比 95% 信任区间 (Odds Ratio 95% C.I.)	
				下限	上限
基地步行后的感受	2.643	14.053	<0.001	4.166	47.407
便利店、杂货店[1]	4.288	72.800	<0.001	9.124	580.848
超市[1]	1.957	7.080	0.002	2.095	23.932
果蔬市场[1]	2.534	12.600	<0.001	3.664	43.327
服装店[1]	2.625	13.811	<0.001	3.572	53.404
药店[1]	3.427	30.788	<0.001	7.794	121.615
餐厅[1]	3.382	29.429	0.001	3.723	232.638
银行[1]	3.769	43.333	<0.001	10.799	173.882
医院、诊所[1]	3.796	44.526	<0.001	9.281	213.611
教堂[1]	4.358	78.085	<0.001	9.775	623.739
幼儿园、小学、中学、大学[1]	4.207	67.154	<0.001	13.794	326.938
用地混合度[2]	0.641	1.898	<0.001	1.494	2.410
道路连接度[3]	2.293	10.947	<0.001	3.918	30.585
人行道树荫环境[3]	1.561	4.763	<0.001	2.090	10.843
有趣景致[3]	1.505	4.503	<0.001	2.073	9.782

自变量	回归系数 B (Coefficient B)	优势比 (Odds Ratio)	P 值 (P-Value)	优势比 95% 信任区间 (Odds Ratio95% C.I.)	
				下限	上限
人行道覆盖率 [3]	1.559	4.756	0.001	1.854	12.203
人行道维护状态 [3]	1.490	4.437	<0.001	2.006	9.814
人行道独立性 [3]	1.065	2.900	0.013	1.251	6.722
步行障碍性 [3]	−1.971	0.139	<0.001	0.049	0.400
交通流量 [3]	−1.237	0.290	<0.001	0.157	0.535
人行横道 [3]	0.800	2.227	0.002	1.327	3.737
空气质量 [3]	−2.073	0.126	0.038	0.018	0.894
夜间照明 [3]	1.041	2.832	<0.001	1.586	5.057
街道眼 [3]	1.836	6.273	<0.001	2.857	13.775

注：[1] 自变量采用二元度量：0=没选择该项；1=选择该项。
[2] 自变量将所有可感知设施种类加权计算。
[3] 自变量采用4分制李克特量表度量：1=非常反对；2=比较反对；3=比较赞同；4=非常赞同。

客观基地环境变量中，基地步行的适宜性维度中，商业用地比例（$OR=1.046$，$p=0.018$）、道路交叉口数量（$OR=1.120$，$p=0.003$）、道路交叉口密度（$OR=380.250$，$p=0.019$）变量与老年人能达到中强度事务型步行指标的概率正相关。

基地步行的安全性维度中，慢速公路线密度（$OR=1.042$，$p=0.016$）变量与老年人能达到中强度事务型步行指标的概率正相关，而快速公路比例（$OR=0.959$，$p=0.002$）变量与老年人能达到中强度事务型步行指标的概率负相关。

基地设施维度中，公交站点数量（$OR=1.195$，$p=0.020$）、便利店数量（$OR=3.053$，$p=0.010$）、果蔬市场最短距离（$OR=7.499$，$p<0.001$）、果蔬市场数量（$OR=11.220$，$p<0.001$）、服装店数量（$OR=1.112$，$p<0.001$）、餐厅数量（$OR=1.084$，$p=0.013$）、教堂最短距离（$OR=2.095$，$p=0.027$）、学校最短距离（$OR=2.075$，$p=0.025$）、设施种类（$OR=1.417$，$p=0.020$）、设施数量（$OR=1.053$，$p=0.001$）变量与老年人能达到中强度事务型步行指标的概率正相关（表 3-61）。

与中强度步行指标相比，商业用地比例、道路交叉口数量、慢速公路线密度、公交站点数量、果蔬市场最短距离、果蔬市场数量、餐厅数量、设施种类、设施数量变量的，说明在不考虑其他因素下，该类自变量发生 1 个单位的变化，其所引起的中强度事务型步行指标优势比的改变值比中强度步行指标优势比的改变值大，即：该类自变量提升 1 个单位，其引起老年人能达到中强度事务型步行指标的概率比老年人能达到中强度步行指标的概率大。

客观基地环境变量二元逻辑回归表   表3-61

自变量 [1]	回归系数 B (Coefficient B)	优势比 (Odds Ratio)	P 值 (P-Value)	优势比 95% 信任区间 (Odds Ratio95% C.I.)	
				下限	上限
商业用地比例	0.045	1.046	0.018	1.008	1.086
道路交叉口数量	0.113	1.120	0.003	1.040	1.206
道路交叉口密度	5.941	380.250	0.019	2.645	54664.949
快速公路比例	−0.042	0.959	0.002	0.934	0.984
慢速公路线密度	0.041	1.042	0.016	1.008	1.077
公交站点数量	0.178	1.195	0.020	1.029	1.388
便利店数量	1.116	3.053	0.010	1.310	7.115
果蔬市场最短距离	2.015	7.499	<0.001	2.689	20.914
果蔬市场数量	2.418	11.220	<0.001	3.277	38.417
服装店数量	0.106	1.112	<0.001	1.055	1.171
餐厅数量	0.080	1.084	0.013	1.017	1.155
教堂最短距离	0.740	2.095	0.027	1.090	4.029
学校最短距离	0.730	2.075	0.025	1.098	3.923
设施种类	0.348	1.417	0.020	1.057	1.899
设施数量	0.052	1.053	0.001	1.022	1.085

注：1自变量基于ArcGIS软件空间统计400米缓冲区数据。

而慢快速公路比例的优势比减小，说明在不考虑其他因素下，该类自变量发生 1 个单位的变化，其所引起的中强度事务型步行指标优势比的改变值比中强度步行指标优势比的改变值小，即：该类自变量提升 1 个单位，其引起老年人能达到中强度事务型步行指标的概率比老年人能达到中强度步行指标的概率小。

此外，中强度步行指标模型中没有出现的变量：道路交叉口密度、便利店数量、服装店数量、教堂最短距离、学校最短距离出现中强度事务型步行指标模型中，说明其对因变量有特殊影响。

3.4.3.2 中强度事务型步行与外部环境要素关联度的多因素逻辑回归模型

多因素逻辑回归中，首先生成基础模型，接着将其余变量一对一添加到基础模型中，检验其显著性并进行数据筛选（Data Reduction）。最后，将所有显著意义的变量同时导入到基础模型中，生成完整模型。完整模型包含三个：主观环境模型、客观环境模型、主观和客观环境模型。

1. 主观环境模型

在模型 3-1 中，当控制了基础模型中的 2 个个体信息变量，共有 3 个主观基地环境变量进入最终模型，模型总体具有统计学意义（Sig.<0.001）。

基础模型中，当老年人的年龄增加 1 岁，其能达到中强度事务型步行指标的优势比仅是原来的 69.5%（OR=0.695，p=0.037）。当老年人 BMI 指数每增加 1，其能达到中强度事务型步行指标的优势比仅是原来的 24.6%（OR=0.246，p=0.001）。

主观基地环境中，感知到教堂在养老设施周边可步行范围内的老年人，其能达到中强度事务型步行指标的优势比增加了 55.026 倍（OR=56.026，p=0.008），可见，教堂设施对老年人的户外事务型步行活动的影响至关重要。老年人每感知到 1 个基地周边可步行设施，其能达到中强度事务型步行指标的优势比增加了 36.1%（OR=1.361，p=0.044）。老年人对人行道独立性（人行道的步行道路和车行道路间有草坪等间隔）的感知评价每增加 1 个单位（区间由"非常反对"至"非常赞同"），其能达到中强度事务型步行指标的优势比增加了 3.940 倍（OR=4.940，p=0.047）。

总体而言，模型 3-1 能解释 68.1% 的变异比，即：68.1% 的数据被模型的自变量解释（Nagelkerke R^2=0.681），模型的拟合度优秀（Hosmer 和 Lemeshow 检验 Sig=1.000）（表 3-62）。

模型3-1

表3-62

自变量	回归系数 B (Coefficient B)	优势比 (Odds Ratio)	P 值 (P-Value)	优势比 95% 信任区间 (Odds Ratio95% C.I.)	
				下限	上限
基础模型					
年龄	−0.363	0.695	0.037	0.494	0.978

续表

自变量	回归系数 B (Coefficient B)	优势比 (Odds Ratio)	P 值 (P-Value)	优势比 95% 信任区间 (Odds Ratio95% C.I.)	
				下限	上限
BMI 指数	−1.404	0.246	0.039	0.065	0.933
主观基地环境					
教堂[1]	4.026	56.026	0.008	2.841	1104.993
用地混合度[2]	0.308	1.361	0.044	1.009	1.836
人行道独立性[3]	1.597	4.940	0.047	1.022	23.871
模型 Sig.	−2 对数似然比	Hosmer 和 Lemeshow 检验 Sig.	Cox 和 Snell R²	Nagelkerke R²	
<0.001	35.269	1.000	0.146	0.681	

注：[1]自变量采用二元度量：0=没选择该项；1=选择该项。
  [2]自变量将所有可感知设施种类加权计算。
  [3]自变量采用4分制李克特量表度量：1=非常反对；2=比较反对；3=比较赞同；4=非常赞同。

2. 客观环境模型

在模型 2-2 中，当控制了基础模型中的 2 个个体信息变量，共有 1 个客观场地环境变量、1 个客观基地环境变量进入最终模型，模型总体具有统计学意义（Sig.<0.001）。

基础模型中，当老年人的年龄增加 1 岁，其能达到中强度事务型步行指标的优势比仅是原来的 78.0%（OR=0.780，p=0.001）。当老年人 BMI 指数每增加 1，其能达到中强度事务型步行指标的优势比仅是原来的 47.9%（OR=0.479，p=0.015）。

客观场地环境变量中，周边的人群活动的客观感知度每增加 1（区间 0～10），其能达到中强度事务型步行指标的优势比增加了 20.4%（OR=1.204，p=0.112），尽管该变量的 p 值并不显著，但其在二元逻辑回归中仍然显著（OR=1.332，p=0.007）。

客观基地环境中，基地周边的快速公路（限速 30 英里每小时的公路）比例每增加 1%，公寓老年人能达到中强度事务型步行指标的优势比减少 3.5%（OR=0.965，p=0.004）。

总体而言，模型 3-2 能解释 40.1% 的变异比，即：40.1% 的数据被模型的自变量解释（*Nagelkerke R^2=0.401*），模型的拟合度优秀（Hosmer 和 Lemeshow 检验 *Sig*=0.875）（表3-63）。

模型3-2   表3-63

自变量	回归系数 B (Coefficient B)	优势比 (Odds Ratio)	P 值 (P-Value)	优势比 95% 信任区间 (Odds Ratio 95% C.I.)	
				下限	上限
基础模型					
年龄	−0.248	0.780	0.001	0.673	0.905
BMI 指数	−0.737	0.479	0.015	0.264	0.869
客观场地环境					
周边的人群活动 [1]	0.186	1.204	0.112	0.958	1.515
客观基地环境					
快速公路比例 [2]	−0.035	0.965	0.004	0.942	0.989
模型 *Sig.*	−2 对数似然比	Hosmer 和 Lemeshow 检验 *Sig.*	*Cox 和 Snell R²*	*Nagelkerke R²*	
<0.001	64.054	0.875	0.086	0.401	

注：[1]自变量采用10分制李克特量表度量：0=不存在该项环境；1=完全不满足老年人使用；10=完全满足老年人使用。
[2]自变量基于ArcGIS软件空间统计400米缓冲区数据。

3. 主观和客观环境模型

当主观和客观环境变量同时导入模型中时，模型 3-2 中的客观场地、客观基地环境变量不再具有显著意义。因此，主观和客观模型仍然为模型 3-1。

3.4.3.3 中强度事务型步行与外部环境要素关联度模型的比较和筛选

模型检验中，卡方检验比较模型 3-1、3-2 的 −2 对数似然比，进而选择具有更高解释度的模型，模型间的 −2 对数似然比之差等于模型间的卡方差异，且其差异值服从卡方分布。由表3-64 看出，模型 3-1 的卡方值比模型 3-2 提升了 38.790（*df*=3，*Sig.*<0.001），卡方差异值具有统计学意义。由此说明，模型 3-1 比模型 3-2 的解释度都高，因此，主观环境模型是最精确的统计模型（图 3-4）。

将模型 3-1 与模型 1-3 比较，模型 3-1 的所有环境变量都不存在于模型 1-3 中，即：周边的人群活动、快速公路比例，再次验证了此类变量其对中强度事务型步行指标有特殊影响。

模型3-1、模型3-2比较表 表3-64

	模型 3-1 VS 模型 3-2
卡方提升值 x^2	38.790
自由度（df）	3
$Sig.$	<0.001

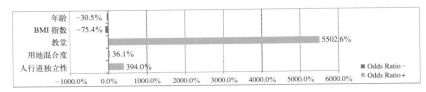

图 3-4　模型 3-1 各变量优势比增减分析图

3.4.4　高强度步行与外部环境的关联度模型

3.4.4.1　高强度步行与外部环境要素关联度的单因素分析

单因素逻辑回归通过一对一检验（One by One Test）建立自变量和因变量的二元逻辑回归模型。

1. 个体信息变量

机构的照料模式（OR=3.618，p=0.001）、性别（OR=2.944，p=0.001）、离公园近自选择因素（OR=3.273，p=0.020）、养狗（OR=5.304，p<0.001）、成长环境（OR=3.079，p<0.001）、整体健康自评价（OR=3.918，p<0.001）、活动量群体比较（OR=16.177，p<0.001）变量与老年人能达到高强度步行指标的概率正相关。

价位（OR=0.998，p<0.001）、年龄（OR=0.850，p<0.001）、BMI 指数（OR=0.625，p<0.001）、居住时间（OR=0.940，p<0.001）、活动辅助设施（OR=0.114，p<0.001）、摔倒经历（OR=0.097，p=0.001）变量与老年人能达到高强度步行指标的概率负相关（表 3-65）。

与中强度步行指标相比，高强度步行指标的个体变量优势比呈现一定差异。其中，机构照料模式、性别、BMI 指数、养狗、成长环境、整体健康自评价、摔倒经历、活动量群体比较变量的优势比增大，说明在不考虑其他因素下，该类自变量发生 1 个单位的变化，其所引起的高强度步行指标优势比的改变值比中强度步行指标优势比的改变值大，即：该类自变量提升 1 个单位，其引起老年人能达到高强度步行指标的概率比老年人能达到中强度步行指标的概率大。

个体信息变量二元逻辑回归表　　　　　　　　　　　　表3-65

自变量	回归系数 B (Coefficient B)	优势比 (Odds Ratio)	P 值 (P-Value)	优势比 95% 信任区间 (Odds Ratio95% C.I.)	
				下限	上限
机构照料模式 [1]	1.286	3.618	0.001	1.653	7.922
价位	−0.002	0.998	<0.001	0.998	0.999
性别 [2]	1.080	2.944	0.001	1.598	5.424
年龄	−0.163	0.850	<0.001	0.799	0.904
BMI 指数	−0.470	0.625	<0.001	0.494	0.790
居住时间	−0.062	0.940	<0.001	0.913	0.968
自选择因素：离公园近 [3]	1.186	3.273	0.020	1.207	8.871
养狗 [4]	1.668	5.304	<0.001	2.078	13.536
成长环境 [5]	1.125	3.079	<0.001	1.655	5.729
整体健康自评价 [6]	1.366	3.918	<0.001	2.141	7.170
活动辅助设施 [7]	−2.170	0.114	<0.001	0.051	0.256
摔倒经历 [8]	−2.337	0.097	0.001	0.023	0.404
活动量群体比较 [9]	2.784	16.177	<0.001	5.967	43.857

注：[1] 自变量采用二元度量：0=介助型养老设施；1=自理型养老设施。
[2] 自变量采用二元度量：0=女性；1=男性。
[3] 自变量采用二元度量：0=没选择该项；1=选择该项。
[4] 自变量采用二元度量：0=未养狗；1=养狗。
[5] 自变量采用二元度量：0=农村、小镇、郊区；1=城市。
[6] 自变量采用3分制度量：1=不好；2=一般；3=好。
[7] 自变量采用4分制度量：0=无；1=手杖；2=步行器、带座椅步行器手杖；3=轮椅、电动轮椅。
[8] 自变量采用二元度量：0=无；1=有。
[9] 自变量采用3分制度量：1=比别人少；2=平均水平；3=比别人多。

　　而价位、年龄、居住时间、辅助设施变量的优势比减小，说明在不考虑其他因素下，该类自变量发生 1 个单位的变化，其所引起的高强度步行指标优势比的改变值比中强度步行指标优势比的改变值小，即：该类自变量提升 1 个单位，其引起老年人能达到高强度步行指标的概率比老年人能达到中强度步行指标的概率小。

此外，中强度步行指标模型中没有出现的变量：离公园近自选择因素变量出现高强度步行指标模型中，说明其对因变量有特殊影响。

2. 社会环境变量

社会环境变量中，医生建议（$OR=14.346$，$p<0.001$）、机构中老年人住户总数（$OR=1.004$，$p=0.001$）、机构护理人员总数（$OR=1.013$，$p=0.018$）、场地景观设施维护（$OR=1.857$，$p=0.036$）、机构对老年人场地活动的担忧度（$OR=5.221$，$p=0.024$）、机构对老年人基地活动的担忧度（$OR=1.644$，$p=0.016$）、机构对老年人基地活动的态度（$OR=2.830$，$p=0.002$）、机构对老年人基地活动的开放政策（$OR=3.155$，$p=0.001$）变量与老年人能达到高强度步行指标的概率正相关。

机构活动日志中，公共交通远行活动（$OR=1.342$，$p=0.002$）、总室外活动数（$OR=1.253$，$p=0.001$）、总室外对活动比例（$OR=1.113$，$p<0.001$）变量与老年人能达到高强度步行指标的概率正相关。而总活动数（$OR=0.935$，$p=0.030$）、室内活动数（$OR=0.694$，$p=0.001$）、总室内非体力活动数（$OR=0.934$，$p=0.022$）变量与老年人能达到高强度步行指标的概率负相关（表3-66）。

与中强度步行指标相比，高强度步行指标的社会环境变量优势比呈现一定差异。其中，机构老年人住户总数、机构对老年人场地活动的担忧度、机构对老年人基地活动的态度、机构对老年人基地活动的开放政策、公共交通远行活动、总室外活动、总室外活动比例变量的优势比增大，说明在不考虑其他因素下，该类自变量发生1个单位的变化，其所引起的高强度步行指标优势比的改变值比中强度步行指标优势比的改变值大，即：该类自变量提升1个单位，其引起老年人能达到高强度步行指标的概率比老年人能达到中强度步行指标的概率大。

而医生建议、机构对老年人基地活动的担忧度、总活动、室内活动、总室内非体力活动变量的优势比减小，说明在不考虑其他因素下，该类自变量发生1个单位的变化，其所引起的高强度步行指标优势比的改变值比中强度步行指标优势比的改变值小，即：该类自变量提升1个单位，其引起老年人能达到高强度步行指标的概率比老年人能达到中强度步行指标的概率小。

此外，中强度步行指标模型中没有出现的变量：机构护理人员总数、场地景观设施维护变量出现高强度步行指标模型中，说明其对因变量有特殊影响。

社会环境变量二元逻辑回归表　　　表3-66

自变量	回归系数 B（Coefficient B）	优势比（Odds Ratio）	P 值（P-Value）	优势比95% 信任区间（Odds Ratio95% C.I.）	
				下限	上限
医生建议 [1]	2.663	14.346	<0.001	7.278	28.279
机构老年人住户总数	0.004	1.004	0.001	1.002	1.007
机构护理人员总数	0.013	1.013	0.018	1.002	1.024
场地景观设施维护 [2]	0.619	1.857	0.036	1.041	3.315
机构对老年人场地活动的担忧度 [3]	1.653	5.221	0.024	1.238	22.012
机构对老年人基地活动的担忧度 [3]	0.497	1.644	0.016	1.098	2.463
机构对老年人基地活动的态度 [4]	1.040	2.830	0.002	1.484	5.397
机构对老年人基地活动的开放政策 [5]	1.149	3.155	0.001	1.565	6.360
总活动	−0.068	0.935	0.030	0.879	0.993
公共交通远行活动	0.294	1.342	0.002	1.113	1.618
室内活动	−0.365	0.694	0.001	0.555	0.868
总室外活动	0.225	1.253	0.001	1.093	1.436
总室外活动比例	0.107	1.113	<0.001	1.057	1.173
总室内非体力活动	−0.068	0.934	0.022	0.882	0.990

注：[1]自变量采用二元度量：0=没被建议过；1=被建议过。
[2]自变量采用3分制李克特量表度量：0=从不维护；1=偶尔维护；2=经常维护。
[3]自变量采用3分制李克特量表度量：1=非常担心；2=偶尔担心；3=从不担心。
[4]自变量采用4分制李克特量表度量：1=非常不好；2=比较不好；3=比较好；4=非常好。
[5]自变量采用3分制度量：0=不能；1=能，但需申请并我们依据相关规定审核通过；2=能，他们可以自由外出；3=能，我们鼓励他们到基地活动。

3. 场地环境变量

主观场地环境变量中，对活动场地的偏好度（OR=3.170，$p<0.001$）、场地活动后的感受（OR=6.516，$p<0.001$）、偏好场地内的鸟类或野生动物（OR=7.963，$p<0.001$）、偏好场内的乔木或灌木（OR=4.932，$p<0.001$）、偏好场地内的花朵（OR=7.009，$p<0.001$）、偏好场地内的水池或喷泉池塘（OR=1.991，$p=0.026$）、

场地景观的满意度（*OR*=3.996，*p*<0.001）、场地步道的满意度（*OR*=2.994，*p*<0.001）、作息环境的满意度（*OR*=2.010，*p*=0.025）、室内外空间的可达性（*OR*=4.750，*p*<0.001）、室内外环境的可视性（*OR*=1.684，*p*=0.027）、室外环境的通透性（*OR*=1.951,*p*=0.001）变量与老年人能达到高强度步行指标的概率正相关（表3-67）。

主观场地环境变量二元逻辑回归表

表3-67

自变量	回归系数 B （Coefficient B）	优势比 （Odds Ratio）	P 值 （P-Value）	优势比 95% 信任区间 （Odds Ratio95% C.I.）	
				下限	上限
对活动场地的偏好度 [1]	1.154	3.170	<0.001	1.826	5.503
场地活动后的感受 [2]	1.874	6.516	<0.001	3.236	13.118
偏好场地内的鸟类、野生动物 [3]	2.075	7.963	<0.001	3.636	17.438
偏好场地内的乔木、灌木 [3]	1.596	4.932	<0.001	2.163	11.247
偏好场地内的花朵 [3]	1.947	7.009	<0.001	2.470	19.884
偏好场地内的水池、喷泉、池塘等 [3]	0.689	1.991	0.026	1.086	3.652
场地景观的满意度 [4]	1.385	3.996	<0.001	2.280	7.002
场地步道的满意度 [5]	1.080	2.944	<0.001	1.943	4.461
作息环境的满意度 [6]	0.698	2.010	0.025	1.090	3.707
室内外空间的可达性 [7]	1.558	4.750	<0.001	2.521	8.948
室内外环境的可视性 [8]	0.521	1.684	0.027	1.061	2.673
室外环境的通透性 [8]	0.668	1.951	0.001	1.314	2.896

注：[1] 自变量采用4分制李克特量表度量：1=非常不喜欢；2=比较不喜欢；3=比较喜欢；4=非常喜欢。

[2] 自变量采用4分制李克特量表度量：1=比原来差很多；2=比原来差一些；3=比原来好一些；4=比原来好很多。

[3] 自变量采用二元度量：0=没选择该项；1=选择该项。

[4] 自变量采用3分制度量：1=多添加些；2=稍添加些；3=足够了。

[5] 自变量采用4分制李克特量表度量：1=非常不满足；2=有些不满足；3=有些满足；4=非常满足。

[6] 自变量采用二元度量：0=否；1=是。

[7] 自变量采用3分制李克特量表度量：1=不容易；2=还行；3=容易。

[8] 自变量采用3分制李克特量表度量：1=从不；2=偶尔；3=经常。

与中强度步行指标相比，高强度步行指标的社会环境变量优势比呈现一定差异。其中，偏好场地内的鸟类或野生动物、偏好场内的乔木或灌木、偏好场地内的花朵、场地景观的满意度、场地步道的满意度、作息环境的满意度、室内外环境的可视性、室外环境的通透性变量的优势比增大，说明在不考虑其他因素下，该类自变量发生 1 个单位的变化，其所引起的高强度步行指标优势比的改变值比中强度步行指标优势比的改变值大，即：该类自变量提升 1 个单位，其引起老年人能达到高强度步行指标的概率比老年人能达到中强度步行指标的概率大。

而对活动场地的偏好度、场地活动后的感受、室内外空间的可达性变量的优势比减小，说明在不考虑其他因素下，该类自变量发生 1 个单位的变化，其所引起高强度步行指标优势比的改变值比中强度步行指标优势比的改变值小，即：该类自变量提升 1 个单位，其引起老年人能达到高强度步行指标的概率比老年人能达到中强度步行指标的概率小。

此外，中强度步行指标模型中没有出现的变量：偏好场地内的水池或喷泉池塘出现高强度步行指标模型中，说明其对因变量有特殊影响。

客观场地环境变量中，户外大门的拉力（$OR=1.167$，$p<0.001$）、大量旺盛植被（$OR=1.515$，$p=0.001$）、植被种类多样（$OR=1.383$，$p=0.001$）、植被色彩的多样性（$OR=1.228$，$p=0.009$）、植物的可亲近性（$OR=1.203$，$p=0.011$）、座椅有景可赏（$OR=1.326$，$p=0.004$）、座椅有绿植遮挡（$OR=1.321$，$p=0.005$）、接触到水景（$OR=1.235$，$p<0.001$）、宠物设施（$OR=1.375$，$p=0.003$）、野生动物（$OR=1.383$，$p=0.001$）、场地较安静（$OR=1.236$，$p=0.020$）、免于邻里干扰（$OR=1.270$，$p=0.022$）、有私密性环境（$OR=1.289$，$p=0.017$）、有足够的座椅（$OR=1.225$，$p=0.034$）、座椅样式丰富（$OR=1.331$，$p=0.005$）、即可坐阳光下又可坐阴凉处（$OR=1.250$，$p=0.015$）、座椅舒适度较高（$OR=1.301$，$p=0.032$）、座椅旁边有小餐桌（$OR=1.173$，$p=0.008$）、场地维护良好（$OR=1.931$，$p<0.001$）、独立吸烟区（$OR=1.238$，$p<0.001$）、小气候调控措施（$OR=1.305$，$p<0.001$）、不同长度的多条道路（$OR=1.205$，$p=0.001$）、环状道路（$OR=1.322$，$p=0.001$）、道路上的景致（$OR=1.205$，$p=0.001$）、部分道路有树荫（$OR=1.241$，$p=0.011$）、道路周边的作息设施（$OR=1.221$，$p=0.001$）、遮阴座椅（$OR=1.259$，$p=0.001$）、场地有趣景观（$OR=1.287$，$p=0.001$）社会活动场地（$OR=1.130$，$p=0.010$）、可参与园艺种植区（$OR=1.101$，$p=0.043$）、大门不上锁（$OR=1.158$，$p=0.021$）、周围的人群活动（$OR=1.118$，$p=0.012$）、SOS 总分（$OR=1.012$，$p<0.001$）变量与老年人能达

到高强度步行指标的概率正相关。

座椅可随意移动（*OR*=0.860，*p*=0.025）、自动门（*OR*=0.866，*p*=0.006）、入户花园（*OR*=0.872，*p*=0.004）变量与老年人能达到高强度步行指标的概率负相关（表 3-68）。

客观场地环境变量二元逻辑回归表　　　　　　　表3-68

自变量 [1]	回归系数 B（Coefficient B）	优势比（Odds Ratio）	P 值（P-Value）	优势比 95% 信任区间（Odds Ratio95% C.I.）	
				下限	上限
户外大门的拉力	0.154	1.167	<0.001	1.079	1.263
大量旺盛植被	0.415	1.515	0.001	1.178	1.948
植被种类多样	0.324	1.383	0.001	1.133	1.688
植被色彩的多样性	0.205	1.228	0.009	1.052	1.433
植物的可亲近性	0.185	1.203	0.011	1.043	1.388
座椅有景可赏	0.282	1.326	0.004	1.092	1.609
座椅有绿植遮挡	0.278	1.321	0.005	1.086	1.606
接触到水景	0.211	1.235	<0.001	1.125	1.356
宠物设施	0.318	1.375	0.003	1.115	1.695
野生动物	0.325	1.383	0.001	1.148	1.668
场地较安静	0.212	1.236	0.020	1.035	1.477
免于邻里干扰	0.239	1.270	0.022	1.034	1.559
有私密性环境	0.253	1.289	0.017	1.046	1.585
有足够的座椅	0.203	1.225	0.034	1.015	1.477
座椅样式丰富	0.286	1.331	0.005	1.088	1.628
既可坐阳光下，又可坐阴凉处	0.223	1.250	0.015	1.044	1.496
座椅可随意移动	−0.151	0.860	0.025	0.754	0.981
座椅舒适度较高	0.263	1.301	0.032	1.023	1.654
座椅旁边有小餐桌	0.160	1.173	0.008	1.042	1.322
场地维护良好	0.658	1.931	<0.001	1.379	2.702

续表

自变量[1]	回归系数 B (Coefficient B)	优势比 (Odds Ratio)	P 值 (P-Value)	优势比 95% 信任区间 (Odds Ratio95% C.I.)	
				下限	上限
独立吸烟区	0.213	1.238	<0.001	1.102	1.391
小气候调控措施	0.266	1.305	<0.001	1.136	1.500
不同长度的多条道路	0.187	1.205	0.001	1.074	1.353
环状道路	0.279	1.322	0.001	1.123	1.557
道路上的景致	0.312	1.366	<0.001	1.148	1.626
部分道路有树荫	0.216	1.241	0.011	1.052	1.464
道路周边的作息设施	0.200	1.221	0.001	1.088	1.370
遮阴座椅	0.230	1.259	0.001	1.095	1.448
场地有趣景观	0.253	1.287	0.001	1.109	1.494
社会活动场地	0.122	1.130	0.010	1.029	1.240
可参与园艺种植区	0.096	1.101	0.043	1.003	1.209
大门不上锁	0.147	1.158	0.021	1.022	1.313
自动门	−0.144	0.866	0.006	0.781	0.960
入口花园	−0.137	0.872	0.004	0.795	0.956
周边的人群活动	0.112	1.118	0.012	1.025	1.221
SOS 总分	0.012	1.012	<0.001	1.006	1.018

注：[1] 自变量采用10分制李克特量表度量：0=不存在该项环境；1=完全不满足老年人使用；10=完全满足老年人使用。

与中强度步行指标的二元逻辑回归自变量相比，户外大门的拉力、植被种类多样、接触到水景。宠物设施、野生动物、有私密性环境、场地维护良好、小气候调控措施、不同长度的多条道路、道路上的景致、部分道路有树荫、道路周边的作息设施、遮阴座椅、场地有趣景观、SOS 总分变量的优势比增大，说明在不考虑其他因素下，该类自变量发生 1 个单位的变化，其所引起的高强度步行指标优势比的改变值比中强度步行指标优势比的改变值大，即：该类自变量提升 1 个单位，其引起老年人能达到高强度步行指标的概率比老年人能达到中强度步行指标的概率大。

而场地较安静、座椅可随意移动、环状道路变量的优势比减小，说明在不考虑其他因素下，该类自变量发生 1 个单位的变化，其所引起的高强度步行指标优势比的改变值比中强度步行指标优势比的改变值小，即：该类自变量提升 1 个单位，其引起老年人能达到高强度步行指标的概率比老年人能达到中强度步行指标的概率小。

此外与中强度步行指标的二元逻辑回归自变量相比，大量旺盛植被、植被色彩的额多样性、植物的可亲近性、座椅有景可赏、座椅有绿植遮挡、免于邻里干扰、有足够的座椅、座椅样式丰富、即可坐在阳光下又可坐在阴凉处、座椅舒适度较高、座椅旁边有小餐桌、独立吸烟区、社会活动场地、可参与园艺种植区、大门不上锁、自动门、入口花园、周边的人群活动变量单独存在于高强度步行指标的二元逻辑回归中，说明其对因变量有特殊影响。

4. 基地环境变量

主观基地环境变量中，对基地步行的偏好度（OR=5.652，p<0.001）、基地步行后的感受（OR=6.613，p<0.001）变量与老年人能达到高强度步行指标的概率正相关。

基地设施维度中，感知到便利店或杂货店（OR=25.020，p<0.001）、超市（OR=5.911，p<0.001）、果蔬市场（OR=13.946，p<0.001）、服装店（OR=7.207，p<0.001）、药店（OR=26.000，p<0.001）、餐厅（OR=16.000，p<0.001）、银行（OR=17.067，p<0.001）、公园或其他公共空间（OR=2.151，p=0.036）、医院或诊所（OR=23.847，p<0.001）、教堂（OR=6.819，p<0.001）、学校（OR=13.752，p<0.001）、用地混合度（OR=1.790，p<0.001）变量与老年人能达到高强度步行指标的概率正相关。

步行的适宜性维度中，道路连接度（OR=3.359，p<0.001）、人行道树荫环境（OR=3.487，p<0.001）、有趣景观（OR=3.698，p<0.001）变量与高强度步行指标呈现正相关。人行道维护状态维度中，人行道覆盖度（OR=4.806，p<0.001）、人行道维护状态（OR=5.909，p<0.001）、人行道独立性（OR=2.934，p<0.001）变量与老年人能达到高强度步行指标的概率正相关。

基地步行的安全性维度中，人行横道（OR=2.078，p<0.001）、夜间照明（OR=1.895，p<0.001）、街道眼（OR=3.574，p<0.001）变量与高强度步行指标呈现正相关，而步行障碍性（OR=0.314，p<0.001）、交通流量（OR=0.306，p<0.001）、空气质量（OR=0.221，p<0.001）变量与老年人能达到高强度步行指

标的概率负相关（表3-69）。

与中强度步行指标相比，基地步行的偏好度、便利店或杂货店、超市、服装店、药店、餐厅、医院或诊所、教堂、人行道树荫环境、有趣景致、人行道覆盖度、人行道独立性、交通流量、夜间照明变量的优势比增大，说明在不考虑其他因素下，该类自变量发生1个单位的变化，其所引起的高强度步行指标优势比的改变值比中强度步行指标优势比的改变值大，即：该类自变量提升1个单位，其引起老年人能达到高强度步行指标的概率比老年人能达到中强度步行指标的概率大。

而基地步行后的感受、果蔬市场、银行、公园或其他公共空间、学校、用地混合度、道路连接度、人行道维护状态、步行障碍性、人性横道、空气质量、街道眼变量的优势比减小，说明在不考虑其他因素下，该类自变量发生1个单位的变化，其所引起的高强度步行指标优势比的改变值比中强度步行指标优势比的改变值小，即：该类自变量提升1个单位，其引起老年人能达到高强度步行指标的概率比老年人能达到中强度步行指标的概率小。

主观基地环境变量二元逻辑回归表 表3-69

自变量	回归系数 B (Coefficient B)	优势比 (Odds Ratio)	P 值 (P-Value)	优势比 95% 信任区间 (Odds Ratio 95% C.I.)	
				下限	上限
基地步行的偏好度 [1]	1.732	5.652	<0.001	3.732	8.560
基地步行后的感受 [2]	1.889	6.613	<0.001	4.067	10.753
便利店、杂货店 [3]	3.220	25.020	<0.001	12.374	50.588
超市 [3]	1.777	5.911	<0.001	3.114	11.219
果蔬市场 [3]	2.635	13.946	<0.001	6.806	28.578
服装店 [3]	1.975	7.207	<0.001	3.835	13.545
药店 [3]	3.258	26.000	<0.001	12.184	55.485
餐厅 [3]	2.773	16.000	<0.001	7.651	33.458
银行 [3]	2.837	17.067	<0.001	7.706	37.798
公园、其他公共空间 [3]	0.766	2.151	0.036	1.051	4.403
医院、诊所 [3]	3.172	23.847	<0.001	11.556	49.209
教堂 [3]	1.920	6.819	<0.001	3.530	13.172

续表

自变量	回归系数 B（Coefficient B）	优势比（Odds Ratio）	P 值（P-Value）	优势比 95% 信任区间（Odds Ratio95% C.I.）	
				下限	上限
幼儿园、小学、中学、大学[3]	2.621	13.752	<0.001	6.434	29.392
用地混合度[4]	0.582	1.790	<0.001	1.568	2.043
道路连接度[5]	1.212	3.359	<0.001	2.412	4.678
人行道树荫环境[5]	1.249	3.487	<0.001	2.508	4.848
有趣景致[5]	1.308	3.698	<0.001	2.733	5.004
人行道覆盖度[5]	1.570	4.806	<0.001	3.091	7.471
人行道维护状态[5]	1.776	5.909	<0.001	3.787	9.218
人行道独立性[5]	1.076	2.934	<0.001	1.955	4.403
步行障碍性[5]	−1.158	0.314	<0.001	0.230	0.428
交通流量[5]	−1.183	0.306	<0.001	0.226	0.416
人行横道[5]	0.731	2.078	<0.001	1.574	2.743
空气质量[5]	−1.509	0.221	<0.001	0.113	0.435
夜间照明[5]	0.639	1.895	<0.001	1.402	2.562
街道眼[5]	1.274	3.574	<0.001	2.586	4.941

注：[1]自变量采用4分制李克特量表度量：1=非常不喜欢；2=比较不喜欢；3=比较喜欢；4=非常喜欢。

　　[2]自变量采用4分制李克特量表度量：1=比原来差很多；2=比原来差一些；3=比原来好一些；4=比原来好很多。

　　[3]自变量采用二元度量：0=没选择该项；1=选择该项。

　　[4]自变量将所有可感知设施种类加权计算。

　　[5]自变量采用4分制李克特量表度量：1=非常反对；2=比较反对；3=比较赞同；4=非常赞同。

客观基地环境变量中，基地步行的适宜性维度中，总占地面积（$OR=1.032$，$p=0.013$）、商业用地比例（$OR=1.032$，$p<0.001$）、道路交叉口数量（$OR=1.040$，$p=0.013$）变量与老年人能达到高强度步行指标的概率正相关，道路线密度（$OR=0.981$，$p=0.002$）变量与老年人能达到高强度步行指标的概率负相关。

基地步行的安全性维度中，有高速路（$OR=0.205$，$p=0.009$）、快速公路比例（$OR=0.981$，$p<0.001$）变量与老年人能达到高强度步行指标的概率负相关。

基地设施维度中，公交站点数量（$OR=1.079$，$p=0.034$）、便利店数量（$OR=2.028$，$p=0.001$）、超市数量（$OR=1.611$，$p=0.028$）、果蔬市场最短距

离（*OR*=4.084，*p*<0.001）、果蔬市场数量（*OR*=5.412，*p*<0.001）、服装店数量（*OR*=1.074，*p*<0.001）、餐厅最短距离（*OR*=1.268，*p*=0.029）、餐厅数量（*OR*=1.067，*p*<0.001）、银行数量（*OR*=1.172，*p*=0.034）、医院最短距离（*OR*=1.477，*p*=0.002）、教堂最短距离（*OR*=1.358，*p*=0.002）、学校最短距离（*OR*=1.295，*p*=0.009）、学校数量（*OR*=1.156，*p*=0.034）、设施种类（*OR*=1.247，*p*<0.001）、设施数量（*OR*=1.036，*p*<0.001）变量与老年人能达到高强度步行指标的概率正相关，而公园数量（*OR*=0.531，*p*=0.035）变量与老年人能达到高强度步行指标的概率负相关（表3-70）。

与中强度步行指标相比，总占地面积、商业用地比例、道路交叉口数量、公交站点数量、果蔬市场最短距离、果蔬市场数量、餐厅数量、银行数量、医院最短距离、设施种类、设施数量变量的优势比增大，说明在不考虑其他因素下，该类自变量发生1个单位的变化，其所引起的高强度步行指标优势比的改变值比中强度步行指标优势比的改变值大，即：该类自变量提升1个单位，其引起老年人能达到高强度步行指标的概率比老年人能达到中强度步行指标的概率大。

而道路线密度、快速公路比例变量的优势比减小，说明在不考虑其他因素下，该类自变量发生1个单位的变化，其所引起的高强度步行指标优势比的改变值比中强度步行指标优势比的改变值小，即：该类自变量提升1个单位，其引起老年人能达到高强度步行指标的概率比老年人能满足中强度步行指标的概率小。

此外，中强度步行指标模型中没有出现的变量高速路、便利店数量、超市数量、服装店数量、餐厅最短距离、公园数量、教堂最短距离、学校最短距离、学校数量出现高强度步行指标模型中，说明其对因变量有特殊影响。

客观基地环境变量二元逻辑回归表　　　　　　　　　　　表3-70

自变量[1]	回归系数 *B* (Coefficient *B*)	优势比 (Odds Ratio)	*P* 值 (*P*-Value)	优势比 95% 信任区间 (Odds Ratio95% C.I.)	
				下限	上限
总占地面积	0.032	1.032	0.013	1.007	1.059
商业用地比例	0.032	1.032	<0.001	1.016	1.049
有高速路	−1.584	0.205	0.009	0.062	0.675
道路线密度	−0.019	0.981	0.002	0.970	0.993

续表

自变量[1]	回归系数 B (Coefficient B)	优势比 (Odds Ratio)	P 值 (P-Value)	优势比 95% 信任区间 (Odds Ratio 95% C.I.)	
				下限	上限
道路交叉口数量	0.039	1.040	0.013	1.008	1.073
快速公路比例	−0.020	0.981	<0.001	0.970	0.991
公交站点数量	0.076	1.079	0.034	1.006	1.158
便利店数量	0.707	2.028	0.001	1.350	3.046
超市数量	0.477	1.611	0.028	1.053	2.466
果蔬市场最短距离	1.407	4.084	<0.001	2.276	7.329
果蔬市场数量	1.689	5.412	<0.001	2.683	10.916
服装店数量	0.071	1.074	<0.001	1.044	1.104
餐厅最短距离	0.237	1.268	0.029	1.024	1.568
餐厅数量	0.065	1.067	<0.001	1.034	1.102
银行数量	0.159	1.172	0.034	1.012	1.356
公园数量	−0.632	0.531	0.035	0.295	0.957
医院最短距离	0.390	1.477	0.002	1.155	1.887
教堂最短距离	0.306	1.358	0.002	1.118	1.650
学校最短距离	0.258	1.295	0.009	1.066	1.573
学校数量	0.145	1.156	0.034	1.011	1.321
设施种类	0.221	1.247	<0.001	1.105	1.408
设施数量	0.036	1.036	<0.001	1.021	1.051

注：[1]自变量基于ArcGIS软件空间统计400米缓冲区数据。

3.4.4.2 高强度步行与外部环境要素关联度的多因素逻辑回归模型

多因素逻辑回归中，首先生成基础模型，接着将其余变量一对一添加到基础模型中检验其显著性并进行数据筛选（Data Reduction）。最后，将所有显著意义的变量同时导入到基础模型中，生成完整模型。完整模型包含三个：主观环境模型、客观环境模型、主观和客观环境模型。

1. 主观环境模型

在模型 4-1 中,当控制了基础模型中的 5 个个体信息变量,2 个社会环境变量、2 个主观场地环境变量、3 个主观基地环境变量进入最终模型,模型总体具有统计学意义（*Sig.*<0.001）。

基础模型中,若养老设施为自理型养老设施,老年人能达到高强度步行指标的优势比增加了 11.249 倍（*OR*=12.249,*p*<0.001）。性别变量,在二元逻辑回归中具有统计学意义（*OR*=2.944,*p*=0.001）,而多元逻辑回归中控制了其他环境变量后,其统计学意义并不显著（*OR*=1.600,*p*=0.367）。当老年人的年龄增加 1 岁,其能达到高强度步行指标的优势比仅是原来的 80.2%（*OR*=0.802,*p*<0.001）。BMI 指数变量,在二元逻辑回归中具有统计学意义（*OR*=0.625,*p*<0.001）,而多元逻辑回归中控制了其他环境变量后,其统计学意义并不显著（*OR*=0.696,*p*=0.060）。摔倒经历变量,在二元逻辑回归中具有统计学意义（*OR*=0.097,*p*=0.001）,而多元逻辑回归中控制了其他环境变量后,其统计学意义并不显著（*OR*=0.305,*p*=0.166）。

社会环境变量中,机构每周组织的室内体力活动每增加 1 个,老年人能达到高强度步行指标的优势比降低了 42.5%（*OR*=0.575,*p*=0.004）。机构每周组织的室外活动每增加 1 个,老年人能达到高强度步行指标的优势比提升了 29.1%（*OR*=1.291,*p*=0.042）。

主观场地环境变量中,偏好场地内的鸟类或野生动物的老年人,其能达到高强度步行指标的优势比增加了 10.221 倍（*OR*=11.221,*p*<0.001）。老年人对场地步道的满意度增加 1 个单位（区间由"非常不满足"至"非常满足"）,其能达到高强度步行指标的优势比增加了 1.767 倍（*OR*=2.767,*p*=0.006）。

主观基地环境中,感知到公园或其他公共空间在养老设施周边可步行范围内的老年人,其能达到高强度步行指标的优势比增加了 6.514 倍（*OR*=7.514,*p*=0.010）。感知到教堂在基地周边可步行范围内的老年人,其能达到高强度步行指标的优势比增加了 3.038 倍（*OR*=4.038,*p*=0.015）。感知到学校在基地周边可步行范围内的老年人,其能达到高强度步行指标的优势比增加了 6.516 倍（*OR*=7.516,*p*=0.002）。

总体而言,模型 4-1 能解释 65.4% 的变异比,即：65.4% 的数据被模型的自变量解释（*Nagelkerke R*²=0.654）,模型的拟合度良好（Hosmer 和 Lemeshow 检验 *Sig*=0.743）（表 3-71）。

模型4-1

表3-71

自变量	回归系数 B (Coefficient B)	优势比 (Odds Ratio)	P 值 (P-Value)	优势比 95% 信任区间 (Odds Ratio95% C.I.)	
				下限	上限
基础模型					
机构照料模式 [1]	2.505	12.249	<0.001	3.413	43.962
性别 [2]	0.470	1.600	0.367	0.576	4.443
年龄	−0.221	0.802	<0.001	0.708	0.907
BMI 指数	−0.362	0.696	0.060	0.477	1.016
摔倒经历 [3]	−1.187	0.305	0.166	0.057	1.635
社会环境					
室内体力活动	−0.553	0.575	0.004	0.396	0.836
总室外活动	0.255	1.291	0.042	1.009	1.651
主观场地环境					
偏好场地内的鸟类、野生动物 [4]	2.418	11.221	<0.001	3.436	36.644
场地步道的满意度 [5]	1.018	2.767	0.006	1.331	5.753
主观基地环境					
公园、其他公共空间 [4]	2.017	7.514	0.010	1.634	34.540
教堂 [4]	1.396	4.038	0.015	1.314	12.407
幼儿园、小学、中学、大学 [4]	2.017	7.516	0.002	2.118	26.663
模型 $Sig.$	−2 对数似然比	Hosmer 和 Lemeshow 检验 $Sig.$	Cox 和 Snell R^2	Nagelkerke R^2	
<0.001	133.091	0.743	0.337	0.654	

注：[1] 自变量采用二元度量：0=介助型养老设施；1=自理型养老设施。
[2] 自变量采用二元度量：0=女性；1=男性。
[3] 自变量采用二元度量：0=无；1=有。
[4] 自变量采用二元度量：0=没选择该项；1=选择该项。
[5] 自变量采用4分制李克特量表度量：1=非常不满意；2=有些不满意；3=有些满意；4=非常满意。

2. 客观环境模型

在模型 4-2 中，当控制了基础模型中的 5 个个体信息变量，2 个社会环境变量、1 个客观场地环境变量进入最终模型，模型总体具有统计学意义（$Sig.$<0.001）。

　　基础模型中，若养老设施为自理型养老设施，老年人能达到高强度步行指标的优势比增加了 10.199 倍（OR=11.199，$p<0.001$）。性别变量，在二元逻辑回归中具有统计学意义（OR=2.944，p=0.001），而多元逻辑回归中控制了其他环境变量后，其统计学意义并不显著（OR=1.771，p=0.172）。当老年人的年龄增加 1 岁，其能达到高强度步行指标的优势比仅是原来的 76.1%（OR=0.761，$p<0.001$）。当老年人 BMI 指数每增加 1，其能达到高强度步行指标的优势比仅是原来的 65.9%（OR=0.659，p=0.007）。若老年人在过去有严重的摔倒经历，其能达到高强度步行指标的优势比仅是原来的 18.1%（OR=0.181，p=0.028）。

　　社会环境变量中，机构每周组织的室内体力活动每增加 1 个，老年人能达到高强度步行指标的优势比降低了 28.1%（OR=0.719，p=0.020）。机构每周组织的室外活动每增加 1 个，老年人能达到高强度步行指标的优势比提升了 31.3%（OR=1.313，p=0.003）。

　　客观场地环境变量中，环状步行道路的客观感知度每增加 1（区间 0 ~ 10），其能达到高强度步行指标的优势比增加了 22.5%（OR=1.225，p=0.036）。

　　总体而言，模型 4-2 能解释 47.4% 的变异比，即：47.4% 的数据被模型的自变量解释（$Nagelkerke\ R^2$=0.474），模型的拟合度一般（Hosmer 和 Lemeshow 检验 Sig=0.397）（表 3-72）。

		模型4-2			表3-72
自变量	回归系数 B（Coefficient B）	优势比（Odds Ratio）	P 值（P-Value）	优势比 95% 信任区间（Odds Ratio95% C.I.）	
				下限	上限
基础模型					
机构照料模式 [1]	2.416	11.199	<0.001	3.641	34.444
性别 [2]	0.571	1.771	0.172	0.780	4.019
年龄	− 0.273	0.761	<0.001	0.688	0.841
BMI 指数	− 0.417	0.659	0.007	0.487	0.892
摔倒经历 [3]	− 1.712	0.181	0.028	0.039	0.833
社会环境					
室内体力活动	− 0.330	0.719	0.020	0.544	0.950
总室外活动	0.273	1.313	0.003	1.097	1.572

续表

自变量	回归系数 B (Coefficient B)	优势比 (Odds Ratio)	P 值 (P-Value)	优势比 95% 信任区间 (Odds Ratio95% C.I.)	
				下限	上限
客观场地环境					
环状道路[4]	0.203	1.225	0.036	1.014	1.479
模型 Sig.	−2 对数似然比	Hosmer 和 Lemeshow 检验 Sig.	Cox 和 Snell R²	Nagelkerke R²	
<0.001	188.853	0.397	0.244	0.474	

注：[1]自变量采用二元度量：0=介助型养老设施；1=自理型养老设施。

[2]自变量采用二元度量：0=女性；1=男性。

[3]自变量采用二元度量：0=无；1=有。

[4]自变量采用10分制李克特量表度量：0=不存在该项环境；1=完全不满足老年人使用；10=完全满足老年人使用。

3. 主观和客观环境模型

在模型 4-3 中，当控制了基础模型中的 5 个个体信息变量，1 个社会环境变量、2 个主观场地环境变量、1 个客观场地环境变量、3 个主观基地环境变量、1 个客观基地环境变量进入最终模型，模型总体具有统计学意义（Sig.<0.001）。

基础模型中，若养老设施为自理型养老设施，老年人能达到高强度步行指标的优势比增加了 13.726 倍（OR=14.726，p<0.001）。性别因素，在二元逻辑回归中具有统计学意义（OR=2.642，p<0.001），而在多元逻辑回归中，当控制了其他环境变量后，其统计学意义略下降（OR=1.730，p=0.322）。当老年人的年龄增加 1 岁，其能达到高强度步行指标的优势比仅是原来的 76.7%（OR=0.767，p<0.001）。当老年人 BMI 指数每增加 1，其能达到高强度步行指标的优势比仅是原来的 63.1%（OR=0.631，p=0.032）。摔倒经历变量，在二元逻辑回归中具有统计学意义（OR=0.097，p=0.001），而在多元逻辑回归中，当控制了其他环境变量后，其统计学意义略下降（OR=0.452，p=0.373）。

社会环境变量中，室内体力活动变量在二元逻辑回归中具有统计学意义（OR=0.694，p=0.001），而在多元逻辑回归中，当控制了其他环境变量后，其统计学意义略下降（OR=0.782，p=0.233）。总室外活动变量在模型 4-3 中已不再具备统计学意义，说明该变量的数据已被其他解释力更强的变量解释，故排除。

主观场地环境变量中，偏好场地内的鸟类或野生动物的老年人，其能达到高强度步行指标的优势比增加了 15.561 倍（OR=16.561，p<0.001）。老年人对场地步道的满意度增加 1 个单位（区间由"非常不满足"至"非常满足"），其能达到高强度步行指标的优势比增加了 1.248 倍（OR=2.248，p=0.049）。

客观场地环境变量中，环状步行道路的客观感知度每增加 1（区间 0 ~ 10），其能达到高强度步行指标的优势比增加了 45.4%（OR=1.454，p=0.012）。

主观基地环境中，感知到公园或其他公共空间在养老设施周边可步行范围内的老年人，其能达到高强度步行指标的优势比增加了 15.098 倍（OR=16.098，p=0.004）。感知到教堂在基地周边可步行范围内的老年人，其能达到高强度步行指标的优势比增加了 10.153 倍（OR=11.153，p<0.001）。感知到学校在基地周边可步行范围内的老年人，其能达到高强度步行指标的优势比增加了 3.878 倍（OR=4.878，p=0.021）。

客观基地环境中，基地周边的公交站点每增加 1 座，养老设施老年人能达到高强度步行指标的优势比提升了 20.6%（OR=1.206，p=0.011）。该变量本没有出现在模型 4-2 中，而当控制了主观环境变量且删除了社会环境中的总室外活动变量后，该变量具有统计学意义并增强了总体模型的解释度（Nagelkerke R^2）。

总体而言，模型 4-3 能解释 68.2% 的变异比，即 68.2% 的数据被模型的自变量解释（Nagelkerke R^2=0.682），模型的拟合度较好（Hosmer 和 Lemeshow 检验 Sig=0.912）（表 3-73）。

		模型4-3			表3-73
自变量	回归系数 B (Coefficient B)	优势比 (Odds Ratio)	P 值 (P-Value)	优势比 95% 信任区间 (Odds Ratio95% C.I.)	
				下限	上限
基础模型					
机构照料模式 [1]	2.690	14.726	<0.001	3.399	63.806
性别 [2]	0.548	1.730	0.322	0.584	5.126
年龄	−0.266	0.767	<0.001	0.669	0.879
BMI 指数	−0.461	0.631	0.032	0.414	0.961
摔倒经历 [3]	−0.794	0.452	0.373	0.079	2.592
社会环境					
室内体力活动	−0.245	0.782	0.233	0.523	1.171

续表

自变量	回归系数 B (Coefficient B)	优势比 (Odds Ratio)	P 值 (P-Value)	优势比 95% 信任区间 (Odds Ratio95% C.I.)	
				下限	上限
主观场地环境					
偏好场地内的鸟类、野生动物 [4]	2.807	16.561	<0.001	4.359	62.915
场地步道的满意度 [5]	0.810	2.248	0.049	1.005	5.031
客观场地环境					
环状道路 [6]	0.374	1.454	0.012	1.087	1.944
主观基地环境					
公园、其他公共空间 [7]	2.779	16.098	0.004	2.447	105.920
教堂 [7]	2.412	11.153	<0.001	2.919	42.612
幼儿园、小学、中学、大学 [7]	1.585	4.878	0.021	1.268	18.766
客观基地环境					
公交站点数量 [8]	0.187	1.206	0.011	1.044	1.392
模型 Sig.	−2 对数似然比	Hosmer 和 Lemeshow 检验 Sig.	Cox 和 Snell R^2	Nagelkerke R^2	
<0.001	123.971	0.912	0.351	0.682	

注：[1]自变量采用二元度量：0=介助型养老设施；1=自理型养老设施。
[2]自变量采用二元度量：0=女性；1=男性。
[3]自变量采用二元度量：0=无；1=有。
[4]自变量采用二元度量：0=没有选择该项；1=选择该项。
[5]自变量采用4分制李克特量表度量：1=非常不满足；2=有些不满足；3=有些满足；4=非常满足。
[6]自变量采用10分制李克特量表度量：0=不存在该项环境；1=完全不满足老年人使用；10=完全满足老年人使用。
[7]自变量采用二元度量：0=没有选择该项；1=选择该项。
[8]自变量基于ArcGIS软件空间统计400米缓冲区数据。

3.4.4.3　高强度步行与外部环境要素关联度模型的比较和筛选

模型检验中，卡方检验比较模型 4-3、4-2、4-1 的 -2 对数似然比进而选择具有更高解释度的模型，模型间的 -2 对数似然比之差等于模型间的卡方差异，且其差值服从卡方分布。由表 3-74 看出，模型 4-3 的卡方值比模型 4-1 提升了 9.175（df=2，Sig.=0.010），卡方差异值具有统计学意义。模型 4-3 的卡方值比模型 4-2 提升了 63.937（df=6，Sig.<0.001），卡方差异值具有统计学意义。由此说明,模型 4-3 比模型 4-1 和模型 4-2 的解释度都高，因此，主观和客观模型是最精确的统计模型（图 3-5）。

模型4-3、模型4-2、模型4-1比较表		表3-74
	模型 4-3VS 模型 4-1	模型 4-3VS 模型 4-2
卡方提升值 x^2	9.175	64.937
自由度（df）	2	6
$Sig.$	0.010	<0.001

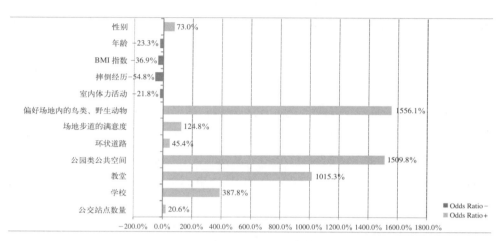

图 3-5 模型 4-3 各变量优势比增减分析图

将模型 4-3 与模型 1-3 比较，偏好场地内的鸟类或野生动物、感知到基地附近的公园或其他公共空间变量都存在于两模型中，说明该类变量稳定性较高。

此外，模型 1-3 中没有出现的变量：室内活动数量、场地步道的满意度、环状道路的客观感知、基地周边教堂、学校的主观感知出现本模型中，说明其对高强度步行指标有特殊影响。

3.4.5 低强度接触自然类活动或步行活动与外部环境的关联度模型

低强度接触自然类活动或步行活动与外部环境的关联度模型重在分析不同户外活动的环境联系性和差异性。因此，本模型排除了不进行任何户外活动的老年人（58 人），分析剩余的参加户外活动的老年人（367 人）中，仅仅进行场地休憩活动和其余人群（包括了只在场地步行、只在基地步行、既在场地步行又在基地步行、在场地休憩并在基地步行）的活动转换关系，二元划分因变量，即：0 为仅在场地休憩活动，1 为任何户外步行活动。

3.4.5.1 低强度接触自然类活动向步行活动演变的外部环境要素关联度单因素分析

单因素逻辑回归通过一对一检验（One by One Test）建立自变量和因变量的二元逻辑回归模型。

1. 个体信息变量

性别（*OR*=2.046，*p*=0.004）、优良场地景观自选择因素（*OR*=2.563，*p*<0.001）、多样化基地设施自选择因素（*OR*=2.546，*p*<0.001）、养狗（*OR*=6.044，*p*=0.005）、成长环境（*OR*=2.787，*p*<0.001）、整体健康自评价（*OR*=2.313，*p*<0.001）、活动量群体比较（*OR*=15.391，*p*<0.001）变量与老年人进行任何形式户外步行活动的概率正相关。

价位（*OR*=0.999，*p*=0.001）、年龄（*OR*=0.889，*p*<0.001）、BMI 指数（*OR*=0.614，*p*<0.001）、居住时间（*OR*=0.959，*p*<0.001）、价位自选择因素（*OR*=0.482，*p*=0.001）、需要的日常生活照料（*OR*=0.195，*p*<0.001）、活动辅助设施（*OR*=0.298，*p*<0.001）、摔倒经历（*OR*=0.201，*p*<0.001）变量与老年人仅在场地休憩活动的概率正相关（表 3-75）。

个体信息变量二元逻辑回归表 表3-75

自变量	回归系数 *B*（Coefficient *B*）	优势比（Odds Ratio）	*P* 值（*P*-Value）	优势比 95% 信任区间（Odds Ratio95% C.I.）	
				下限	上限
价位	−0.001	0.999	0.001	0.999	1.000
性别[1]	0.716	2.046	0.004	1.262	3.316
年龄	−0.117	0.889	<0.001	0.850	0.930
BMI 指数	−0.489	0.614	<0.001	0.516	0.730
居住时间	−0.041	0.959	<0.001	0.945	0.974
自选择因素：价位[2]	−0.729	0.482	0.001	0.311	0.747
自选择因素：优良场地景观[2]	0.941	2.563	<0.001	1.580	4.159
自选择因素：多样化基地设施[2]	0.934	2.546	<0.001	1.638	3.955
养狗[3]	1.799	6.044	0.005	1.719	21.253

续表

自变量	回归系数 B (Coefficient B)	优势比 (Odds Ratio)	P 值 (P-Value)	优势比 95% 信任区间 (Odds Ratio95% C.I.)	
				下限	上限
成长环境 [4]	1.025	2.787	<0.001	1.816	4.276
整体健康自评价 [5]	0.839	2.313	<0.001	1.682	3.180
需要的日常生活照料 [6]	−1.634	0.195	<0.001	0.096	0.398
活动辅助设施 [7]	−1.209	0.298	<0.001	0.233	0.382
摔倒经历 [8]	−1.604	0.201	<0.001	0.114	0.355
活动量群体比较 [9]	1.685	5.391	<0.001	3.774	7.700

注：[1] 自变量采用二元度量：0=女性；1=男性。

[2] 自变量采用二元度量：0=没选择该项；1=选择该项。

[3] 自变量采用二元度量：0=未养狗；1=养狗。

[4] 自变量采用二元度量：0=农村、小镇、郊区；1=城市。

[5] 自变量采用3分制度量：1=不好；2=一般；3=好。

[6] 自变量采用4分制度量：0=无；1=洗浴；2=穿衣；3=吃饭。

[7] 自变量采用4分制度量：0=无；1=手杖；2=步行器、带座椅步行器手杖；3=轮椅、电动轮椅。

[8] 自变量采用二元度量：0=无；1=有。

[9] 自变量采用3分制度量：1=比别人少；2=平均水平；3=比别人多。

2. 社会环境变量

社会环境变量中，医生建议（OR=20.470，$p<0.001$）、机构对老年人基地活动的态度（OR=1.341，p=0.039）、机构对于老年人基地活动的开放政策（OR=1.608，p=0.019）变量与老年人进行任何形式户外步行活动的概率正相关。

机构活动日志中，公共交通远行活动（OR=1.156，p=0.032）、总室外活动数（OR=1.126，p=0.017）、总室外对活动比例（OR=1.058，p=0.004）变量与老年人进行任何形式户外步行活动的概率正相关（表 3-76）。

3. 场地环境变量

主观场地环境变量中，对活动场地的偏好度（OR=2.013，$p<0.001$）、场地活动后的感受（OR=7.060，$p<0.001$）、偏好场地内的鸟类或野生动物（OR=1.752，p=0.008）、场地景观的满意度（OR=1.768，$p<0.001$）、场地步道的满意度（OR=2.423，$p<0.001$）、室内外空间的可达性（OR=3.096，$p<0.001$）、室外环境的通透性（OR=1.660，$p<0.001$）变量与老年人进行任何形式户外步行活动的概率正相关（表 3-77）。

社会环境变量二元逻辑回归表　　　　　表3-76

自变量	回归系数 B (Coefficient B)	优势比 (Odds Ratio)	P 值 (P-Value)	优势比 95% 信任区间 (Odds Ratio95% C.I.)	
				下限	上限
医生建议[1]	3.019	20.470	<0.001	9.496	44.128
机构对老年人基地活动的态度[2]	0.293	1.341	0.039	1.015	1.772
机构对老年人基地活动的开放政策[3]	0.475	1.608	0.019	1.080	2.393
公共交通远行活动	0.145	1.156	0.032	1.013	1.320
总室外活动	0.118	1.126	0.017	1.021	1.241
总室外活动比例	0.056	1.058	0.004	1.018	1.099

注：[1]自变量采用二元度量：0=没被建议过；1=被建议过。
[2]自变量采用4分制李克特量表度量：1=非常不好；2=比较不好；3=比较好；4=非常好。
[3]自变量采用3分制度量：0=不能；1=能，但需申请并我们依据相关规定审核通过；2=能，他们可以自由外出；3=能，我们鼓励他们到基地活动。

主观场地环境变量二元逻辑回归表　　　　　表3-77

自变量	回归系数 B (Coefficient B)	优势比 (Odds Ratio)	P 值 (P-Value)	优势比 95% 信任区间 (Odds Ratio95% C.I.)	
				下限	上限
对活动场地的偏好度[1]	0.700	2.013	<0.001	1.429	2.836
场地活动后的感受[2]	1.954	7.060	<0.001	3.133	15.909
偏好场地内的鸟类、野生动物[3]	0.561	1.752	0.008	1.158	2.650
场地景观的满意度[4]	0.570	1.768	<0.001	1.326	2.358
场地步道的满意度[5]	0.885	2.423	<0.001	1.921	3.058
室内外空间的可达性[6]	1.130	3.096	<0.001	2.218	4.320
室外环境的通透性[7]	0.507	1.660	<0.001	1.257	2.192

注：[1]自变量采用4分制李克特量表度量：1=非常不喜欢；2=比较不喜欢；3=比较喜欢；4=非常喜欢。
[2]自变量采用4分制李克特量表度量：1=比原来差很多；2=比原来差一些；3=比原来好一些；4=比原来好很多。
[3]自变量采用二元度量：0=没选择该项；1=选择该项。
[4]自变量采用3分制度量：1=多添加些；2=稍添加些；3=足够了。
[5]自变量采用4分制李克特量表度量：1=非常不满足；2=有些不满足；3=有些满足；4=非常满足。
[6]自变量采用3分制李克特量表度量：1=不容易；2=还行；3=容易。
[7]自变量采用3分制李克特量表度量：1=从不；2=偶尔；3=经常。

客观场地环境变量中，户外大门的拉力（OR=1.097，p=0.002）、自动门（OR=1.064，p=0.036）、与行人交流（OR=1.068，p=0.040）、周边的人群活动（OR=1.073，p=0.024）变量与老年人进行任何形式户外步行活动的概率正相关。

大量旺盛植被（OR=0.818，p=0.013）、植被种类多样（OR=0.875，p=0.037）、植被色彩的多样性（OR=0.899，p=0.045）、植被的可亲近性（OR=0.880，p=0.011）、座椅样式丰富（OR=0.885，p=0.048）、座椅可随意移动（OR=0.874，p=0.005）、座椅稳固性（OR=0.793，p=0.014）、有靠背和扶手（OR=0.710，p=0.003）、道路平整无裂缝（OR=0.666，p=0.039）、儿童娱乐设施（OR=0.934，p=0.033）、室外到室内的过渡区域（OR=0.756，p=0.001）变量与老年人仅在场地休憩活动的概率正相关（表3-78）。

客观场地环境变量二元逻辑回归表　　　　　　表3-78

自变量[1]	回归系数 B (Coefficient B)	优势比 (Odds Ratio)	P 值 (P-Value)	优势比 95% 信任区间 (Odds Ratio95% C.I.)	
				下限	上限
户外大门的拉力	0.093	1.097	0.003	1.033	1.166
大量旺盛植被	−0.200	0.818	0.013	0.699	0.958
植被种类多样	−0.133	0.875	0.037	0.772	0.992
植被色彩的多样性	−0.106	0.899	0.045	0.810	0.998
植物的可亲近性	−0.128	0.880	0.011	0.797	0.972
座椅样式丰富	−0.122	0.885	0.048	0.784	0.999
座椅可随意移动	−0.135	0.874	0.005	0.796	0.959
座椅稳固性	−0.232	0.793	0.014	0.658	0.954
有靠背和扶手	−0.343	0.710	0.003	0.566	0.890
道路平整无裂缝	0.407	0.666	0.039	0.452	0.980
儿童娱乐设施	−0.068	0.934	0.033	0.878	0.994
室外到室内的过渡区域	−0.280	0.756	0.001	0.642	0.889
自动门	0.062	1.064	0.036	1.004	1.128
与行人交流	0.065	1.068	0.040	1.003	1.136
周边的人群活动	0.071	1.073	0.024	1.010	1.141

注：[1]自变量采用10分制李克特量表度量：0=不存在该项环境；1=完全不满足老年人使用；10=完全满足老年人使用。

4. 基地环境变量

主观基地环境变量中，对基地步行的偏好度（$OR=4.377$，$p<0.001$）、基地步行后的感受（$OR=9.427$，$p<0.001$）变量与老年人进行任何形式户外步行活动的概率正相关。

基地设施维度中，感知到超市（$OR=6.518$，$p<0.001$）、服装店（$OR=5.251$，$p<0.001$）、餐厅（$OR=4.669$，$p<0.001$）、公园或其他公共空间（$OR=4.845$，$p<0.001$）、教堂（$OR=4.253$，$p<0.001$）、用地混合度（$OR=2.162$，$p<0.001$）变量与老年人进行任何形式户外步行活动的概率正相关。

步行的适宜性维度中，道路连接度（$OR=3.233$，$p<0.001$）、人行道树荫环境（$OR=2.526$，$p<0.001$）、有趣景致（$OR=4.457$，$p<0.001$）变量与老年人进行任何形式户外步行活动的概率正相关。

人行道维护状态维度中，人行道覆盖度（$OR=2.310$，$p<0.001$）、人行道维护状态（$OR=3.705$，$p<0.001$）、人行道独立性（$OR=2.099$，$p<0.001$）变量与老年人进行任何形式户外步行活动的概率正相关。

基地步行的安全性维度中，人行横道（$OR=2.352$，$p<0.001$）、夜间照明（$OR=2.681$，$p<0.001$）、街道眼（$OR=4.560$，$p<0.001$）变量与老年人进行任何形式户外步行活动的概率正相关。而步行障碍性（$OR=0.319$，$p<0.001$）、交通流量（$OR=0.169$，$p<0.001$）、空气质量（$OR=0.426$，$p<0.001$）变量与老年人仅在场地休憩活动的概率正相关（表3-79）。

主观基地环境变量二元逻辑回归表　　　　　　　　　表3-79

自变量	回归系数 B （Coefficient B）	优势比 （Odds Ratio）	P 值 （P-Value）	优势比 95% 信任区间 （Odds Ratio95% C.I.）	
				下限	上限
对基地步行的偏好度 [1]	1.476	4.377	<0.001	3.191	6.003
基地步行后的感受 [2]	2.244	9.427	<0.001	5.991	14.834
超市 [3]	1.875	6.518	<0.001	3.340	12.718
服装店 [3]	1.658	5.251	<0.001	2.913	9.467
餐厅 [3]	1.541	4.669	<0.001	2.882	7.563
公园、其他公共空间 [3]	1.578	4.845	<0.001	2.246	10.455

续表

自变量	回归系数 B (Coefficient B)	优势比 (Odds Ratio)	P 值 (P-Value)	优势比 95% 信任区间 (Odds Ratio95% C.I.)	
				下限	上限
教堂 [3]	1.448	4.253	<0.001	2.234	8.097
用地混合度 [4]	0.771	2.162	<0.001	1.777	2.630
道路连接度 [5]	1.173	3.233	<0.001	2.402	4.349
人行道树荫环境 [5]	0.927	2.526	<0.001	2.010	3.175
有趣景致 [5]	1.494	4.457	<0.001	3.178	6.249
人行道覆盖度 [5]	0.837	2.310	<0.001	1.863	2.863
人行道维护状态 [5]	1.310	3.705	<0.001	2.785	4.929
人行道独立性 [5]	0.742	2.099	<0.001	1.681	2.622
步行障碍性 [5]	−1.142	0.319	<0.001	0.246	0.415
交通流量 [5]	−1.775	0.169	<0.001	0.115	0.249
人行横道 [5]	0.855	2.352	<0.001	1.798	3.077
空气质量 [5]	−0.853	0.426	<0.001	0.315	0.578
夜间照明 [5]	0.986	2.681	<0.001	1.962	3.663
街道眼 [5]	1.517	4.560	<0.001	3.218	6.462

注：[1] 自变量采用4分制李克特量表度量：1=非常不喜欢；2=比较不喜欢；3=比较喜欢；4=非常喜欢。
[2] 自变量采用4分制李克特量表度量：1=比原来差很多；2=比原来差一些；3=比原来好一些；4=比原来好很多。
[3] 自变量采用二元度量：0=没选择该项；1=选择该项。
[4] 自变量将所有可感知设施种类加权计算。
[5] 自变量采用4分制李克特量表度量：1=非常反对；2=比较反对；3=比较赞同；4=非常赞同。

客观基地环境变量中，基地步行的适宜性维度中，总占地面积（$OR=1.056$，$p<0.001$）、商业用地比例（$OR=1.016$，$p=0.002$）、交通交叉口数量（$OR=1.031$，$p=0.005$）变量与老年人进行任何形式户外步行活动的概率正相关。

基地步行的安全性维度中，快速公路比例（$OR=0.987$，$p=0.001$）变量与老年人仅在场地休憩活动的概率正相关。

基地设施维度中，公交站点数量（$OR=1.129$，$p<0.001$）、便利店数量（$OR=1.399$，$p=0.020$）、超市最短距离（$OR=2.044$，$p<0.001$）、超市数量（$OR=2.822$，$p<0.001$）、果蔬市场最短距离（$OR=2.441$，$p=0.002$）、果蔬市场

数量（*OR*=2.918，*p*<0.001）、服装店最短距离（*OR*=1.301，*p*=0.001）、服装店数量（*OR*=1.049，*p*<0.001）、餐厅数量（*OR*=1.053，*p*<0.001）、银行最短距离（*OR*=1.255，*p*=0.004）、银行数量（*OR*=1.169，*p*=0.006）、教堂最短距离（*OR*=1.138，*p*=0.034）、学校最短距离（*OR*=1.160，*p*=0.017）、设施种类（*OR*=1.144，*p*<0.001）、设施数量（*OR*=1.025，*p*<0.001）变量与老年人进行任何形式户外步行活动的概率正相关（表3-80）。

主观基地环境变量二元逻辑回归表　　　　　　　　表3-80

自变量 [1]	回归系数 B (Coefficient B)	优势比 (Odds Ratio)	P 值 (P-Value)	优势比 95% 信任区间 (Odds Ratio95% C.I.)	
				下限	上限
总占地面积	0.055	1.056	<0.001	1.029	1.084
商业用地比例	0.016	1.016	0.002	1.006	1.026
道路交叉口数量	0.031	1.031	0.005	1.010	1.054
快速公路比例	−0.013	0.987	0.001	0.979	0.994
公交站点数量	0.122	1.129	<0.001	1.069	1.193
便利店数量	0.336	1.399	0.020	1.055	1.855
超市最短距离	0.715	2.044	<0.001	1.436	2.908
超市数量	1.038	2.822	<0.001	1.771	4.499
果蔬市场最短距离	0.892	2.441	0.002	1.402	4.251
果蔬市场数量	1.071	2.918	0.002	1.500	5.677
服装店最短距离	0.263	1.301	0.001	1.109	1.526
服装店数量	0.048	1.049	<0.001	1.023	1.075
餐厅数量	0.052	1.053	<0.001	1.027	1.079
银行最短距离	0.227	1.255	0.004	1.077	1.463
银行数量	0.156	1.169	0.006	1.046	1.307
教堂最短距离	0.130	1.138	0.034	1.010	1.283
学校最短距离	0.148	1.160	0.017	1.027	1.309
设施种类	0.135	1.144	<0.001	1.063	1.231
设施数量	0.025	1.025	<0.001	1.014	1.037

注：[1]自变量基于ArcGIS软件空间统计400米缓冲区数据。

3.4.5.2 低强度接触自然类活动向步行活动演变的外部环境要素关联度多因素逻辑回归模型

多元逻辑回归中，首先生成基础模型，接着将其余变量一对一添加到基础模型中检验其显著性并进行数据筛选（Data Reduction）。最后，将所有显著意义的变量同时导入到基础模型中，生成完整模型。完整模型包含三个：主观环境模型、客观环境模型、主观和客观环境模型。

1. 主观环境模型

在模型 5-1 中，当控制了基础模型中的 3 个个体信息变量，1 个社会环境变量、1 个主观场地环境变量、4 个主观基地环境变量进入最终模型，模型总体具有统计学意义（$Sig.<0.001$）。

基础模型中，当老年人的年龄增加 1 岁，其进行任何形式的户外步行活动的优势比下降了 7.5%（$OR=0.925$，$p=0.007$），即：老年人仅在场地休憩活动的优势比上升 8.1%（$OR=1.081$）。当老年人 BMI 指数每增加 1，其进行任何形式的户外步行活动的优势比下降了 29.4%（$OR=0.706$，$p=0.005$），即：老年人仅在场地休憩活动的优势比上升 41.6%（$OR=1.416$）。居住时间变量，在二元逻辑回归中具有统计学意义（$OR=0.959$，$p<0.001$），而多元逻辑回归中控制了其他环境变量后，其统计学意义并不显著（$OR=0.984$，$p=0.088$）。

社会环境变量中，若老年人被医生建议过外出步行活动有益健康，其进行任何形式的户外步行活动的优势比是原来的 8.007 倍（$OR=9.007$，$p<0.001$）。

主观场地环境变量中，老年人场地活动后的感受（在场地活动后，你感觉怎么样？）每增加 1 个单位（区间由"比原来差很多"至"比原来好很多"），其进行任何形式的户外步行活动的优势比是原来的 2.684 倍（$OR=3.684$，$p=0.011$）。

主观基地环境中，老年人对基地步行的偏好度（你喜欢到基地周边步行活动吗？）每增加 1 个单位（区间由"非常不喜欢"至"非常喜欢"），其进行任何形式的户外步行活动的优势比是原来的 1.350 倍（$OR=2.350$，$p<0.001$）。餐厅感知变量在二元逻辑回归中具有统计学意义（$OR=4.669$，$p<0.001$），而多元逻辑回归中控制了其他环境变量后，其统计学意义并不显著（$OR=1.986$，$p=0.058$）。感知到公园或其他公共空间在养老设施周边可步行范围内的老年人，其进行任何形式的户外步行活动的优势比增加了 2.599 倍（$OR=3.599$，$p=0.039$）。老年人对道路连接度（基地周围道路的交叉口间相距在 91.4 米之内）的感知评价每增加 1 个单位（区间由"非常不满足"至"非常满足"），其进行任何形式的户外步行活动

的优势比增加了 56.3% （*OR*=1.563，*p*=0.023）。

总体而言，模型 5-1 能解释 60.0% 的变异比，即：60.0% 的数据被模型的自变量解释（*Nagelkerke* R^2=0.600），模型的拟合度优秀（Hosmer 和 Lemeshow 检验 *Sig*=0.961）（表 3-81）。

模型 5-1

表3-81

自变量	回归系数 B（Coefficient B）	优势比（Odds Ratio）	P 值（P-Value）	优势比 95% 信任区间（Odds Ratio95% C.I.）	
				下限	上限
基础模型					
年龄	−0.078	0.925	0.007	0.874	0.978
BMI 指数	−0.348	0.706	0.005	0.553	0.902
居住时间	−0.016	0.984	0.088	0.966	1.002
社会环境					
医生建议 [1]	2.198	9.007	<0.001	3.676	22.070
主观场地环境					
场地活动后的感受 [2]	1.304	3.684	0.011	1.354	10.018
主观基地环境					
对基地步行的偏好度 [3]	0.855	2.350	<0.001	1.539	3.588
餐厅 [4]	0.686	1.986	0.058	0.976	4.040
公园、其他公共空间 [4]	1.281	3.599	0.039	1.068	12.131
道路连接度 [5]	0.447	1.563	0.023	1.063	2.299
模型 Sig.	−2 对数似然比	Hosmer 和 Lemeshow 检验 Sig.	Cox 和 Snell R^2	Nagelkerke R^2	
<0.001	288.350	0.961	0.450	0.600	

注：[1] 自变量采用二元度量：0=没被建议过；1=被建议过。
[2] 自变量采用4分制李克特量表度量：1=比原来差很多；2=比原来差一些；3=比原来好一些；4=比原来好很多。
[3] 自变量采用4分制李克特量表度量：1=非常不喜欢；2=比较不喜欢；3=比较喜欢；4=非常喜欢。
[4] 自变量采用二元度量：0=没选择该项；1=选择该项。
[5] 自变量采用4分制李克特量表度量：1=非常反对；2=比较反对；3=比较赞同；4=非常赞同。

2. 客观环境模型

在模型 5-2 中，当控制了基础模型中的 3 个个体信息变量，1 个社会环境变量、2 个客观场地环境变量、1 个客观基地环境变量进入最终模型，模型总体具有统计学意义（*Sig.*<0.001）。

基础模型中，当老年人的年龄增加 1 岁，其进行任何形式的户外步行活动的优势比下降了 8.1%（*OR*=0.919，*p*=0.003），即：老年人仅在场地休憩活动的优势比上升 8.8%（*OR*=1.088）。当老年人 BMI 指数每增加 1，其进行任何形式的户外步行活动的优势比下降了 43.0%（*OR*=0.570，*p*<0.001），即：老年人仅在场地休憩活动的优势比上升 75.4%（*OR*=1.754）。居住时间变量，当老年人在养老设施每住 1 个月，其进行任何形式的户外步行活动的优势比下降了 3.8%（*OR*=0.962，*p*<0.001），即：老年人仅在场地休憩活动的优势比上升 4.0%（*OR*=1.040）。

社会环境变量中，若老年人被医生建议过外出步行活动有益健康，其进行任何形式的户外步行活动的优势比是原来的 14.258 倍（*OR*=15.258，*p*<0.001）。

客观场地环境变量中，座椅可随意移动的客观感知度每增加 1（区间 0 ~ 10），其进行任何形式的户外步行活动的优势比下降了 27.5%（*OR*=0.725，*p*<0.001），即：老年人仅在场地休憩活动的优势比上升 37.9%（*OR*=1.379）。室外到室内的过渡区域的客观感知度每增加 1（区间 0 ~ 10），其进行任何形式的户外步行活动的优势比下降了 19.5%（*OR*=0.805，*p*=0.043），即：老年人仅在场地休憩活动的优势比上升 24.2%（*OR*=1.242）。

客观基地环境变量中，商业用地比例每增加 1%，其进行任何形式的户外步行活动的优势比下降了 2.9%（*OR*=1.029，*p*<0.001）。

总体而言，模型 5-2 能解释 52.9% 的变异比，即：52.9% 的数据被模型的自变量解释（*Nagelkerke R*^{2}=0.529），模型的拟合度良好（Hosmer 和 Lemeshow 检验 *Sig*=0.519）（表 3-82）。

模型5-2   表3-82

自变量	回归系数 B (Coefficient B)	优势比 (Odds Ratio)	P 值 (P-Value)	优势比 95% 信任区间 (Odds Ratio 95% C.I.)	
				下限	上限
基础模型					
年龄	−0.085	0.919	0.003	0.870	0.971
BMI 指数	−0.563	0.570	<0.001	0.453	0.716
居住时间	−0.038	0.962	<0.001	0.943	0.982

续表

自变量	回归系数 B (Coefficient B)	优势比 (Odds Ratio)	P 值 (P-Value)	优势比 95% 信任区间 (Odds Ratio95% C.I.)	
				下限	上限
社会环境					
医生建议 [1]	2.725	15.258	<0.001	6.496	35.839
客观场地环境					
座椅可随意移动 [2]	−0.321	0.725	<0.001	0.627	0.839
室外到室内的过渡区域 [2]	−0.217	0.805	0.043	0.652	0.994
客观基地环境					
商业用地比例 [3]	0.029	1.029	<0.001	1.015	1.044
模型 $Sig.$	−2 对数似然比	Hosmer 和 Lemeshow 检验 $Sig.$	Cox 和 $Snell$ R^2	$Nagelkerke\ R^2$	
<0.001	322.541	0.519	0.396	0.529	

注：[1]自变量采用二元度量：0=没被建议过；1=被建议过。
　　[2]自变量采用10分制李克特量表度量：0=不存在该项环境；1=完全不满足老年人使用；10=完全满足老年人使用。
　　[3]自变量基于ArcGIS软件空间统计400米缓冲区数据。

3. 主观和客观环境模型

在模型 5-3 中，当控制了基础模型中的 3 个个体信息变量，1 个社会环境变量、1 个主观场地环境变量、2 个客观场地环境变量、3 个主观基地环境变量进入最终模型，模型总体具有统计学意义（$Sig.<0.001$）。

基础模型中，当老年人的年龄增加 1 岁，其进行任何形式的户外步行活动的优势比下降了 7.6%（$OR=0.924$，$p=0.007$），即：老年人仅在场地休憩活动的优势比上升 8.2%（$OR=1.082$）。当老年人 BMI 指数每增加 1，其进行任何形式的户外步行活动的优势比下降了 33.4%（$OR=0.666$，$p=0.002$），即：老年人仅在场地休憩活动的优势比上升 50.2%（$OR=1.502$）。居住时间变量，当老年人在养老设施每住 1 个月，其进行任何形式的户外步行活动的优势比下降了 2.4%（$OR=0.976$，$p=0.017$），即：老年人仅在场地休憩活动的优势比上升 2.5%（$OR=1.025$）。

社会环境变量中，若老年人被医生建议过外出步行活动有益健康，其进行任何形式的户外步行活动的优势比是原来的 8.748 倍（$OR=9.748$，$p<0.001$）。

　　主观场地环境变量中，老年人场地活动后的感受（在场地活动后，你感觉怎么样？）每增加 1 个单位（区间由"比原来差很多"至"比原来好很多"），其进行任何形式的户外步行活动的优势比是原来的 3.139 倍（OR=4.139，p=0.006）。

　　客观场地环境变量中，座椅可随意移动的客观感知度每增加 1（区间 0 ~ 10），其进行任何形式的户外步行活动的优势比下降了 22.9%（OR=0.771，p=0.001），即：老年人仅在场地休憩活动的优势比上升 29.7%（OR=1.297）。室外到室内的过渡区域变量，在 5-2 模型中具有统计学意义（OR=0.805，p=0.043），而 5-3 模型中控制了主观环境变量后，其统计学意义并不显著（OR=0.819，p=0.093）。

　　主观基地环境中，老年人对基地步行的偏好度（你喜欢到基地周边步行活动吗？）每增加 1 个单位（区间由"非常不喜欢"至"非常喜欢"），其进行任何形式的户外步行活动的优势比是原来的 1.642 倍（OR=2.642，p<0.001）。餐厅感知变量在二元逻辑回归中具有统计学意义（OR=4.669，p<0.001），而多元逻辑回归中控制了其他环境变量后，其统计学意义并不显著（OR=1.833，p=0.102）。感知到公园或其他公共空间在养老设施周边可步行范围内的老年人，其进行任何形式的户外步行活动的优势比增加了 3.780 倍（OR=4.780，p=0.023）。

　　模型 5-1 中的总室外活动变量在模型 5-3 中已不再具备统计学意义，说明该变量的数据已被其他解释力更强的变量解释，故排除。模型 5-2 中的商业用地比例变量在模型 5-3 中已不再具备统计学意义，说明该变量的数据已被其他解释力更强的变量解释，故排除。

　　总体而言，模型 5-3 能解释 61.5% 的变异比，即：61.5% 的数据被模型的自变量解释（$Nagelkerke\ R^2$=0.615），模型的拟合度优秀（Hosmer 和 Lemeshow 检验 Sig=0.821）（表 3-83）。

模型 5-3　　　　　　　　　　　　　　　　　　　　表3-83

自变量	回归系数 B (Coefficient B)	优势比 (Odds Ratio)	P 值 (P-Value)	优势比 95% 信任区间 (Odds Ratio95% C.I.)	
				下限	上限
基础模型					
年龄	−0.080	0.924	0.007	0.872	0.978
BMI 指数	−0.406	0.666	0.002	0.518	0.857
居住时间	−0.024	0.976	0.017	0.957	0.996

续表

自变量	回归系数 B (Coefficient B)	优势比 (Odds Ratio)	P 值 (P-Value)	优势比 95% 信任区间 (Odds Ratio95% C.I.)	
				下限	上限
社会环境					
医生建议 [1]	2.277	9.748	<0.001	3.927	24.198
主观场地环境					
场地活动后的感受 [2]	1.421	4.139	0.006	1.496	11.454
客观场地环境					
座椅可随意移动 [3]	−0.260	0.771	0.001	0.658	0.903
室外到室内的过渡区域 [3]	−0.200	0.819	0.093	0.649	1.034
主观基地环境					
对基地步行的偏好度 [4]	0.972	2.642	<0.001	1.731	4.033
餐厅 [5]	0.606	1.833	0.102	0.887	3.786
公园、其他公共空间 [5]	1.565	4.780	0.023	1.241	18.420
模型 Sig.	−2 对数似然比	Hosmer 和 Lemeshow 检验 Sig.	Cox 和 Snell R^2	Nagelkerke R^2	
<0.001	280.994	0.821	0.461	0.615	

注：[1]自变量采用二元度量：0=没被建议过；1=被建议过。
[2]自变量采用4分制李克特量表度量：1=比原来差很多；2=比原来差一些；3=比原来好一些；4=比原来好很多。
[3]自变量采用10分制李克特量表度量：0=不存在该项环境；1=完全不满足老年人使用；10=完全满足老年人使用。
[4]自变量采用4分制李克特量表度量：1=非常不喜欢；2=比较不喜欢；3=比较喜欢；4=非常喜欢。
[5]自变量采用二元度量：0=没选择该项；1=选择该项。

3.4.5.3 低强度接触自然类活动向步行活动演变的外部环境要素关联度模型比较和筛选

模型检验中，卡方检验比较模型 5-3、5-2、5-1 的 −2 对数似然比进而选择具有更高解释度的模型，模型间的 −2 对数似然比之差等于模型间的卡方差异，且其差异值服从卡方分布。由表 3-84 看出，模型 5-3 的卡方值比模型 5-1 提升了 8.589（df=2，Sig.=0.014），其差异具有统计学意义。模型 5-3 的卡方值比模型 5-2 提升了 49.472（df=4，Sig.<0.001），其差异具有统计学意义。由此说明，模型 5-3 比模型 5-1 和模型 5-2 的解释度都高，因此，主观和客观模型是最精确的统计模型（图 3-6）。

模型5-3、模型5-2、模型5-1比较表　　　　　　　表3-84

	模型 5-3VS 模型 5-1	模型 5-3VS 模型 5-2
卡方提升值 x^2	8.589	49.472
自由度（df）	2	4
$Sig.$	0.014	<0.001

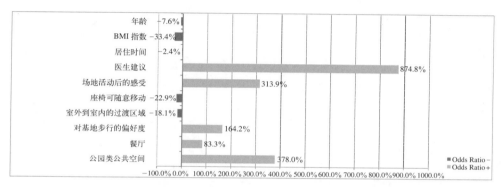

图 3-6　模型 5-3 各变量优势比增减分析图

3.4.6　任意户外活动与外部环境的关联度模型

3.4.6.1　开展任意户外活动与外部环境要素关联度的单因素分析

单因素逻辑回归通过一对一检验（One by One Test）建立自变量和因变量的二元逻辑回归模型。

1. 个体信息变量

机构的照料模式（OR=1.624，p=0.039）、价位自选择因素（OR=2.205，p=0.021）、优良场地景观自选择因素（OR=9.779，p=0.002）、整体健康自评价（OR=2.417，p<0.001）、活动量群体比较（OR=2.040，p<0.001）变量与老年人开展任意户外活动的概率正相关。

价位（OR=0.999，p<0.001）、BMI 指数（OR=0.643，p<0.001）、居住时间（OR=0.980，p=0.006）、离医院近自选择因素（OR=0.439，p=0.006）、需要的日常生活照料（OR=0.702，p=0.029）、活动辅助设施（OR=0.455，p<0.001）、摔倒经历（OR=0.394，p=0.001）变量与老年人开展任意户外活动的概率负相关（表 3-85）。

个体信息变量二元逻辑回归表　　　　表3-85

自变量	回归系数 B (Coefficient B)	优势比 (Odds Ratio)	P 值 (P-Value)	优势比 95% 信任区间 (Odds Ratio95% C.I.)	
				下限	上限
价位	−0.001	0.999	<0.001	0.999	0.999
BMI 指数	−0.442	0.643	<0.001	0.520	0.794
居住时间	−0.020	0.980	0.006	0.966	0.994
自选择因素：价位 [1]	0.791	2.205	0.021	1.128	4.308
自选择因素：优良场地景观 [1]	2.280	9.779	0.002	2.341	40.851
自选择因素：离医院近 [1]	−0.823	0.439	0.006	0.245	0.789
整体健康自评价 [2]	0.882	2.417	<0.001	1.656	3.527
需要的日常生活照料 [3]	−0.353	0.702	0.029	0.512	0.964
活动辅助设施 [4]	−0.788	0.455	<0.001	0.341	0.606
摔倒经历 [5]	−0.931	0.394	0.001	0.223	0.697
活动量群体比较 [6]	0.713	2.040	<0.001	1.417	2.937

注：[1] 自变量采用二元度量：0=没选择该项；1=选择该项。
[2] 自变量采用3分制度量：1=不好；2=一般；3=好。
[3] 自变量采用4分制度量：0=无；1=洗浴；2=穿衣；3=吃饭。
[4] 自变量采用4分制度量：0=无；1=手杖；2=步行器、带座椅步行器手杖；3=轮椅、电动轮椅。
[5] 自变量采用二元度量：0=无；1=有。
[6] 自变量采用3分制度量：1=比别人少；2=平均水平；3=比别人多。

2. 社会环境变量

社会环境变量中，户外活动人群（OR=2.401，p=0.003）、医生建议（OR=4.322，p=0.006）、可供老年人种植的场地（OR=4.147，p<0.001）、园艺疗法（OR=5.526，p=0.005）、场地景观设施维护（OR=1.812，p=0.002）、机构对老年人场地活动的态度（OR=9.937，p<0.001）、机构对老年人基地活动的态度（OR=1.826，p<0.001）变量与老年人开展任意户外活动的概率正相关。建筑设计对室内检测老年人场地活动的便捷性（OR=0.687，p=0.010）变量与老年人开展任意户外活动的概率负相关。

机构活动日志中，场地活动（OR=1.556，p=0.008）、公共交通远行活动（OR=1.340，p=0.010）、总室外活动数（OR=1.572，p<0.001）、总室外对活动比例（OR=1.204，p<0.001）变量与老年人开展任意户外活动的概率正相关。而室

内活动数（$OR=0.819$，$p=0.005$）变量与老年人开展任意户外活动的概率负相关（表3-86）。

社会环境变量二元逻辑回归表

表3-86

自变量	回归系数 B (Coefficient B)	优势比 (Odds Ratio)	P 值 (P-Value)	优势比 95% 信任区间 (Odds Ratio95% C.I.)	
				下限	上限
户外活动人群 [1]	0.880	2.410	0.003	1.357	4.279
医生建议 [2]	1.464	4.322	0.006	1.523	12.268
可供老年人种植的场地 [3]	1.422	4.147	<0.001	2.223	7.736
园艺疗法 [3]	1.709	5.526	0.005	1.686	18.111
场地景观设施维护 [4]	0.594	1.812	0.002	1.255	2.617
建筑设计对室内监测老年人场地活动的便捷性 [5]	−0.376	0.687	0.010	0.515	0.916
机构对老年人场地活动的态度 [6]	2.296	9.937	<0.001	3.040	32.485
机构对老年人基地活动的态度 [6]	0.602	1.826	<0.001	1.358	2.454
场地活动	0.442	1.556	0.008	1.123	2.155
公共交通远行活动	0.293	1.340	0.010	1.073	1.673
室内活动	−0.200	0.819	0.005	0.712	0.942
总室外活动	0.452	1.572	<0.001	1.288	1.918
总室外活动比例	0.185	1.204	<0.001	1.108	1.308

注：[1]自变量采用二元度量：0=独自活动；1=与邻居、家人、机构护理人员等一起活动。
[2]自变量采用二元度量：0=没被建议过；1=被建议过。
[3]自变量采用二元度量：0=没有；1=有。
[4]自变量采用3分制李克特量表度量：0=从不维护；1=偶尔维护；2=经常维护。
[5]自变量采用4分制李克特量表度量：1=非常难；2=比较难；3=比较容易；4=非常容易。
[6]自变量采用4分制李克特量表度量：1=非常不好；2=比较不好；3=比较好；4=非常好。

3. 场地环境变量

主观场地环境变量中，对活动场地的偏好度（$OR=9.381$，$p<0.001$）、场地活动后的感受（$OR=15.805$，$p<0.001$）、偏好场地内的鸟类或野生动物（$OR=6.216$，$p<0.001$）、偏好场地内的乔木或灌木（$OR=4.243$，$p=0.003$）、偏好场地内的花

朵（OR=13.176，p<0.001）、场地景观的满意度（OR=7.231，p<0.001）、场地步道的满意度（OR=2.750，p<0.001）、作息环境的满意度（OR=10.610，p<0.001）、室内外空间的可达性（OR=4.884，p<0.001）、室内外环境的可视性（OR=2.456，p<0.001）、室外环境的通透性（OR=2.630，p<0.001）变量与老年人开展任意户外活动的概率正相关（表 3-87）。

主观场地环境变量二元逻辑回归表　　　　表3-87

自变量	回归系数 B (Coefficient B)	优势比 (Odds Ratio)	P 值 (P-Value)	优势比 95% 信任区间 (Odds Ratio95% C.I.)	
				下限	上限
对活动场地的偏好度 [1]	2.239	9.381	<0.001	5.495	16.014
场地活动后的感受 [2]	2.760	15.805	<0.001	7.336	34.050
偏好场地内的鸟类、野生动物 [3]	1.827	6.216	<0.001	2.867	13.477
偏好场地内的乔木、灌木 [3]	1.445	4.243	<0.001	2.319	7.764
偏好场地内的花朵 [3]	2.578	13.176	<0.001	6.417	27.054
场地景观的满意度 [4]	1.978	7.231	<0.001	4.282	12.209
场地步道的满意度 [5]	1.012	2.750	<0.001	2.025	3.735
作息环境的满意度 [6]	2.362	10.610	<0.001	4.446	25.318
室内外空间的可达性 [7]	1.586	4.884	<0.001	3.144	7.587
室内外环境的可视性 [8]	0.898	2.456	<0.001	1.628	3.704
室外环境的通透性 [8]	0.967	2.630	<0.001	1.674	4.131

注：[1] 自变量采用4分制李克特量表度量：1=非常不喜欢；2=比较不喜欢；3=比较喜欢；4=非常喜欢。
[2] 自变量采用4分制李克特量表度量：1=比原来差很多；2=比原来差一些；3=比原来好一些；4=比原来好很多。
[3] 自变量采用二元度量：0=没选择该项；1=选择该项。
[4] 自变量采用3分制度量：1=多添加些；2=稍添加些；3=足够了。
[5] 自变量采用4分制李克特量表度量：1=非常不满足；2=有些不满足；3=有些满足；4=非常满足。
[6] 自变量采用二元度量：0=否；1=是。
[7] 自变量采用3分制李克特量表度量：1=不容易；2=还行；3=容易。
[8] 自变量采用3分制李克特量表度量：1=从不；2=偶尔；3=经常。

客观场地环境变量中，大门的拉力（OR=1.245，p<0.001）、大量旺盛植被（OR=1.758，p<0.001）、植被种类多样（OR=1.730，p<0.001）、植被色彩的

多样性（*OR*=1.780，*p*<0.001）、植物的可亲近性（*OR*=1.706，*p*<0.001）、座椅有景可赏（*OR*=1.382，*p*<0.001）、座椅有绿植遮挡（*OR*=1.331，*p*<0.001）、接触到水景（*OR*=1.271，*p*<0.001）、宠物设施（*OR*=1.422，*p*<0.001）、野生动物（*OR*=1.460，*p*<0.001）、场地较安静（*OR*=2.038，*p*<0.001）、免于邻里干扰（*OR*=1.380，*p*=0.001）、有私密性环境（*OR*=1.404，*p*<0.001）、有足够的座椅（*OR*=1.598，*p*<0.001）、座椅样式丰富（*OR*=1.598，*p*<0.001）、既可坐阳光下又可坐阴影中（*OR*=1.412，*p*<0.001）、座椅稳固性（*OR*=1.549，*p*<0.001）、有靠背和扶手（*OR*=1.705，*p*<0.001）、座椅旁边有小餐桌（*OR*=1.239，*p*<0.001）、有摇椅或吊椅等（*OR*=1.179，*p*<0.001）、场地维护良好（*OR*=1.409，*p*<0.001）、独立吸烟区（*OR*=1.133，*p*=0.005）、小气候调控措施（*OR*=1.451，*p*<0.001）、不同长度的多条道路（*OR*=1.280，*p*<0.001）、环状道路（*OR*=1.501，*p*<0.001）、道路上的景致（*OR*=1.415，*p*<0.001）、部分道路有树荫（*OR*=1.404，*p*<0.001）、道路周边的作息设施（*OR*=1.590，*p*<0.001）、遮阴座椅（*OR*=1.412，*p*<0.001）、场地有趣景观（*OR*=1.460，*p*<0.001）、社会活动场地（*OR*=1.371，*p*<0.001）、儿童娱乐设施（*OR*=1.287，*p*=0.019）、特定活动场所（*OR*=1.131，*p*=0.017）、可参与园艺种植区（*OR*=1.365，*p*<0.001）、室内外的通透性（*OR*=1.273，*p*<0.001）、室外到室内的过渡区域（*OR*=1.550，*p*<0.001）、大门不上锁（*OR*=1.143，*p*=0.009）、SOS总分（*OR*=1.024，*p*<0.001）变量与老年人开展任意户外活动的概率正相关。

户外场地声环境（*OR*=0.838，*p*<0.001）、大门便于打开（*OR*=0.721，*p*<0.001）、大门不会快速关闭（*OR*=0.713，*p*<0.001）、自动门（*OR*=0.794，*p*<0.001）、门槛易通过（*OR*=0.296，*p*<0.001）、门外硬质铺装（*OR*=0.461，*p*<0.001）、入口花园（*OR*=0.821，*p*=0.002）、可看到到访车辆（*OR*=0.753，*p*<0.001）、与行人交流（*OR*=0.901，*p*=0.017）、周边的景致（*OR*=0.815，*p*<0.001）、周边的交通（*OR*=0.853，*p*=0.001）、周边的人群活动（*OR*=0.896，*p*=0.009）变量与老年人开展任意户外活动的概率负相关（表3-88）。

客观场地环境变量二元逻辑回归表　　　　表3-88

自变量[1]	回归系数 *B*（Coefficient B）	优势比（Odds Ratio）	*P* 值（*P*-Value）	优势比 95% 信任区间（Odds Ratio95% C.I.）	
				下限	上限
户外场地声环境	−0.177	0.838	<0.001	0.785	0.893

续表

自变量 [1]	回归系数 B（Coefficient B）	优势比（Odds Ratio）	P 值（P-Value）	优势比 95% 信任区间（Odds Ratio 95% C.I.）	
				下限	上限
户外大门的拉力	0.219	1.245	<0.001	1.102	1.406
大量旺盛植被	0.564	1.758	<0.001	1.439	2.147
植被种类多样	0.548	1.730	<0.001	1.465	2.043
植被色彩的多样性	0.577	1.780	<0.001	1.498	2.116
植物的可亲近性	0.534	1.706	<0.001	1.474	1.973
座椅有景可赏	0.323	1.382	<0.001	1.201	1.590
座椅有绿植遮挡	0.286	1.331	<0.001	1.183	1.498
接触到水景	0.239	1.271	<0.001	1.146	1.409
宠物设施	0.352	1.422	<0.001	1.250	1.618
野生动物	0.379	1.460	<0.001	1.276	1.671
场地较安静	0.712	2.038	<0.001	1.622	2.560
免于邻里干扰	0.322	1.380	0.001	1.143	1.665
有私密性环境	0.339	1.404	<0.001	1.180	1.670
有足够的座椅	0.468	1.598	<0.001	1.406	1.815
座椅样式丰富	0.469	1.598	<0.001	1.402	1.821
既可坐阳光下，又可坐阴凉处	0.345	1.412	<0.001	1.275	1.563
座椅稳固性	0.438	1.549	<0.001	1.328	1.808
有靠背和扶手	0.533	1.705	<0.001	1.346	2.158
座椅旁边有小餐桌	0.215	1.239	<0.001	1.129	1.361
有摇椅、吊椅等	0.165	1.179	<0.001	1.082	1.284
场地维护良好	0.343	1.409	<0.001	1.254	1.584
独立吸烟区	0.125	1.133	0.005	1.038	1.236
小气候调控措施	0.372	1.451	<0.001	1.325	1.588
不同长度的多条道路	0.246	1.280	<0.001	1.168	1.401
环状道路	0.406	1.501	<0.001	1.355	1.663
道路上的景致	0.347	1.415	<0.001	1.278	1.566

续表

自变量 [1]	回归系数 B (Coefficient B)	优势比 (Odds Ratio)	P 值 (P-Value)	优势比 95% 信任区间 (Odds Ratio95% C.I.)	
				下限	上限
部分道路有树荫	0.339	1.404	<0.001	1.261	1.563
道路周边的作息设施	0.464	1.590	<0.001	1.399	1.808
遮阴座椅	0.345	1.412	<0.001	1.290	1.545
场地有趣景观	0.378	1.460	<0.001	1.336	1.595
社会活动场地	0.316	1.371	<0.001	1.224	1.537
儿童娱乐设施	0.253	1.287	0.019	1.042	1.590
特定活动场所	0.123	1.131	0.017	1.022	1.252
可参与园艺种植区	0.312	1.365	<0.001	1.168	1.597
室内外通透性	0.242	1.273	<0.001	1.114	1.417
室外到室内的过渡区域	0.438	1.550	<0.001	1.262	1.903
大门不上锁	0.134	1.143	0.009	1.034	1.263
大门便于打开	− 0.327	0.721	<0.001	0.618	0.841
大门不会快速关闭	− 0.338	0.713	<0.001	0.617	0.824
自动门	− 0.231	0.794	<0.001	0.742	0.850
门槛易通过	− 1.218	0.296	<0.001	0.201	0.436
门外硬质铺装	− 0.774	0.461	<0.001	0.330	0.646
入口花园	− 0.197	0.821	0.002	0.724	0.931
可看到到访车辆	− 0.283	0.753	<0.001	0.665	0.853
与行人交流	− 0.104	0.901	0.017	0.827	0.982
周边的景致	− 0.204	0.815	<0.001	0.729	0.912
周边的交通	− 0.159	0.853	0.001	0.776	0.938
周边的人群活动	− 0.109	0.896	0.009	0.826	0.973
SOS 总分	0.024	1.024	<0.001	1.017	1.031

注：[1]自变量采用10分制李克特量表度量：0=不存在该项环境；1=完全不满足老年人使用；10=完全满足老年人使用。

4. 基地环境变量

主观基地环境变量中，对基地步行的偏好度（$OR=3.328$，$p<0.001$）、基地步

行后的感受（*OR*=3.859，*p*<0.001）变量与老年人开展任意户外活动的概率正相关。

基地设施维度中，感知到超市（*OR*=5.914，*p*=0.015）、用地混合度（*OR*=1.648，*p*=0.001）变量与老年人开展任意户外活动的概率正相关，而感知到公园或其他公共空间（*OR*=0.287，*p*<0.001）变量与老年人开展任意户外活动的概率负相关。

步行的适宜性维度中，道路连接度（*OR*=3.230，*p*<0.001）、人行道树荫环境（*OR*=1.955，*p*<0.001）、有趣景观（*OR*=3.166，*p*<0.001）变量与老年人开展任意户外活动的概率正相关。

人行道维护状态维度中，人行道覆盖度（*OR*=1.454，*p*=0.007）、人行道维护状态（*OR*=3.937，*p*<0.001）、人行道独立性（*OR*=1.717，*p*<0.001）变量与老年人开展任意户外活动的概率正相关。

基地步行的安全性维度中，人行横道（*OR*=3.173，*p*=0.001）、街道眼（*OR*=3.008，*p*<0.001）变量与老年人开展任意户外活动的概率正相关，空气质量（*OR*=0.483，*p*<0.001）变量与老年人开展任意户外活动的概率负相关（表3-89）。

客观基地环境变量中，基地步行的适宜性维度中，总占地面积（*OR*=0.959，*p*=0.001）、道路线密度（*OR*=0.987，*p*<0.001）变量与老年人开展任意户外活动的概率负相关。

主观基地环境变量二元逻辑回归表　　　　　　　　表3-89

自变量	回归系数 B (Coefficient B)	优势比 (Odds Ratio)	P 值 (P-Value)	优势比 95% 信任区间 (Odds Ratio95% C.I.)	
				下限	上限
对基地步行的偏好度 [1]	1.202	3.328	<0.001	2.098	5.278
基地步行后的感受 [2]	1.350	3.859	<0.001	2.488	5.985
超市 [3]	1.777	5.914	0.015	1.407	24.862
公园、其他公共空间 [3]	−1.248	0.287	<0.001	0.151	0.546
用地混合度 [4]	0.500	1.648	0.001	1.230	2.208
道路连接度 [5]	1.173	3.230	<0.001	1.848	5.645
人行道树荫环境 [5]	0.671	1.955	<0.001	1.366	2.800
有趣景致 [5]	1.152	3.166	<0.001	1.667	6.011
人行道覆盖度 [5]	0.375	1.454	0.007	1.108	1.909
人行道维护状态 [5]	1.371	3.937	<0.001	2.443	6.345

自变量	回归系数 B (Coefficient B)	优势比 (Odds Ratio)	P 值 (P-Value)	优势比 95% 信任区间 (Odds Ratio95% C.I.)	
				下限	上限
人行道独立性[5]	0.541	1.717	<0.001	1.316	2.242
人行横道[5]	1.155	3.173	0.001	1.643	6.128
空气质量[5]	−0.727	0.483	<0.001	0.359	0.651
街道眼[5]	1.101	3.008	<0.001	1.684	5.371

注：[1]自变量采用4分制李克特量表度量：1=非常不喜欢；2=比较不喜欢；3=比较喜欢；4=非常喜欢。
[2]自变量采用4分制李克特量表度量：1=比原来差很多；2=比原来差一些；3=比原来好一些；4=比原来好很多。
[3]自变量采用二元度量：0=没选择该项；1=选择该项。
[4]自变量将所有可感知设施种类加权计算。
[5]自变量采用4分制李克特量表度量：1=非常反对；2=比较反对；3=比较赞同；4=非常赞同。

基地步行的安全性维度中，慢速公路线密度（$OR=1.025$，$p=0.004$）变量与老年人开展任意户外活动的概率正相关，而有高速路（$OR=0.423$，$p=0.005$）、快速公路比例（$OR=0.978$，$p=0.001$）、交通信号灯数量（$OR=0.568$，$p<0.001$）变量与老年人开展任意户外活动的概率负相关。

基地设施维度中，服装店数量（$OR=1.245$，$p=0.018$）、银行数量（$OR=1.778$，$p<0.001$）、医院最短距离（$OR=1.212$，$p=0.014$）、教堂最短距离（$OR=1.246$，$p=0.009$）变量与老年人开展任意户外活动的概率正相关。公交站点数量（$OR=0.906$，$p=0.004$）、便利店最短距离（$OR=0.634$，$p<0.001$）、超市最短距离（$OR=0.544$，$p<0.001$）、超市数量（$OR=0.441$，$p<0.001$）、服装店最短距离（$OR=0.817$，$p=0.022$）、银行最短距离（$OR=0.673$，$p=0.001$）、公园数量（$OR=0.629$，$p=0.036$）、书店数量（$OR=0.469$，$p=0.016$）、学校最短距离（$OR=0.668$，$p<0.001$）变量与老年人开展任意户外活动的概率负相关（表 3-90）。

客观基地环境变量二元逻辑回归表　　　　　表3-90

自变量[1]	回归系数 B (Coefficient B)	优势比 (Odds Ratio)	P 值 (P-Value)	优势比 95% 信任区间 (Odds Ratio95% C.I.)	
				下限	上限
总占地面积	−0.041	0.959	0.001	0.937	0.982
道路线密度	−0.014	0.987	<0.001	0.980	0.994

续表

自变量[1]	回归系数 B (Coefficient B)	优势比 (Odds Ratio)	P 值 (P-Value)	优势比 95% 信任区间 (Odds Ratio95% C.I.)	
				下限	上限
有高速路	−0.861	0.423	0.005	0.233	0.766
快速公路比例	−0.022	0.978	0.001	0.966	0.991
慢速公路线密度	0.025	1.025	0.004	1.008	1.042
交通信号灯数量	−0.566	0.568	<0.001	0.456	0.706
公交站点数量	−0.099	0.906	0.004	0.847	0.968
便利店最短距离	−0.455	0.634	<0.001	0.518	0.776
超市最短距离	−0.608	0.544	<0.001	0.426	0.696
超市数量	−0.818	0.441	<0.001	0.300	0.649
服装店最短距离	−0.202	0.817	0.022	0.688	0.971
服装店数量	0.219	1.245	0.018	1.038	1.492
银行最短距离	−0.395	0.673	0.001	0.537	0.845
银行数量	0.576	1.778	<0.001	1.331	2.377
公园数量	−0.463	0.629	0.036	0.408	0.970
医院最短距离	0.193	1.212	0.014	1.040	1.413
教堂最短距离	0.220	1.246	0.009	1.058	1.469
书店数量	−0.756	0.469	0.016	0.253	0.871
学校最短距离	−0.404	0.668	<0.001	0.546	0.816

注：[1]自变量基于ArcGIS软件空间统计400米缓冲区数据。

3.4.6.2 开展任意户外活动与外部环境要素关联度的多因素逻辑回归模型

多元逻辑回归中，首先生成基础模型，接着将其余变量一对一添加到基础模型中检验其显著性并进行数据筛选（Data Reduction）。最后，将所有显著意义的变量同时导入到基础模型中，生成完整模型。完整模型包含三个：主观环境模型、客观环境模型、主观和客观环境模型。

1. 主观环境模型

在模型 6-1 中，当控制了基础模型中的 3 个个体信息变量,4 个社会环境变量、

3 个主观场地环境变量进入最终模型，模型总体具有统计学意义（*Sig.*<0.001）。

基础模型中，当老年人 BMI 指数每增加 1，老年人开展任意户外活动的优势比仅是原来的 60.3%（*OR*=0.603，*p*=0.001）。优良场地景观自选择因素，在二元逻辑回归中具有统计学意义（*OR*=9.779，*p*=0.002），而多元逻辑回归中控制了其他环境变量后，其统计学意义并不显著（*OR*=4.202，*p*=0.104）。老年人的整体健康自评价（在过去一个月中，您的整体健康状况如何？）每增加 1 个单位（区间由"不好"至"好"），其开展任意户外活动的优势比增加了 1.239 倍（*OR*=2.239，*p*=0.002）。

社会环境变量中，户外活动人群变量，在二元逻辑回归中具有统计学意义（*OR*=2.410，*p*=0.003），而多元逻辑回归中控制了其他环境变量后，其统计学意义并不显著（*OR*=2.112，*p*=0.053）。提供户外园艺疗法的公寓，其老年人开展任意户外活动的优势比增加了 8.627 倍（*OR*=9.627，*p*=0.002）。机构对老年人场地活动的态度变量，在二元逻辑回归中具有统计学意义（*OR*=9.779，*p*=0.002），而多元逻辑回归中控制了其他环境变量后，其统计学意义并不显著（*OR*=3.812，*p*=0.130）。机构每周组织的公共交通远行活动每增加 1 个，其老年人开展任意户外活动的优势比增加 93.2%（*OR*=1.932，*p*=0.008）。机构每周组织的室内活动每增加 1 个，其老年人开展任意户外活动的优势比减少了 20.0%（*OR*=0.800，*p*=0.015）。

主观场地环境中，偏好场地内乔木或灌木、偏好场地内花朵的老年人，其开展任意户外活动的优势比分别增加 1.938 倍、6.853 倍（*OR*=2.938，*p*=0.012；*OR*=7.853，*p*<0.001）。老年人对场地步道的满意度增加 1 个单位（区间由"非常不满足"至"非常满足"），其开展任意户外活动的优势比增加了 57.2%（*OR*=1.572，*p*=0.031）。

总体而言，模型 6-1 能解释 54.3% 的变异比，即：54.3% 的数据被模型的自变量解释（*Nagelkerke R*^{2}=0.543），模型的拟合度良好（Hosmer 和 Lemeshow 检验 *Sig*=0.484）（表 3-91）。

2. 客观环境模型

在模型 6-2 中，当控制了基础模型中的 3 个个体信息变量，4 个社会环境变量、2 个客观场地环境变量、1 个客观基地环境变量进入最终模型，模型总体具有统计学意义（*Sig.*<0.001）。

模型6-1 表3-91

自变量	回归系数 B (Coefficient B)	优势比 (Odds Ratio)	P 值 (P-Value)	优势比 95% 信任区间 (Odds Ratio 95% C.I.)	
				下限	上限
基础模型					
BMI 指数	−0.506	0.603	0.001	0.446	0.814
自选择因素：优良场地景观 [1]	1.436	4.202	0.104	0.744	23.733
整体健康自评价 [2]	0.806	2.239	0.002	1.342	3.736
社会环境					
户外活动人群 [3]	0.748	2.112	0.053	0.989	4.509
园艺疗法 [4]	2.265	9.627	0.002	2.324	39.882
公共交通远行活动	0.659	1.932	0.008	1.190	3.139
室内活动	−0.223	0.800	0.015	0.668	0.958
主观场地环境					
偏好场地内的乔木、灌木 [1]	1.078	2.938	0.012	1.263	6.835
偏好场地内的花朵 [1]	2.061	7.853	<0.001	3.331	18.515
场地步道的满意度 [5]	0.453	1.572	0.031	1.043	2.370
模型 $Sig.$	−2 对数似然比	Hosmer 和 Lemeshow 检验 $Sig.$	Cox 和 $Snell$ R^2	$Nagelkerke\ R^2$	
<0.001	188.052	0.484	0.298	0.543	

注：[1] 自变量采用二元度量：0=没选择该项；1=选择该项。
[2] 自变量采用3分制度量：1=不好；2=一般；3=好。
[3] 自变量采用二元度量：0=独自活动；1=与邻居、家人、机构护理人员等一起活动。
[4] 自变量采用二元度量：0=没有；1=有。
[5] 自变量采用4分制李克特量表度量：1=非常不满足；2=有些不满足；3=有些满足；4=非常满足。

　　基础模型中，当老年人 BMI 指数每增加 1，老年人开展任意户外活动的优势比仅是原来的 61.6%（OR=0.616，p=0.001）。优良场地景观自选择因素，在二元逻辑回归中具有统计学意义（OR=9.779，p=0.002），而多元逻辑回归中控制了其他环境变量后，其统计学意义并不显著（OR=3.865，p=0.101）。老年人的整体健康自评价（在过去一个月中，您的整体健康状况如何？）每增加 1 个单位（区间由"不好"至"好"），其开展任意户外活动的优势比增加了 1.787 倍（OR=2.787，p<0.001）。

社会环境变量中，与邻居、家人、机构护理人员一起户外活动的老年人，其开展任意户外活动的优势比比独自户外活动的老年人增加了 1.754 倍（*OR*=2.754，*p*=0.010）。提供户外园艺疗法的公寓，其老年人开展任意户外活动的优势比增加了 14.499 倍（*OR*=15.499，*p*=0.001）。机构对老年人场地活动的态度（您认为老年人到场地中活动好吗？）每增加 1 个单位（区间由"非常不好"至"非常好"），其开展任意户外活动的优势比增加了 6.873 倍（*OR*=7.873，*p*=0.007）。机构每周组织的公共交通远行活动每增加 1 个，其老年人开展任意户外活动的优势比增加了 1.055 倍（*OR*=2.055，*p*=0.001）。模型 6-1 中的室内活动变量在模型 6-2 中已不再具备统计学意义，说明该变量的数据已被其他解释力更强的变量解释，故排除。

客观场地环境变量中，免于邻里干扰、室外到室内过渡区域变量的客观感知度每增加 1（区间 0 ~ 10），公寓老年人开展任意户外活动的优势比分别增加44.6%、52.5%（*OR*=1.446，*p*=0.004；*OR*=1.525，*p*=0.007）。

客观基地环境中，基地周边慢速公路线密度每增加 1 米 / 公顷，公寓老年人开展任意户外活动的优势比增加了 3.5%（*OR*=1.035，*p*=0.001）。

总体而言，模型 6-2 能解释 49.4% 的变异比，即：49.4% 的数据被模型的自变量解释（*Nagelkerke R*^{2}=0.494），模型的拟合度良好（Hosmer 和 Lemeshow 检验 *Sig*=0.713）（表 3-92）。

模型6-2 表3-92

自变量	回归系数 B (Coefficient B)	优势比 (Odds Ratio)	P 值 (P-Value)	优势比 95% 信任区间 (Odds Ratio95% C.I.)	
				下限	上限
基础模型					
BMI 指数	−0.485	0.616	0.001	0.463	0.819
自选择因素: 优良场地景观 [1]	1.352	3.865	0.101	0.768	19.443
整体健康自评价 [2]	1.025	2.787	<0.001	1.678	4.628
社会环境					
户外活动人群 [3]	1.013	2.754	0.010	1.271	5.971
园艺疗法 [4]	2.741	15.499	0.001	3.255	73.797

续表

自变量	回归系数 B (Coefficient B)	优势比 (Odds Ratio)	P 值 (P-Value)	优势比 95% 信任区间 (Odds Ratio95% C.I.)	
				下限	上限
机构对老年人场地活动的态度[5]	2.063	7.873	0.007	1.774	34.937
公共交通远行活动	0.720	2.055	0.001	1.329	3.178
客观场地环境					
免于邻里干扰[6]	0.369	1.446	0.004	1.126	1.858
室外到室内的过渡区域[6]	0.422	1.525	0.007	1.122	2.073
客观基地环境					
慢速公路线密度[7]	0.035	1.035	0.001	1.014	1.057
模型 Sig.	−2 对数似然比	Hosmer 和 Lemeshow 检验 Sig.	Cox 和 Snell R^2	Nagelkerke R^2	
<0.001	204.162	0.713	0.271	0.494	

注：[1]自变量采用二元度量：0=没选择该项；1=选择该项。

[2]自变量采用3分制度量：1=不好；2=一般；3=好。

[3]自变量采用二元度量：0=独自活动；1=与邻居、家人、机构护理人员等一起活动。

[4]自变量采用二元度量：0=没有；1=有。

[5]自变量采用4分制李克特量表度量：1=非常不好；2=比较不好；3=比较好；4=非常好。

[6]自变量采用10分制李克特量表度量：0=不存在该项环境；1=完全不满足老年人使用；10=完全满足老年人使用。

[7]自变量基于ArcGIS软件空间统计400米缓冲区数据。

3. 主观和客观环境模型

在模型 6-3 中，当控制了基础模型中的 3 个个体信息变量，3 个社会环境变量、3 个主观场地环境变量、1 个客观场地环境变量、1 个客观基地环境变量进入最终模型，模型总体具有统计学意义（Sig.<0.001）。

基础模型中，当老年人 BMI 指数每增加 1，老年人开展任意户外活动的优势比会是原来的 59.2%（OR=0.592，p=0.001）。优良场地景观自选择因素，在二元逻辑回归中具有统计学意义（OR=9.779，p=0.002），而多元逻辑回归中控制了其他环境变量后，其统计学意义并不显著（OR=5.628，p=0.062）。老年人的整体健康自评价（在过去一个月中，您的整体健康状况如何？）每增加 1 个单位（区间由"不好"至"好"），其开展任意户外活动的优势比增加了 1.527 倍（OR=2.527，p=0.001）。

社会环境变量中，与邻居、家人、机构护理人员一起户外活动的老年人，其开展任意户外活动的优势比比独自户外活动的老年人增加了 2.017 倍（OR=3.017，p=0.007）。提供户外园艺疗法的公寓，其老年人开展任意户外活动的优势比增加了 6.409 倍（OR=7.409，p=0.010）。机构每周组织的公共交通远行活动每增加 1 个，其老年人开展任意户外活动的优势比增加了 1.242 倍（OR=2.242，p=0.003）。模型 6-1 中的室内活动变量在模型 6-3 中已不再具备统计学意义，说明该变量的数据已被其他解释力更强的变量解释，故排除。模型 6-2 中的机构对老年人场地活动的态度变量在模型 6-3 中已不再具备统计学意义，说明该变量的数据已被其他解释力更强的变量解释，故排除。

主观场地环境中，偏好场地内乔木或灌木、偏好场地内花朵的老年人，其开展任意户外活动的优势比分别增加 1.504 倍、5.648 倍（OR=1.504，p=0.039；OR=6.648，p<0.001）。老年人对场地步道的满意度增加 1 个单位（区间由"非常不满足"至"非常满足"），其开展任意户外活动的优势比增加了 64.4%（OR=1.644，p=0.027）。

客观场地环境变量中，户外场地声环境在二元逻辑回归中具有统计学意义（OR=0.838，p<0.001），而多元逻辑回归中控制了其他环境变量后，其统计学意义并不显著（OR=0.914，p=0.062）。模型 6-2 中免于邻里干扰变量和室外到室内的过渡区域变量在模型 6-3 中已不再具备统计学意义，说明该变量的数据已被其他解释力更强的变量解释，故排除。

客观基地环境中，基地周边慢速公路线密度每增加 1 米 / 公顷，公寓老年人开展任意户外活动的优势比增加了 3.7%（OR=1.037，p=0.007）。

总体而言，模型 6-3 能解释 57.8% 的变异比，即：57.8% 的数据被模型的自变量解释（$Nagelkerke\ R^2$=0.578），模型的拟合度良好（Hosmer 和 Lemeshow 检验 Sig=0.839）（表 3-93）。

模型6-3

表3-93

自变量	回归系数 B (Coefficient B)	优势比 (Odds Ratio)	P 值 (P-Value)	优势比 95% 信任区间 (Odds Ratio 95% C.I.)	
				下限	上限
基础模型					
BMI 指数	−0.525	0.592	0.001	0.436	0.804
自选择因素：优良场地景观[1]	1.728	5.628	0.062	0.916	34.570

自变量	回归系数 B (Coefficient B)	优势比 (Odds Ratio)	P 值 (P-Value)	优势比 95% 信任区间 (Odds Ratio 95% C.I.)	
				下限	上限
整体健康自评价 [2]	0.927	2.527	0.001	1.474	4.334
社会环境					
户外活动人群 [3]	1.104	3.017	0.007	1.344	6.772
园艺疗法 [4]	2.003	7.409	0.010	1.618	33.928
公共交通远行活动	0.807	2.242	0.003	1.311	3.835
主观场地环境					
偏好场地内的乔木、灌木 [1]	0.918	2.504	0.039	1.047	5.990
偏好场地内的花朵 [1]	1.894	6.648	<0.001	2.705	16.339
场地步道的满意度 [5]	0.497	1.644	0.027	1.058	2.553
客观场地环境					
户外场地声环境	−0.090	0.914	0.062	0.832	1.005
客观基地环境					
慢速公路线密度 [6]	0.036	1.037	0.007	1.010	1.064
模型 Sig.	−2 对数似然比	Hosmer 和 Lemeshow 检验 Sig.	Cox 和 Snell R^2	Nagelkerke R^2	
<0.001	176.542	0.839	0.317	0.578	

注：[1] 自变量采用二元度量：0=没选择该项；1=选择该项。

[2] 自变量采用3分制度量：1=不好；2=一般；3=好。

[3] 自变量采用二元度量：0=独自活动；1=与邻居、家人、机构护理人员等一起活动。

[4] 自变量采用二元度量：0=没有；1=有。

[5] 自变量采用4分制李克特量表度量：1=非常不满足；2=有些不满足；3=有些满足；4=非常满足。

[6] 自变量基于ArcGIS软件空间统计400米缓冲区数据。

3.4.6.3 开展任意户外活动与外部环境要素关联度模型的比较和筛选

模型检验中，卡方检验比较模型6-3、6-2、6-1的-2对数似然比进而选择具有更高解释度的模型，模型间的−2对数似然比之差等于模型间的卡方差异，且其差异值服从卡方分布。由表3-94看出，模型6-3的卡方值比模型6-1提升了

13.804（*df*=2，*Sig.*=0.001），其差异具有统计学意义。模型 6-3 的卡方值比模型 6-2 提升了 39.445（*df*=4，*Sig.*<0.001），其差异具有统计学意义。由此说明，模型 6-3 比模型 6-1 和模型 6-2 的解释度都高，因此，主观和客观模型是最精确的统计模型（图 3-7）。

模型6-3、模型6-2、模型6-1比较表 表3-94

	模型 6-3VS 模型 6-1	模型 6-3VS 模型 6-2
卡方提升值 x^2	13.804	39.445
自由度（*df*）	2	4
Sig.	0.001	<0.001

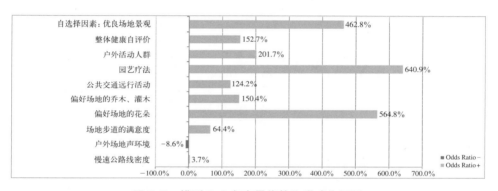

图 3-7 模型 6-3 各变量优势比增减分析图

3.5 结论

本章节基于调研数据实证分析总结养老设施老年人户外活动的干预要素，分为社会氛围、基地环境、场地环境三个层次。

3.5.1 养老设施外部基地环境要素和健康促进效应

3.5.1.1 道路交通要素

1. 道路连接度

道路连接度的主观测量基于问卷："基地周围道路的交叉口间相距较短，100 码之内（91.4 米）。"选项为"非常赞同、比较赞同、比较反对、非常反对"。

　　中强度步行指标模型、中强度娱乐型步行指标模型都印证了道路连接度的主观感知对于老年人达到中强度步行指标、中强度娱乐型步行指标的概率正相关（$OR=1.700$；$OR=1.896$），其对两类步行活动的影响效应相当（图3-8、图3-9）。

　　道路连接度的数据稳定性较高，其通过中强度步行指标和中强度娱乐型步行指标的检验，都具备一定统计意义，但是对高强度步行指标和是否进行户外活动并无关联。

　　既往实证研究中，无论通过主观或客观的方式测量道路连接度数据被证实对老年人开展步行促进作用[60, 134]，本书为养老设施老年人群体的实证研究提供新的循证依据。

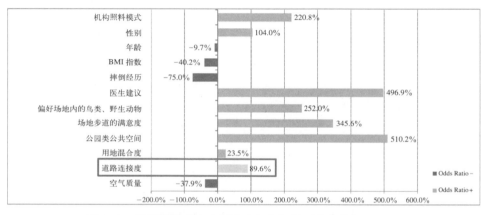

图3-8　道路连接度在中强度步行指标模型的优势比分析图

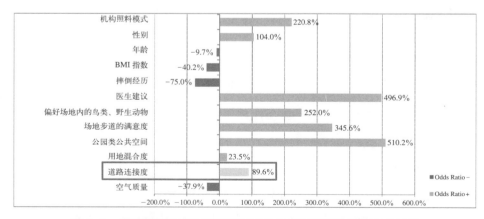

图3-9　道路连接度在中强度娱乐型步行指标模型的优势比分析图

　　而本数据是主观感知数据，其客观类比数据：400 米缓冲区内所有道路交叉口数量（≥ 3 个交通方向）、400 米缓冲区内所有道路交叉口（≥ 3 个交通方向）/400 米缓冲区总面积并不显著。针对高龄老年人群体，其主观认知的促进作用较强。基于主观感知，机构管理人员应加强对老年人的引导和教育，增强对基地周边道路信息的认知，如印发养老设施环境小比例尺地图，加深老年人对周边步行环境的了解。

　　2. 快速公路比率

　　快速公路比率基于客观测量：400 米缓冲区内总快速公路长度 /400 米缓冲区内道路长度；道路限速超过 30 英里 / 小时（约 50 公里 / 小时）为快速公路。

　　模型 1-3 中，每增加基地周边 1% 的快速公路比率，养老设施老年人能达到中强度步行指标的优势比减少了 1.7%（OR=0.983，p=0.027）（图 3-10）。

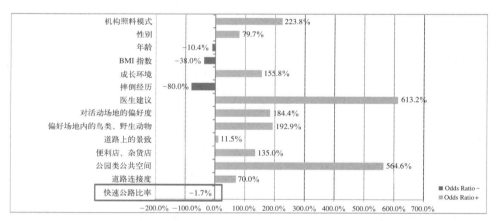

图 3-10　快速公路比率在中强度步行指标模型的优势比分析图

　　快速公路比率并没有对老年人是否开展户外活动或高体能老年人的户外活动构成关联。

　　快速公路比率为老年人健康行为促进研究领域提供了新的循证依据。既往研究多针对道路连接度，而尚未采用快速公路比率变量对老年人步行行为进行回归分析的研究。

　　虽然快速公路比率的优势比不大（1.7%），但变量的标准差较大（均值=48.12，标准差 =27.151），说明不同养老设施中的快速公路比率数据差异较大。若快速公路比率提升了 27%，则养老设施老年人能达到中强度步行指标的优势比减少了

37.1%（*OR*：0.98327=0.629）。

而本数据是客观测量数据，其主观类比数据："基地周边存在高速路、铁道、河流等障碍物，令活动十分不便"和"基地周边道路交通流量较大，令活动十分不便"并不显著。由此印证了老年人的主观感知环境与客观环境存在一定差异性，老年人对外部复杂环境的感知力存在一定障碍，造成了主观数据信度不高。

3. 低速公路线密度

低速公路线密度基于客观测量：400米缓冲区内总慢速公路长度/400米缓冲区总面积；道路限速未超过30英里/小时（约50公里/小时）为低速公路。

模型6-3中，基地周边慢速公路线密度每增加1米/公顷，公寓老年人开展任意户外活动的优势比增加了3.7%（*OR*=1.037，*p*=0.007）（图3-11）。

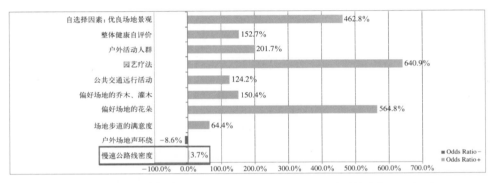

图3-11 低速公路线密度在是否开展任意户外活动模型的优势比分析图

低速公路线密度促进了室内静止的老年人户外活动意愿，其对老年人的接触自然具有突出的意义。更低的车速促进了道路上行人人气的聚拢，并提升了道路的活力，但是，低速公路的线密度并没有对老年人进行步行活动构成关联。

低速公路线密度为老年人健康行为促进研究领域提供了新的循证依据。既往研究多针对道路连接度，而尚无采用慢速公路线密度变量对老年人步行行为回归分析的研究。虽然低速公路线密度的优势比不大（3.7%），但变量的标准差较大（均值=43.29，标准差=27.700），说明不同养老设施中的慢速公路线密度数据差异较大。若快速公路比率提升了27%，则养老设施老年人开展任意户外活动的优势比增加了1.667倍（*OR*：1.03727=2.667），而本数据是客观测量数据，其主观类比数据："基地周边存在高速路、铁道、河流等障碍物，令活动十分不便"和

"基地周边道路交通流量较大，令活动十分不便"并不显著。由此印证了老年人的主观感知环境与客观环境存在一定差异性，老年人对外部复杂环境的感知力存在一定障碍，造成了主观数据信度不高。低速公路线密度数据融合了快速公路比率和道路线密度双重数据，因此，养老设施选址时，不仅考虑其基地周边400 米范围内缓冲区的道路限速（宜不超过 50 公里 / 小时），也要注重低速道路的密集度。

4. 公交站点数量

公交站点数量基于客观测量：故采用谷歌地图（GoogleMaps）网页版测量，进而精确统计基地现状设施信息。

模型 4-3 中，基地周边的公交站点每增加 1 座，养老设施老年人能达到高强度步行指标的优势比提升了 20.6%（OR=1.206，p=0.011）（图 3-12）。

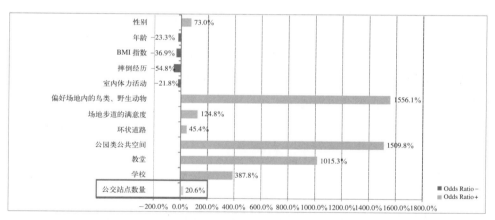

图 3-12 公交站点数量在高强度步行指标模型的优势比分析图

公交站点数量促进了高体能老年人的活动开展度，但是其对普通体能老年人的活动并无关联。

公交站点数量为老年人健康行为促进研究领域提供了新的循证依据。既往研究多针对商业设施，而尚无公交站点数量对老年人步行行为促进效益之研究成果。对于高体能活动老年人，密集的公交站点能有效增强其户外步行活动强度，进而使其达到 ACSM（美国运动医学学会）和 AHA（美国健康学会）的有氧运动健康指标。

5. 人行道独立性

人行道独立性基于主观感知测量："人行道的步行道路和车行道路间有草坪等间隔。"选项为"非常赞同"、"比较赞同"、"比较反对"、"非常反对"。

模型 3-1 中，老年人对人行道独立性的感知评价每增加 1 个单位，其能达到中强度事务型步行指标的优势比增加了 3.940 倍（$OR=4.940, p=0.047$）（图 3-13）。

较高的人行道环境能促进老年人进行户外事务型活动，但本次数据对老年人进行娱乐型活动和高体能活动并无关联，这与统计量较小有关。

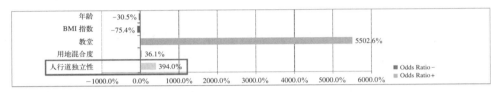

图 3-13　人行道的独立性在中强度事务型步行指标模型的优势比分析图

这也印证了既有实证研究中人行道步行适宜性对老年人开展步行的促进作用[135]。作为对基地行为空间的安全性感知，人行道独立性能够有效促进老年人事务型步行活动的开展，进而转变其交通方式，即由车行转向步行。然而，调研的 425 位老年人中，能够达到中强度事务型步行指标的仅有 11 位（2.6%），因变量数据差异较大也对本模型数据结果造成一定误差。

3.5.1.2　绿化景观要素

1. 公园类开放空间

中强度步行指标模型、中强度娱乐型步行指标模型、高强度步行指标模型、户外活动差异性分析模型都印证了公园或其他公共空间的主观感知对于老年人达到中强度步行指标、中强度娱乐型步行指标、高强度步行指标以及进行户外步行活动的概率正相关（$OR=6.646$；$OR=6.102$；$OR=16.098$；$OR=4.780$）。其中，公园对老年人能达到高强度步行指标的优势比最高（$OR=16.098$）（图 3-14、图 3-15、图 3-16、图 3-17）。

由此看出，公园类开放空间对老年人户外步行活动具有极其突出的促进意义。其在中强度步行指标模型的意义已经超过了社会环境因素，且公园类开放空间的数据效度较好，经历了不同步行目的以及不同健康指标的检测，皆具有极其突出的促进效度。

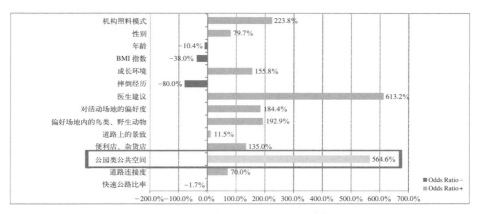

图 3-14 公园类开放空间在中强度步行指标模型的优势比分析图

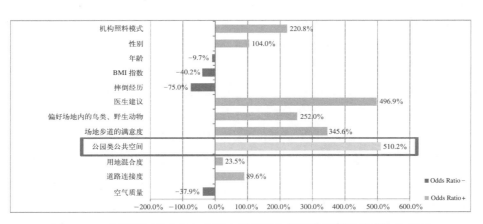

图 3-15 公园类开放空间在中强度娱乐型步行指标模型的优势比分析图

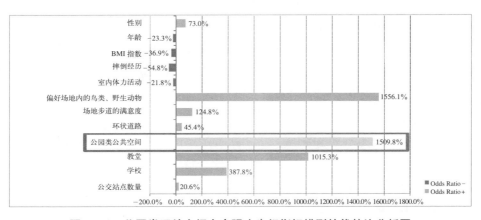

图 3-16 公园类开放空间在高强度步行指标模型的优势比分析图

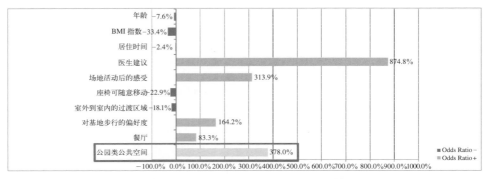

图 3-17　公园类开放空间在户外活动差异性模型的优势比分析图

　　老年人使用公园主要以娱乐型步行锻炼为主，分析显示公园对老年人能达到 ACSM（美国运动医学学会）和 AHA（美国健康学会）的有氧运动健康指标（即：高强度步行指标）影响极强（OR=16.098），由此说明公园的主观感知对于增强老年人活动体能具有突出的促进效益。当老年人外出活动时，其能感知到基地附近的公园类开放空间能够有效促进其健康行为的转变，即由静止休憩转向户外步行活动。但是，公园类开放空间对老年人是否外出活动并无关联。本次结论也佐证了既有实证研究中公园（Green Spaces for Recreation）对老年人开展步行促进作用 [134]。而本数据是主观感知数据，其客观平行数据：400 米可步行缓冲区内的公园店数量、公园最短距离并不显著。由此印证了老年人的主观感知环境与客观环境存在一定差异性，也说明了基地周边 400 米缓冲区内的公园的实际数量和距离对老年人户外步行并无影响，老年人可能去 400 米范围外的便利店购物并自我感知便利店在基地 400 米范围内，或老年人并不认为基地周边 400 米可步行范围内有公园，可见主观感知到公园对户外活动干预的效能。

　　综上，养老设施选址时，应注重其周边可步行范围有公园。基于主观感知，机构管理人员应加强对老年人的引导和教育，如印发养老设施表，宣传周边设施信息，促进老年人对于公园的主观感知。

　　2. 空气质量

　　空气质量基于主观感知测量："当在基地活动时，能闻到许多尾气（汽车排放、工厂排放等）。"选项为"非常赞同"、"比较赞同"、"比较反对"、"非常反对"。老年人对基地周边的空气质量（基地周围能闻到许多汽车或工厂的尾气）的感知评价每增加 1 个单位（区间由"非常反对"至"非常赞同"），其能达到中强度娱乐型步行指标的优势比仅是原来的62.1%（*OR*=0.621，*p*=0.082），尽管该变量的 *p* 值并不显著，但其在二元逻辑回归中仍然显著（*OR*=0.317，*p*<0.001）（图3-18）。

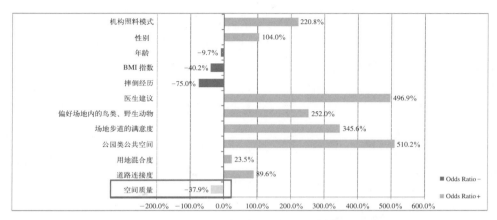

图 3-18　空气质量在中强度娱乐型步行指标模型的优势比分析图

　　空气质量促进了老年人进行户外娱乐型步行的开展，但其对老年人进行高体能活动与是否进行户外活动并无关联。空气质量为老年人健康行为促进研究领域提供了新的循证依据，既往研究多针对公园、公共空间，而尚无空气质量对老年人步行行为促进效益之研究成果。空气质量变量能够促进老年人娱乐型步行活动的开展，但该项变量数据信度不高，由于汽车排放、工厂排放尾气的瞬时性，老年人的此项感知可能受到过去某一时间段内偶然事件的影响。实地调研发现，16座养老设施周边并无工厂尾气，但部分养老设施由于临近快速公路，时而能闻到汽车尾气。

3.5.1.3　公共服务设施要素

1. 学校

　　在模型4-3显示，老年人能够感知到学校（幼儿园、小学、中学、大学）在可步行范围内，其能达到高强度步行指标的优势比增加了3.878倍（*OR*=4.878，*p*=0.021）（图3-19）。

　　学校主观感知变量能够有效促进高体能老年人的户外活动，但其对普通体能老年人的活动开展并无关联。因此，针对高体能老年人，应加强学校类变量的布局。

　　学校的主观感知为老年人健康行为促进研究领域提供了新的循证依据。既往研究多针对商业设施的主观感知，而尚无研究成果表明学校的主观感知的健康促进效益。

既往针对心理学研究表明，老年人大多愿意与儿童、年轻人接触。社会的接触和多层次的交往能缓解老年人内心的孤单和寂寞。而本书进一步印证了基地周边的学校设施对老年人体能活动起到促进作用。本数据是主观感知数据，其客观平行数据：400 米可步行缓冲区内的学校数量、学校最短距离并不显著。由此印证了老年人的主观感知环境与客观环境存在一定差异性，说明：基地周边 400米缓冲区内的学校的实际数量和相关距离对老年人户外步行并无影响；老年人很可能去 400 米范围外的学校并自我感知教堂在学校 400 米范围内；或老年人并不认为基地周边 400 米可步行范围内有学校。《老年人居住建筑设计标准》GB/T 50340—2003[136]3.2.5 条指出，大型、特大型老年人居住建筑宜临近儿童或青少年活动场所。因此，本书也对其提供了循证依据。综上，养老设施选址时适宜考虑关注周边可步行范围有学校。基于主观感知，机构管理人员应加强对老年人的引导和教育，如印发养老设施表，宣传周边设施信息，促进老年人对于学校的主观感知。

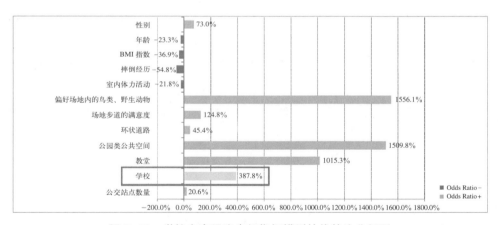

图 3-19　学校在高强度步行指标模型的优势比分析图

2. 教堂

中强度事务型步行指标模型、高强度步行指标模型都印证了教堂的主观感知对于老年人达到中强度事务型步行指标、高强度步行指标的概率正相关（OR=55.026；OR=11.153）。其中，老年人对教堂的感知对其能达到中强度事务型步行指标的优势比最高（OR=55.026）（图 3-20、图 3-21）。

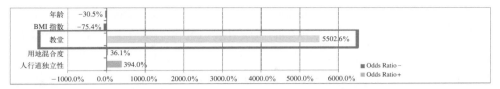

图 3-20　教堂在中强度事务型步行指标模型的优势比分析图

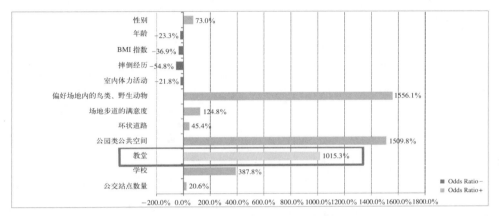

图 3-21　教堂在高强度步行指标模型的优势比分析图

教堂的主观感知为老年人健康行为促进研究领域提供了新的循证依据。既往研究多针对商业设施的主观感知，而尚无研究成果表明教堂的主观感知的健康促进效益。

针对中强度事务型步行指标模型分析可知，步行去教堂活动是自理型养老设施老年人事务型步行的主体。然而，调研的 425 位老年人中，能够达到能够达到中强度事务型步行指标的仅有 11 位（2.6%），因变量数据差异分布也对本模型数据结果造成一定误差。实地调研发现，养老设施老年人少有外出事务型活动，而部分养老设施也在内部为其提供了教堂，并定期邀请牧师组织礼拜活动。但是针对没有内部教堂的养老设施，其周边可步行范围内的教堂设施可能极大促进了老年人外出事务型步行活动。同时教堂感知对于老年人进行高强度步行具有积极促进作用，但是教堂对于老年人活动促进作用的效度一般，其并没有在中强度步行活动模型中呈显性影响，说明其影响性仅局限在高体能活动的老年人。本数据是主观感知数据，其客观平行数据：400 米可步行缓冲区内的教堂数量、教堂最短距离并不显著。由此印证了老年人的主观感知环境与客观环境存在一定差异性，说明：基地周边 400 米缓冲区内的教堂的实际数量和距离对老年人户外步行并无影响，老年人可能去 400 米范围外的教堂并自我感知教堂在基地 400 米范围内，或老年人不认为基地周边 400 米可步行范围内有教堂。

综上，养老设施选址时适宜考虑关注周边可步行范围有教堂。基于主观感知，机构管理人员应加强对老年人的引导和教育，如印发养老设施表，宣传周边设施信息，促进老年人对于教堂的主观感知。

3. 餐厅

餐厅感知变量在二元逻辑回归中具有统计学意义（OR=4.669，$p<0.001$），而多元逻辑回归中控制了其他环境变量后，其统计学意义并不显著（OR=1.833，p=0.102）（图 3-22）。

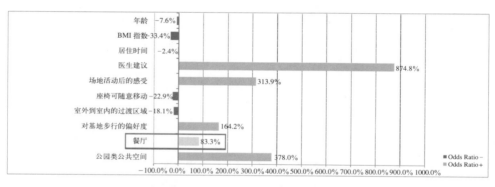

图 3-22　餐厅在户外活动差异性模型的优势比分析分析图

本次研究并没有印证老年人对餐厅的主观感知对户外活动概率的影响，仅仅通过模型 5-3 显示，老年人能够感知到餐厅在自己的可步行范围内，其开展户外步行活动的优势比增加了 83.3%（OR=1.833，p=0.102）。但该数据并不具备统计学意义，或许因调研样本过少，仅仅从优势比数据看，老年人对于基地可步行范围内餐厅的感知对其开展步行活动呈现一定促进性。总体而言，餐厅的主观感知一定程度上拉动了外出活动的老年人开展步行活动的意愿，但其对于老年人是否外出活动并无关联。

综上，养老设施选址时适宜考虑关注周边可步行范围有餐厅。基于主观感知，机构管理人员应加强对老年人的引导和教育，如印发养老设施表，宣传周边设施信息，促进老年人对于餐厅的主观感知。

4.便利店和杂货店

在模型 1-3 显示，老年人能够感知到便利店或杂货店在自己的可步行范围内，其能达到中强度步行指标的优势比增加了 1.350 倍（$OR=2.350, p=0.089$）（图 3-23）。这也印证了既有实证研究中周边的零售商业设施对老年人开展步行促进作用[58]。

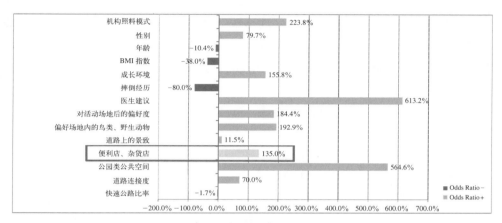

图 3-23　便利店、杂货店在中强度步行指标模型的优势比分析图

便利店和杂货店是养老设施老年人日常生活密切相关的商业设施。调研的 16 座养老设施中每周都会定期组织附超市购物活动，因此，养老设施周边的便利店和杂货店填补了老年人日常生活用品的需求。实际观测也发现，老年人每天不定期附周边便利店购买食品、饮料、小型生活用品等，这也增强了老年人的活动体能。但是便利店仅仅能增强老年人开展中强度步行指标，其针对高体能活动以及是否进行户外活动并无关联。

本书研究证实，相比较于大型超市而言，便利店或杂货店更有助于增强养老设施老年人的外出步行活动意愿。而本数据是主观感知数据，其客观平行数据：400 米可步行缓冲区内的便利店数量、便利店最短距离并不显著。由此印证了老年人的主观感知环境与客观环境存在一定差异性，说明：基地周边 400 米缓冲区内的便利店的实际数量和相关距离对老年人户外步行并无影响，老年人可能去 400 米范围外的便利店购物并自我感知便利店在基地 400 米范围内，或老年人并不认为基地周边 400 米可步行范围内有便利店和杂货店，可见主观感知到便利店或杂货店对户外活动干预的效能。

综上，养老设施选址时，应注重其周边可步行范围内有便利店或杂货店等设施。基于主观感知，机构管理人员应加强对老年人的引导和教育，如印发养老设施表，宣传周边设施信息，进而告知并促进老年人对于便利店或杂货店的主观感知。

5. 用地混合度

用地混合度的主观测量方式是加权了所有老年人可感知设施。中强度娱乐型步行指标模型、中强度事务型步行指标模型都印证了用地混合度的主观感知对于老年人达到中强度娱乐型步行指标、中强度事务型步行指标的概率正相关（OR=1.235；OR=1.361），其对两类步行活动的影响效应相当（图 3-24、图 3-25）。

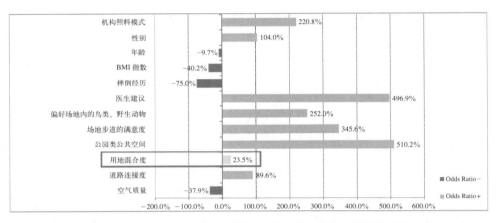

图 3-24　用地混合度在中强度娱乐型步行指标模型的优势比分析图

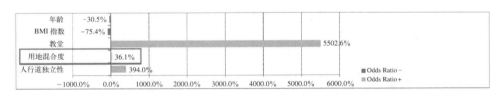

图 3-25　用地混合度在中强度事务型步行指标模型的优势比分析图

这也印证了既有实证研究中设施密度与可达性对老年人开展步行促进作用[68-70]，而相关研究多在分析用地混合度对老年人事务型步行的影响，本书为其对老年人娱乐型步行的影响提供新的循证依据。

用地混合度的数据的稳定性较好，其经历了不同步行活动类型的检验，无论对娱乐型活动或事务型活动都具备显著促进意义。但是，用地混合度并没有对高体能活动老年人是否开展户外活动构成关联。而本数据是主观感知数据，其客观平行数据：400 米可步行缓冲区内的设施数量、设施种类变量并不显著。由此印证了老年人的主观感知环境与客观环境存在一定差异性，老年人可能感知到了400 米范围外的设施并自我感知此类设施在基地 400 米范围内，或老年人并不认为基地周边 400 米可步行范围有如此多的设施。综上，养老设施选址时，应注重其周边可步行范围有多样设施。基于主观感知，机构管理人员应加强对老年人的引导和教育，如印发养老设施周边公共设施表，宣传周边设施信息。

3.5.2　养老设施外部场地环境要素和健康促进效应

在 425 位老年人中，仅有 11 位（2.6%）达到中强度娱乐型步行指标。

3.5.2.1　活动空间要素

临近室内的过渡区域基于 SOS 问卷客观测量：在室外门口处是否有舒适场地可以逗留，评分为 0 ~ 10。模型 5-3 中，临近室内的过渡区域的客观感知度每增加 1（区间 0 ~ 10），其进行任何形式的户外步行活动的优势比下降了18.1%（OR=0.819，p=0.093），即：老年人仅在场地休憩活动的优势比上升 22.1%（OR=1.221）。尽管该变量的 P 值并不显著，但其在 5-2 模型中具有统计学意义（OR=0.805，p=0.043）（图 3-26）。

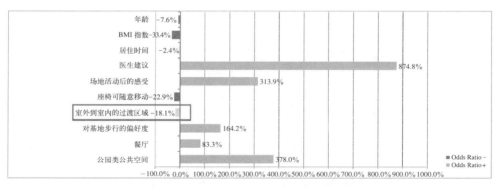

图 3-26　临近室内的过渡区域在户外活动差异性模型的优势比分析图

这印证了乌尔里奇的支持性环境理论，强调的康复场地中的社会支持性。实际调研发现，老年人喜欢在临近建筑的室外区域休憩并观望外部环境活动情况，临近建筑区域为老年人提供了一定场所感和领域感。

基于《老年人建筑设计规范》JGJ 122—99[118] 仅规定养老设施建筑出入口平台不小于 1.50 米 × 1.50 米，而本实验对该规范提出更高的要求，应加大该区域的空间面积进而了促进老年人接触自然类活动行为。同时，基于《老年人居住建筑设计标准》GB/T 50340—2003[119] 中 4.2.5 条规定，老年人居住建筑的出入口宜设置休闲空间，并设置通往各功能空间及设施的标识指示牌。本书也为《老年人建筑设计规范》JGJ 122—99、《老年人居住建筑设计标准》GB/T 50340—2003 提供了循证依据。

因此，养老设施建筑设计阶段应注重在入口区域设计宽阔场地，并提供遮阴设施；养老设施管理人员要注重安放可移动的作息设施，促进活动体能较弱的老年人开展接触自然类活动。

3.5.2.2 步行系统要素

1. 步行道路呈环状

步行道路呈环状变量基于 SOS 问卷客观测量：道路形态呈环状，评分为 0 ~ 10。模型 4-3 中，环状步行道路的客观感知度每增加 1（区间 0 ~ 10），公寓老年人能达到高强度步行指标的优势比增加了 45.4%（OR=1.454，p=0.012）（图 3-27）。

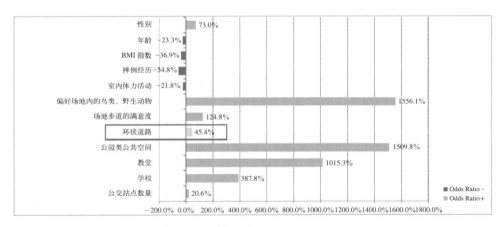

图 3-27　步行道路呈环状在高强度步行指标模型的优势比分析图

场地的步行道路呈现环状对高体能老年人的活动构成了支持，由此也可探究出高体能老年人一部分的活动是围绕环状的户外场地进行的。这印证了乌尔里奇的支持性环境理论中强调的康复场地中的便于运动原则。环状的步行道路更好地满足老年人活动需求、增强活动意愿。相关实证研究也表明了环状步行道路与老年人使用场地时间正相关[116, 120]。而环状步行道路仅仅与高强度步行指标相关，与中强度步行指标并无关联，说明环状的场地步行环境能够提升高体能老年人的活动强度，其对普通体能强度老年人的活动影响关联度不高。基于场地调研发现，16 座养老设施的基地大小范围差异较大。对于大型养老设施（总住户 ≥ 200 位），环状道路或许能够有效提升步行活动强度，而对于小型养老设施（总住户 ≤ 50 位），即使场地道路环状，其对步行活动强度的提升有限。

2. 步行道路的景致

步行道路的景致变量基于 SOS 问卷客观测量：道路周边有良好、有趣的景致（评分为 0 ~ 10）。模型 1-3 中，道路上的景致的客观评分每增加 1（区间 0 ~ 10），公寓老年人能达到中强度步行指标的优势比增加了 11.5%（OR=1.115，p=0.118）（图 3-28）。

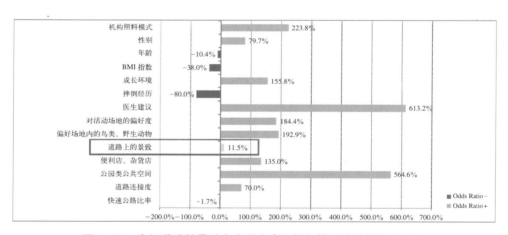

图 3-28　步行道路的景致在中强度步行指标模型的优势比分析图

这印证了乌尔里奇的支持性环境理论中强调的康复场地中的分散性原则。步行道路中的自然景致对老年人的外出活动具有极大的促进作用，且舒缓了老年人的内心压力。综上，养老设施的场地环境要注重设计步行道路周边的自然景致，增加老年人接触绿地景观的可能性，并充分利用绿地景观中的植物、水体等自然元素促进老年人的健康，以达到疗养的效果。

3. 步行道路的支持性

步行道路的支持性基于主观感知测量："户外场地步行道路设计满足您的需求吗？"选项为"非常满足"、"有些满足"、"有些不满足"、"非常不满足"。中强度娱乐型步行指标模型、高强度步行指标模型、是否开展任意户外活动模型都印证了老年人对于场地步行道路总体活动支持性（满意度）对于老年人达到中强度娱乐型步行指标、高强度步行指标、开展任意户外活动的概率正相关（OR=4.456；OR=2.248；OR=1.644）。其中，对中强度娱乐型步行指标的优势比影响最大（OR=4.456）（图 3-29、图 3-30）。

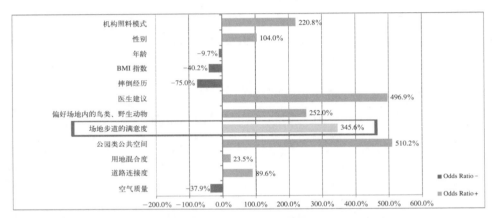

图 3-29　步行道路的支持性在中强度娱乐型步行指标模型的优势比分析图

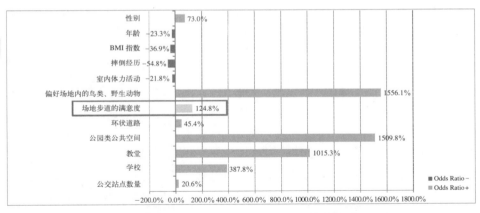

图 3-30　步行道路的支持性在高强度步行指标模型的优势比分析图

这也印证了乌尔里奇的支持性环境理论，促进康复的四类环境原则：便于运动性、控制性、社会支持性、自然分散性。

综上，养老设施的场地环境适宜设计成连贯的步行道路系统便于老年人运动，有明确的道路指引是增强老年人场所控制性的主要因素；多种长度路径并联系多个社会活动空间，进而结合开敞空间和私密空间，增强活动场地的社会支持，要有道路周边的自然景观、野生动物等，能够缓解老年人的内心压力。

3.5.2.3 绿植景观要素

1. 场地乔木和灌木

场地乔木和灌木变量基于主观感知测量："在当前公寓场地内的如下景观设施中，您最喜欢哪个？"选项为"鸟类和野生动物"、"乔木和灌木"、"花朵"、"水池和喷泉和池塘等"、"其他"。模型 6-3 中，偏好场地内乔木和灌木的老年人，其开展任意户外活动的优势比增加 1.504 倍（$OR=1.504$，$p=0.039$）（图 3-31）。

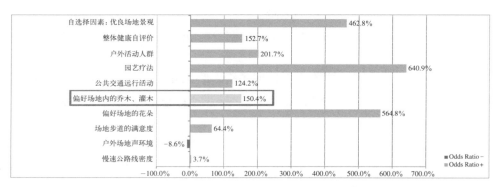

图 3-31　场地乔木和灌木在是否开展任意户外活动模型的优势比分析图

这也印证了亲生命体假说理论，绿色植物对老年人户外活动具有突出的促进作用[116, 120]，场地乔木和灌木对老年人外出接触自然类场地活动具有促进效益。基于卡普兰的注意力恢复理论，自然环境中的各类要素激发了人类的不自觉注意力，进而有效缓解压力、改善心情和认知水平[72]。

2. 场地花朵

场地花朵变量基于主观感知测量："在当前公寓场地内的如下景观设施中，您最喜欢哪个？"选项为"鸟类和野生动物"、"乔木和灌木"、"花朵"、"水池和喷泉和池塘等"、"其他"。模型 6-3 中，偏好场地花朵的老年人，其开展任意户外活动的优势比增加 5.648 倍（$OR=6.648$，$p<0.001$）（图 3-32）。

这也印证了亲生命体假说理论，花朵对老年人进行户外活动具有突出的促进作用[116, 120]。场地花朵对老年人接触自然类场地活动具有促进效益，但对老年人步行活动尚无关联。基于卡普兰的注意力恢复理论，场地花朵同绿色植物一样，有效促进了身心愉悦，缓解了长久在室内公寓居住的心理压抑感[72]。

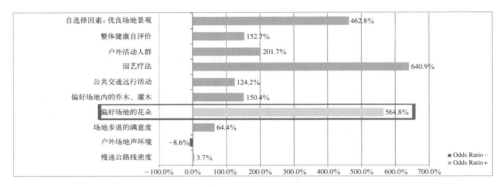

图 3-32　场地花朵在是否开展任意户外活动模型的优势比分析图

综上，养老设施的场地环境要根据老年人的生理、心理特点进行植物规划，用季相明显的花灌木和彩叶树木进行搭配，有助于缓解老年人心理压力[121]。

3. 场地声环境

临近室内的过渡区域基于客观测量：使用 BAFX 3370 型分贝仪测量场地中心人耳高度的平均声环境。模型 6-3 中，场地的平均声环境每增加 1 分贝，公寓老年人开展任意户外活动的优势比下降了 8.6%（$OR=0.914$，$p=0.062$）。尽管该变量的 P 值并不显著，但其二元逻辑回归中具有统计学意义（$OR=0.838$，$p<0.001$）（图 3-33）。

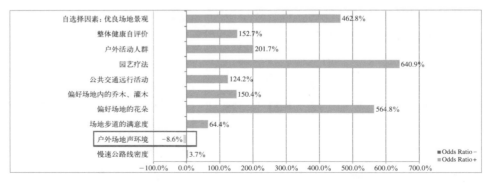

图 3-33　场地声环境在是否开展任意户外活动模型的优势比分析图

场地声环境变量对老年人是否外出开展活动负相关，其并不影响外出步行活动老年人的活动开展度。场地声环境为老年人健康行为促进研究提供了新的循证依据。既往尚无研究表明场地声环境对公寓老年人是否进行户外活动有关联。场地声环境是一项综合考核指标，其影响因素有：基地周边交通环境、场地绿植对外部噪声的消解等。该数据并不显著或与测量时间较短有关：每个场地仅瞬时性测量两次计算均值，后继研究应采用持续性测量。更精确分析声环境的影响。基地外部环境的快速公路比率对老年人达到中强度步行指标负相关，除了安全性的考虑，对于交通噪声或也是阻碍老年人活动的原因。

3.5.2.4 设施系统要素

1. 场地可移动休憩设施

场地可移动休憩设施基于 SOS 问卷客观测量：部分座椅可以随意移动（评分为 0～10）。模型 5-3 中，座椅可随意移动的客观感知度每增加 1（区间 0～10），其进行任何形式的户外步行活动的优势比下降了 22.9%（$OR=0.771, p=0.001$），即：老年人仅在场地休憩活动的优势比上升 29.7%（$OR=1.297$）（图 3-34）。

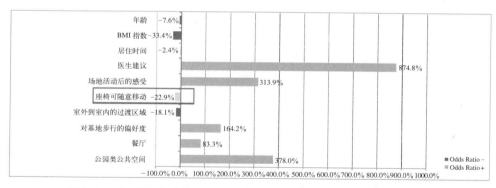

图 3-34 场地可移动休憩设施在户外活动差异性模型的优势比分析图

这印证了乌尔里奇的支持性环境理论中强调的康复场地中的社会支持性原则，可移动休憩设施不仅便于老年人随意开展社会活动，也能够增强老年人的场所认同感和可控性。

数据显示，场地可移动休憩设施对老年人进行任何形式的步行活动负相关，这为该领域研究提供新的循证依据。场地可移动休憩设施促进了老年人在场地中的休憩而对进行有氧体能活动构成制约。该变量既可对活动体能较弱的老年人构成正向诱导，又可对体能强老年人构成反向诱导。该变量对老年人是否开展任意户外活动并无关联，其影响性仅限于愿意进行户外活动的老年人，促进了老年人的接触自然类活动。综上，养老设施的场地作息设施设计应该分类处理，适当地提供可移动休憩设施，满足活动体能较弱的老年人便于开展接触自然类活动。

2. 场地鸟类和野生动物

场地鸟类、野生动物变量基于主观感知测量："在当前公寓场地内的如下景观设施中，您最喜欢哪个？"选项为"鸟类和野生动物"、"乔木和灌木"、"花朵"、"水池和喷泉和池塘等"、"其他"。中强度步行指标模型、中强度娱乐型步行指标模型、高强度步行指标模型都印证了老年人对于场地内鸟类、野生动物的偏好对于老年人达到中强度步行指标、中强度娱乐型步行指标、高强度步行指标的概率正相关（OR=2.929；OR=3.520；OR=16.561）。其中，偏好场地内的鸟类或野生动物的老年人其能达到高强度步行指标的优势比最高（OR=16.561）（图 3-35 ～图 3-37）。

场地鸟类或野生动物能大幅提升老年人户外活动的动能，这也为老年人健康行为促进研究领域提供了新的循证依据。亲生命体假说理论研究得出绿色植物的健康效益，而尚无研究成果表明鸟类和野生动物对老年人步行活动的促进效益。场地鸟类或野生动物因素数据较稳定，不受步行时间间隔（90 分钟或 150 分钟）以及步行行为方式的影响，由此说明其对步行活动强力有力的行为促进效益。但是，场地鸟类或野生动物对老年人是否进行健康行为并无关联，说明其对健康行为的影响性仅仅存在于步行行为中。

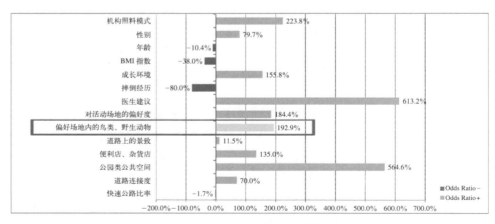

图 3-35　场地鸟类和野生动物在中强度步行指标模型的优势比分析图

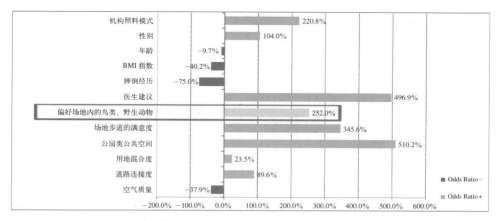

图 3-36 场地鸟类和野生动物在中强度娱乐型步行指标模型的优势比分析图

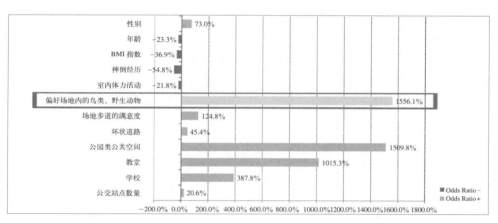

图 3-37 场地鸟类和野生动物在高强度步行指标模型的优势比分析图

综上，养老设施的场地环境营造应注重为野生动物提供相应的设施，如小鸟饮水池、喂食池等，进而吸引鸟类和野生动物增强场地活力。

3.5.3 养老设施社会氛围要素和健康促进效应

3.5.3.1 社交网络要素

在模型 6-3 显示，老年人户外活动人群对老年人是否进行户外活动的概率正相关。与邻居、家人、机构护理人员一起户外活动的老年人，其开展任意户外活动的优势比比独自户外活动的老年人增加了 2.017 倍（$OR=3.017$，$p=0.007$）（图 3-38）。

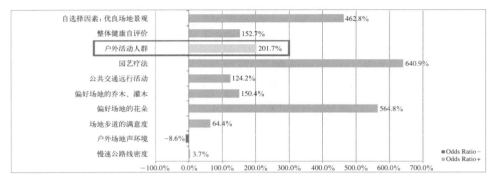

图 3-38　户外活动人群在是否开展任意户外活动模型的优势比分析图

由此印证了 Icek Ajzen[87] 的计划行动理论中，人群活动的重要促进因素在于能够从群体中感受到社会支持。

因此，养老设施在平时组织活动中要注重增强老年人群体间的社会支持，促进老年人群体交流。此外，机构也应广泛宣扬尊老敬老意识，积极鼓励家人对公寓老年人的看望，进而共同促进老年人进行户外活动。

3.5.3.2　行为干预措施要素

1. 医生建议

中强度步行指标模型、中强度娱乐型步行指标模型、户外活动差异性分析模型都印证了医生建议对于老年人达到中强度步行指标、中强度娱乐型步行指标以及进行户外步行活动的概率正相关（OR=7.132；OR=5.969；OR=9.748）。其中，医生建议对老年人开展户外步行活动的优势比最高（9.748 相对于 7.132、5.969）（图 3-39 ～图 3-41）。

由此说明，医生的建议对老年人的户外步行具有极高的促进意义，数据的显著性较高，也经历了不同步行类型之间的检验，医生建议变量不受步行活动目的的影响。同时，步行活动促进了那些愿意出来活动的人群，以便于开展步行活动，但其对老年人是否外出活动并无联系。由此印证了既有实证研究中医生建议对人群活动的社会促进效应[44]。当前美国养老设施都配有康复训练师，专门针对老年人相关体能活动提供训练和建议。因此，机构管理人员应加强对康复训练师培训，除了对老年人肌体活动提供切实的指导外，也应加强康复训练师言语说服力，增强老年人户外活动的自信心并提供充分的社会支持。

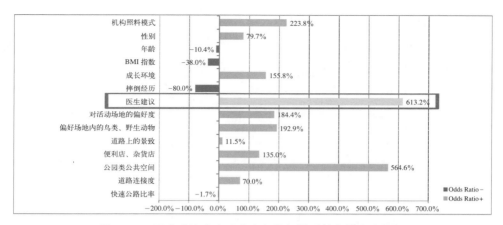

图 3-39　医生建议在中强度步行指标模型的优势比分析图

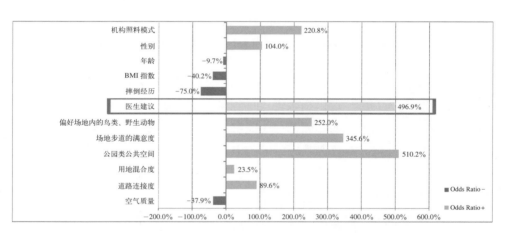

图 3-40　医生建议在中强度娱乐型步行指标模型的优势比分析图

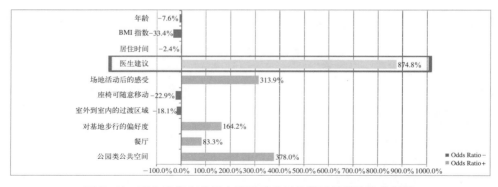

图 3-41　医生建议在分析户外活动差异性模型的优势比分析图

2. 园艺疗法

模型 6-3 显示，提供户外园艺疗法的养老设施，其老年人开展任意户外活动的优势比增加了 6.409 倍（$OR=7.409$，$p=0.010$）（图 3-42）。

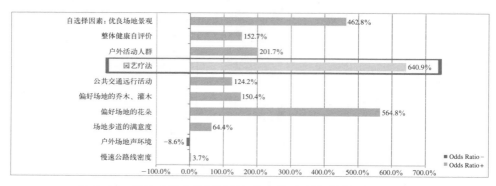

图 3-42　园艺疗法在是否开展任意户外活动模型的优势比分析图

由此可知，在老年人是否开展户外活动的分析中，园艺疗法处于首位影响要素。开展园艺疗法的养老设施，极大促进了老年人户外活动的意愿，从而接触自然，并具有康复效益。由此说明，园艺疗法能够促进长期室内静止的老年人外出活动的意愿和可能性，但其对已经外出活动的老年人，并没有活动强度的影响。园艺疗法对老年人的生理、心理的治愈恢复效果早已被学术界证实，老年人适当参加种植园艺，既接触了自然环境也促进了群体交往，园艺治疗也有活跃老年人关节组织作用，本书也为养老建筑的绿地系统设计提供了循证依据。

3. 公共交通远行活动

模型 6-3 显示，机构每周组织的公共交通远行活动每增加 1 个，其老年人开展任意户外活动的优势比增加了 1.242 倍（$OR=2.242$，$p=0.003$）（图 3-43）。

由此看出，机构不定期的组织公共交通远行有助于帮助静止在室内的老年人开展户外活动。其影响因素应该是多元的，一方面，公共交通远行活动本来就是一种室外活动，另一方面，公共交通远行活动促进了老年人潜在到室外活动的意愿和概率。调研的 16 座养老设施中，平均每周进行公共交通远行活动 2.02 次（标准差=1.496），活动具体内容为到周边 1 小时车程内的博物馆、文化中心、大教堂等公共场所活动，机构人员也反映此类老年人参与率较高。公共交通远行活动能够排解老年人久居在宅的压抑感，也增强老年人群体间的社会支持和联系，应大力普及。

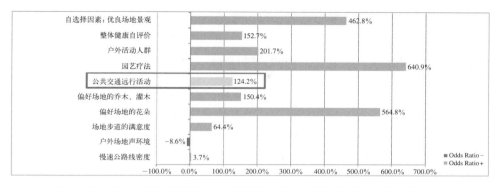

图 3-43　公共交通远行活动在是否开展任意户外活动模型的优势比分析图

4. 室内体力活动

调研的 16 座养老设施活动日志显示，室内体力活动开展的频率最高（4.94次 / 周，标准差 =1.611）。而针对群体组织室内活动对老年人户外活动的影响尚无相关成果。

本次研究并没有印证室内体力活动变量对老年人户外活动概率的显性负相关。仅仅通过模型 4-3 显示，机构每周组织的室内体力活动每增加 1 个，其能达到高强度步行指标的优势比降低了 30.6%（OR=0.782，p=0.233）（图 3-44）。但该数据并不具备统计学意义，或许与调研样本过少有关联，仅仅从优势比数据看，室内体力活动对老年人户外活动呈现一定制约性。

机构组织的室内体力活动仅仅对高体能老年人的户外活动构成制约，而对普

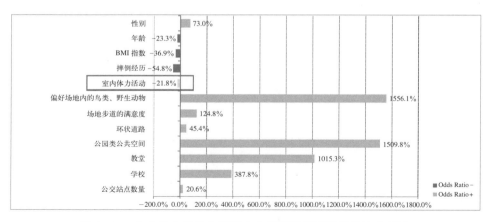

图 3-44　室内体力活动在高强度步行指标模型的优势比分析图

通体能老年人的活动以及是否户外活动并无关联。由此说明，室内体力活动仅仅影响了活动体能较高的老年人活动开展度，但其影响并不显著差异。因此，自理型养老设施活动组织人员宜适当组织户外活动，在保证户外活动情况下，可以适当削减室内活动量。

4 中美养老设施外部环境健康促进要素的比较研究

4.1 中美养老设施建设背景比较

4.1.1 中美老龄人口结构的差异

4.1.1.1 美国老龄化程度较高、同北京和上海类似

美国 1944 年开始进入老龄化国家。根据 2017 年 7 月最新统计数据，当前美国人口 3.26 亿，是世界第三人口大国，城市化发展水平极高，81% 的人口居住在城市[108]。美国将 65 岁及以上人口定义为老年人，当前美国 65 岁及以上老年人口占总人口的 14.5%，比我国数据（10.5%）高出 4 个百分点[3]（图 4-1）。

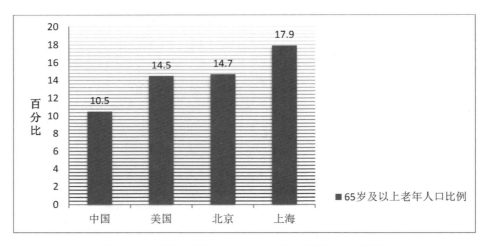

图 4-1 中国、美国、北京、上海老龄化程度对比图

同我国超大城市北京、上海对比发现，美国总体老龄化水平（14.5%）与北京类似（14.7%），而上海的老龄化水平（17.9%）高出美国 3 个百分点，这也侧面说明美国老年人问题研究，对我国超大城市有一定的借鉴意义。根据图 4-2 和图 4-3 对比可见，美国的人口老龄化程度要高于我国，也对我国未来老龄化发展具有一定参考性[4, 108]。

4.1.1.2 美国老龄人口较多、老年人口构成同北京和上海类似

根据中国、美国、北京、上海的各年龄段老年人口所占比重比较可知，美国的老龄人口比重与我国超大城市老龄人口比重呈现相似性[4, 108]（图 4-4），在高龄老年人（80 岁及以上）分布中，美国高龄老年人占 19.7%，高出北京、上海水

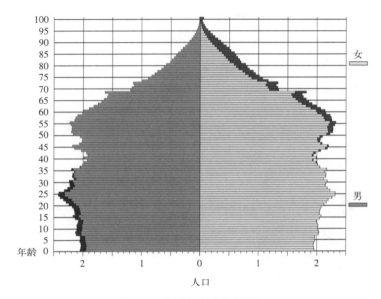

图 4-2　美国人口金字塔图

资料来源：根据 http：//www.census.gov 数据绘制

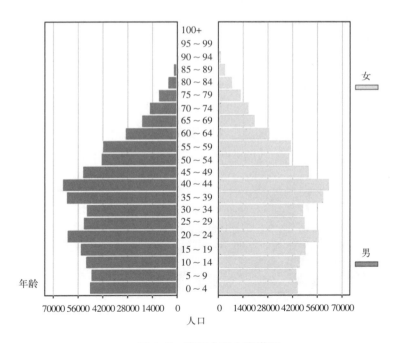

图 4-3　我国人口金字塔图

资料来源：根据中国科学院《中国现代化报告 2013》绘制

平,远高出我国平均水平 7 个百分点（12%）,在低龄老年人（60 ~ 69 岁）分布中,美国（51.2%）和北京（50.7%）的低龄老年人分布类似,约占总老龄人口的一半。全国的低龄老年人（59.1%）比例高出美国近 8 个百分点,而中龄老年人（70 ~ 79岁）比例我国和美国差异不大。

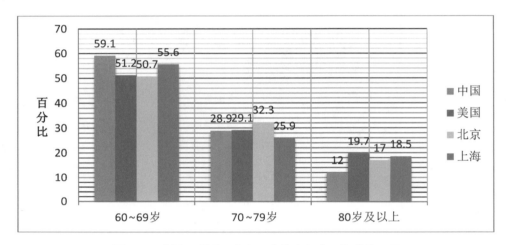

图 4-4　中国、美国、北京、上海老年人口构成状况图

美国老年人口居住方式统计中，66.2% 的老年人和配偶、子女共同居住，28.2% 的老年人独居，5.7% 的老年人居住在养老设施（图 4-5），该数据普遍高于我国的机构养老比重。美国 65 ~ 74 岁老年人居住在养老设施的比例是 1.8%，75 ~ 84 岁老年人居住在养老设施的比例是 6.0%，而 85 岁及以上老年人居住在养老设施的比例达到 21.9%[122]（图 4-6）。

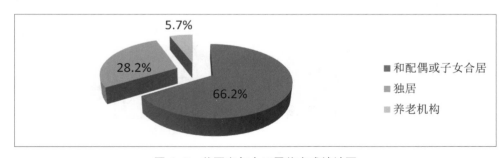

图 4-5　美国老年人口居住方式统计图

资料来源：Sengupta M, Velkoff V A, DeBarros K A. 65+ in the United States, 2005[M]. US Department of Commerce, Economics and Statistics Administration, US Census Bureau, 2005.

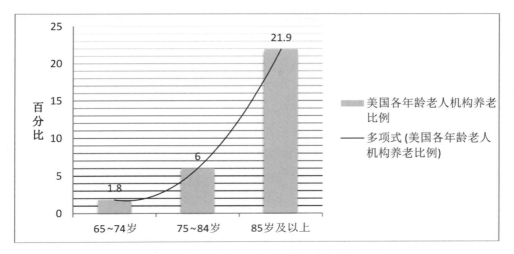

图 4-6　美国各年龄老年人机构养老比例统计图

资料来源：Sengupta M，Velkoff V A，DeBarros K A. 65+ in the United States，2005[M]. US Department of Commerce，Economics and Statistics Administration，US Census Bureau，2005.

4.1.2　中美养老设施发展水平的差异

4.1.2.1　美国养老设施发展状况

1. 美国养老设施建设背景

基于美国高度老龄化的人口发展现状以及强大的自体经济实力，美国养老设施的设计、管理、运营等领域发展一直处于世界领先地位。养老设施的建筑类型和服务模式也更加多元化，包含了持续照料社区，自理型、介助型和介护型养老设施，老年痴呆症照料中心，临终关怀照料中心等。

养老设施的发展历程也经历了四个重要阶段：

（1）1820 年～1934 年的发展起步阶段：1820 年，美国第一座社会救济所成立，20 世纪初期，美国开启了大规模工业化和城市化发展进程，社区中出现提供间歇式养老照料服务的养老设施，由于发展规模、运营资金的局限，这一阶段的养老设施建筑环境较简陋。

（2）1935 年～1944 年的发展停滞阶段：由于两次世界大战的影响，该阶段养老设施的发展受到抑制。

（3）1945 年～1989 年的快速发展阶段：1944 年，美国进入老龄化社会，政府高度关注养老照料问题，各州营利性和非营利性养老设施广泛设立，并出台的一系列养老设施联邦标准、规范、法案，规范了养老设施的服务内容、建成环境标准，该时期的养老设施常采用欧式风格，外石墙面较厚重，并配有广阔的草坪（图 4-7）。

（4）1990 年至今的高质量发展阶段：20 世纪 90 年代后期的养老设施发展经历了革新式的转变，建成环境摒弃了传统的医疗设施形态转变成为以美国乡村公寓的形态，以低层的花园式洋房为主，建筑多采用米白色、米黄色、黄色等暖色系，带有浓郁的自然气息，与自然环境很好地融合在一起。场地中设有花园、凉亭、庭院等，搭配树木和花草等，养老设施发展开始关注自然环境的康复效益，采用有助记忆力的设计、强调动物、植物的互动性，进而促进老年人户外康复活动（图 4-8）。

图 4-7　美国 20 世纪 60 年代养老设施　　　　图 4-8　美国乡村风格老年公寓

2. 美国各类养老设施发展

美国养老设施包含六种类型，主要提供自理型（Independent Living）、介助型（Assisted Living）、介护型（Skill Nursing）三种照料服务（表 4-1）。活跃老年社区仅向老年人提供文娱设施服务，可视为单纯的房地产运营模式。可持续照料社区中自理型居住单元居多，一般占到总单元数的 70% ~ 80%。自理型和介护型养老设施主要针对早期、中期老年人，而介护型养老设施主要针对晚期老年人。统计显示，美国现存 15700 家介护型养老设施、22200 家自理型或介助型养老设施[123]（图 4-9）。

美国养老设施类型、种类、服务对象、住宅产品　　　　表4-1

照料服务类型	养老设施种类	服务对象	服务与护理内容	住宅产品
自理型	活跃老年社区（Active Adult Communities，AAC）	55 ~ 65 岁，独立、社会活动活跃的老人	不提供医疗护理服务，提供丰富的社交文娱设施	联排、独栋别墅，出售

续表

照料服务类型	养老设施种类	服务对象	服务与护理内容	住宅产品
自理型	老年公寓 (Senior Apartment, SA)	55～56岁，喜欢独立生活的老人	不提供医疗护理服务，提供丰富的社交文娱设施和必要的出行支持	公寓式，出租
自理型	自理生活社区 (Independent Living Communities, ILC)	65～75岁，生活能够自理，喜欢参加社会活动的老人	不提供医疗护理服务，提供就餐、清理房间、社会文娱活动和必要的出行支持	公寓式，出租
介助型	辅助生活社区 (Assisted Living Communities, ALC)	75岁以上，提倡生活需要辅助，但不需要医疗照护	除了提供自理型养老机构的服务外，还提供医疗管理、洗浴、穿衣、喂餐等服务	公寓式，出租
介护型	护理院 (Skilled Nursing Facilities, SNF)	患有慢性疾病，术后恢复或记忆功能衰退，需24小时医疗照护的老人	提供24小时医疗照护，常规的康复治疗和医药监督管理	公寓式，出租
自理、介助、介护结合型	持续照料社区 (Continuing Care Retirement Communities, CCRC)	患有慢性疾病，术后恢复或记忆功能衰退，需24小时医疗照护的老人	提供24小时医疗照护，常规的康复治疗和医药监督管理	公寓式，出租

资料来源：Harris-Kojetin L, Sengupta M, Park-Lee E, et al. Long-Term Care Services in the United States：2013 Overview[J]. Vital & health statistics. Series 3，Analytical and epidemiological studies/[US Dept. of Health and Human Services，Public Health Service，National Center for Health Statistics]，2013 (37)：1-107.

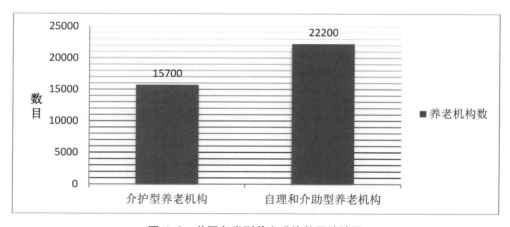

图4-9　美国各类型养老设施数目统计图

资料来源：Harris-Kojetin L, Sengupta M, Park-Lee E, et al. Long-Term Care Services in the United States：2013 Overview[J]. Vital & health statistics. Series 3，Analytical and epidemiological studies/[US Dept. of Health and Human Services，Public Health Service，National Center for Health Statistics]，2013 (37)：1-107.

　　以自理型和介助型为照料模式的养老设施近年来发展极为迅速。相关研究表明，1998 年～2000 年间养老设施数增长 33%，2000 年～2002 年间增长 13%，2002 年～2004 年间增长 3%，2004 年～2007 年间增长 6%，2004 年～2010 年间增长 5.4%[123]。目前，美国约有 2.1% 的 65 岁及以上老年人住在自理型和介助型养老设施中，当前主流的自理型和介助型养老设施已运营了 15 年（图 4-10），其为老年人提供较私密的老年颐养环境和酒店级的照料服务，并能满足老年人独立居住和集体生活的双重需要，促进老年人间的社会融合和交流（图 4-11、图 4-12）。

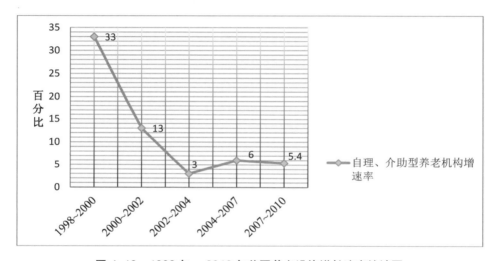

图 4-10　1998 年～ 2010 年美国养老设施增长速率统计图

资料来源：Harris-Kojetin L, Sengupta M, Park-Lee E, et al. Long-Term Care Services in the United States：2013 Overview[J]. Vital & health statistics. Series 3, Analytical and epidemiological studies/[US Dept. of Health and Human Services, Public Health Service, National Center for Health Statistics], 2013 (37)：1-107.

图 4-11　美国自理型养老设施居室实景图　　图 4-12　美国介助型养老设施居室实景图

美国自理型、介助型养老设施的入住人群以高收入阶级和中产阶级为主，而针对低收入人群且需要生活照料服务的老年人，通常可向政府申请价格优惠并享受相关养老照料资助[124]。美国当前约有 2.1% 的 65 岁及以上老年人住在自理型、介助型养老设施中，其主要入住动机有以下几种：（1）免于料理家务和餐食；（2）便捷的医疗资源；（3）丧偶；（4）需要生活辅助照料；（5）渴望社会交流。本书调研统计，自理型养老设施的平均入住费用为 \$2582.29/ 月（标准差 =578.205），介助型养老设施的平均入住费用为 \$3206.00/ 月（标准差 =350.598）。

3. 美国养老设施健康促进情况

美国国家健康协会（CDC）积极提倡老年人户外运动，养老设施也在活动群体组织、医护建议、户外支持性环境等多方面促进老年人户外活动[125]。养老设施的选址也不是独立隔离的空旷地带，而是与城市有机共生，给予老年人极大的环境支持，内部场地环境中设置了疗养花园，满足体能较弱的老年人户外活动。

4.1.2.2 我国养老设施发展状况

我国大城市老龄人口庞大，该人群经济状况较好且生活方式更独立、社会交往能力更强、对健康较重视，随着家庭结构的微缩化，其对养老设施有着较高的刚性需求。同时，养老设施外部环境质量也有较大的提升。老年人到养老设施不仅寻求照料护理，还寻求较高的生活质量及密切的邻里社交网络，从而让老年人实现积极主动、快乐、丰富、满足、享受地生活。但我国当前养老设施建设仍处于起步发展阶段，存在环境设施不完善、供给配套不足等诸多问题。

总体而言，选择机构养老的老年人所占比例仍较低。全国养老服务市场的参与主体较为多元化、国际化，如以中信国安、诚和敬为代表的国有企业，以万科、保利、远洋、乐成等为代表的地产开发企业，以泰康、国寿等为代表的保险企业以及外资企业、实力民营企业等纷纷进入养老服务市场（表4-2）。企业办养老设施类型也十分丰富，如持续照料全龄社区、持有型大型养老社区、城市配建中小规模养老设施、社区嵌入式养老设施等。针对不同年龄段、不同身体状况、不同支付力的老年人提供多样化、多类型和多档次的养老服务，并出现了连锁化发展趋势（表4-3）。

进军养老市场企业类型和代表企业统计表 表4-2

企业类别	代表企业
国有企业	中信国安、诚和敬
房地产开发企业	万科、保利、远洋
保险企业	泰康、国寿
外资企业	Emeritus
实力民营企业	北京太阳城集团、汇晨集团

养老设施类型、代表项目及特点统计表 表4-3

类型	代表机构	特点
持续照料全龄化社区	北京太阳城	1. 全龄社区、适合不同年龄混合居住； 2. 地产开发模式，共享配套服务资源
持有型大型养老社区	泰康之家·燕园	1. 纯粹老年社区、购买使用权、终身持续照料、居住模式多样、医护配比健全； 2. 可满足老年人在身体各个状态下的居住和医护需求、享受更优越的居住环境； 3. 可配建老年大学、老年活动中心、康体中心、医疗服务中心等
城市配建中小规模养老设施	乐成·恭和苑	1. 地理位置优越、购买使用权或租赁形式、终身持续照料、医护配比健全； 2. 可满足老年人在身体各个状态下的居住和医护需求、同时没有离开熟悉的社会环境、能够得到优质的医疗服务、方便子女探望
社区嵌入式养老设施	寸草春晖	针对社区高龄老年人、自理半自理老年人，离家不离街
度假养生养老设施	九华养生养老公寓	1. 依托自然资源(温泉、空气、植被、气候等)开发集度假、休闲、养生、养老、康复保健、长寿文化于一体的综合性住区； 2. 主要针对40岁以上预备养老和活力老年人，同时满足家人、朋友的度假需求； 3. 经营形式多样，可转为宾馆客房，供开会、培训使用

4.1.3　中美家庭伦理观的差异

家庭伦理观念反映了家庭赡养结构和伦理演变，中美家庭伦理观的差异体现在核心伦理文化方面。美国的"个人主义"文化宣扬个体独立性和差异性，形成"接力型"的家庭网络，父母仅承担对子女"有限抚养责任"，子女也仅承担对父母的"有限赡养义务"，由此美国养老照料以个体为核心展开，父母的养老问题并不完全依赖于子女，而是部分依托了政府的普惠型社会福利制度。美国养老设施是老年人追求高品质生活环境的场所，加之普惠型的社会养老保障以及其他补充型保险年金的支持，美国老年人对于高端养老需求的支付力较强，机构养老的社会接受度较高。

　　而我国传统儒家思想和"孝文化"形成了"反哺型"的家庭网络，养老照护单位以家庭为核心，子女要承担父母绝对赡养义务，也继承父母的事业和财产。我国子女是父母的第一寄托，也是父母养老的第一责任人。虽然家庭经济收入日趋增高及社会养老保障制度的普及，但我国子女对父母养老契约依然稳固存在。因此，我国老年人仍以居家养老为主，子女是养老责任的主体承担者。为实证探究我国养老设施入住需求，本书选取了天津、洛阳的多个养老设施老年人进行小组访谈（图 4-13 ～图 4-15）。访谈问题围绕："您为什么来住养老设施？"结果显示如下（节选）：

图 4-13　天津市某养老院

图 4-14　天津市某养老院

图 4-15　洛阳市某老年公寓

1.2015 年 10 月 1 日 15 时，天津市某养老院

骆女士，82 岁，退休干部，入住介助型养老设施。

"我的记忆力不太好，需要定时吃药以及量血压。我老头不在了，原来一个人在家住。女儿虽在本地工作，但工作很忙经常出差，她怕照顾不好我就把我送到这里。这里的医护条件很好，每天都能给我量血压并提醒吃药，有些小问题还可以到旁边的老年病医院看病，住在这里我非常满意和放心。"

张女士，78 岁，王先生，79 岁，双退休干部，入住自理型养老设施。

"我和老伴有俩儿子，一个在北京一个在美国，平时就我俩自己在家住。儿子要给我们请保姆，我们拒绝了，因为我和老伴身体还不错，家里有啥活儿老伴都能干，何必请个保姆，还让人不放心。去年，我向儿子提议和老伴一块住到这里，这临着老年病医院，平时看病取药很方便，就算突然的事情，也可以向楼管申请去市里的大医院。这里的饭餐我和老伴都很满意，偶尔我和老伴也去附近的餐馆换换口味，不在这吃饭还可以登记省一顿饭钱。平时没事我和老伴坐公交去水上公园，有时也去南运河边散步。"

2.2016 年 4 月 5 日 16 时，天津市某养老院

赵女士，78 岁，李先生，80 岁，退休干部，入住自理型养老设施。

"当时是因为看上这里的环境才住了进来，这里有一个天同医院，各种设备很齐全。我们身体没什么病，但岁数大了不妨要多考虑下身体以防万一。子女工作太忙了，我们也不想给他们添麻烦，住在这里环境优美，平时还能出去赶个集买点菜回去做着吃，我们很喜欢这里。"

3.2015 年 10 月 19 日 11 时，洛阳市某老年公寓

孙先生，71 岁，退休干部，入住自理型养老设施。

"我原来是洛阳玻璃厂五分厂管技术的科长，退休后经常和老伙计在家属院打麻将、下棋，可到后来一块玩的人少了，随着好多人都跟着孩子搬到了新区居住，家属院也没什么认识的伙计。前年我老伴死了，我就住在了这里。我有姑娘和儿子，姑娘嫁到了郑州，儿子在本地。他每周都过来看我，在这里也认识了新的伙计，没事一块写个字。我平时只在场地中活动，因为机构不让独自出门。"

由此看出，当前我国养老设施服务对象主要针对有独居、子女在外地、经济条件较好、健康的老年人。当前中国的快速城市化进程加速了人口的空间流动，并导致了城市人口结构非均质化问题，大多体现在超大城市、特大城市独子化、空巢化家庭比例的增高，大量健康自理、经济条件较好、独子、空巢家庭老年人

入住到养老设施中，一方面摆脱了日常家务的操劳，另一方面享有了稳定的医疗保障。随着我国独生子女家庭老龄化问题的日益突出，且 20 世纪 50～60 年代生育高峰期出生的人群逐渐进入老龄，以及经济条件的不断提升，预计养老设施有着较高的刚性需求。

4.1.4　中美社会养老制度的差异

社会养老制度是老年人养老服务支付能力的基础，美国普惠型的社会养老保障体系为机构养老服务提供了制度保障。美国老年人机构养老的支付供给包含社会养老金、长期照护保险、住房反抵押贷款、个人储蓄金等，中国老年人机构养老支付供给仅有社会养老金、个人储蓄等。

社会养老金方面，美国社会基本养老保障金已实现长久积累，结合个人和企业联合缴纳的私人补充养老金后，老年人退休后的收入可到达退休前的 75%～90%[126]。截至 2014 年，美国老年人平均退休金 \$3780/ 月，基于本书调研数据，自理型养老设施的平均入住费用为 \$2582.29/ 月（标准差 =578.205），介助型养老设施的平均入住费用为 \$3206.00/ 月（标准差 =350.598）。由此看出，美国老年人的社会养老金足以支付养老设施费用，伴随着低廉的社会医疗服务，美国老年人的经济压力较小且养老服务购买力较强，对养老设施高效运营和快速发展提供充足的市场保障。

我国社会主义计划经济时期的养老保障完全由企业承担，是典型的低水平扁平化养老保障体系，改革开放后，社会主义市场经济阶段，为贯彻落实社会发展的"效率优先"原则，减轻企业的运营成本，养老保障逐渐与企业脱离并开始归入社会集中管理。1986 年，我国首次提出了劳动合同制，规定新入职的职工一律实行养老金缴费制度，1993 年，养老金缴费制度全面执行。由于我国养老金收缴较晚，当前城市基本养老保险收入总体仍是支出大于收入，资金缺口较大。由于我国对企业补充养老金的政策调控尚不完善，致使企业雇主所应承担的职工养老责任尚不明确，进而企业补充养老金的征收比例及雇主征收配额比例较低。因此，我国当前的社会养老制度仍处于低福利状态，与美国的高福利广覆盖的社会养老保障具有较大差距。截至 2010 年，全国平均社会养老金 2050 元，其中超大城市高于全国水平：北京 3050 元，上海 2936 元，天津 2295 元。结合本书初步调研统计，养老设施的平均月开销 2300～3300 元，我国仅有北京和上海能够达到当前的要求，由此验证我国老年人对于设施养老支付力较弱。

长期照料保险（Long Term Care Insurance）是美国特有的商业保险，专门为因患慢性病而需长期（一年以上）照料人群设立，作为医疗保险的补充机制有效承担了老年人医疗费以外的照料服务费用，在介助型、介护型养老设施老年人中的保有率较高，当被保险人的日常生活无法独立完成，需要他人协助时，便可申请保险的赔付[123]，极大增强了美国老年人对于介助型、介助型养老设施的支付能力，对于自理型养老设施，并无此类保险。我国尚未建立长期照料保险体系，当老年人需要长期照料时，其往往花销较高对家庭造成较大负担，这也相对削弱了老年人对于养老设施的支付能力。

由于美国社会养老保障体系发展较成熟且覆盖率较广，再加之长期照料保险的补给，美国老年人养老设施的支付力较强。而我国当前在社会养老保障体系、机构养老供给政策方面较美国都存在较大的不足，较清晰地体现了"未富先老"问题。因此，当前养老设施的发展仍受到一定瓶颈，仍以社会群体中的高收入人群为主，不能成为普适化社会福利机构。但是，伴随着我国经济的持续良好发展和老年人生活物质水平的提升，以及养老观念的转变，未来我国的养老设施会有突出的发展需求。

4.2 中美养老设施外部基地环境健康促进要素比较

美国养老设施强调社会融合，并实行严格的规模控制，注重与周边的开放空间、文化设施、商业设施等结合。基于实证研究结论，将促进老年人户外活动的基地空间分为以下几类系统进行分析，并阐述与我国养老设施相应空间的差异。

4.2.1 道路交通要素的比较

4.2.1.1 路网结构

实证研究表明，较高的道路连接度和较低的快速公路比率提升极大促进了老年人户外开展中等强度步行活动，较高的慢速公路线密度，有效增强了老年人户外活动意愿。而道路连接度、快速公路比率、慢速公路线密度是相互关联影响的变量，较高的道路连接度往往和较低的快速公路比率和较高的慢速公路密度相关，反之亦然。对本书所调研的 16 座养老设施定性分析，抽取用地道路连接度较高的养老设施，对其基地 400 米可步行范围分析，并同我国养老设施比较。

1. 美国养老设施大多布局在小街区、密路网道路结构中

如图 4-16 和图 4-17，可见美国大城市和小城市的总体路网密度分布有一定

差异。休斯敦作为美国第四大人口城市，其路网密度较高，在城市交通主干道围合的框架体系中，以方格网道路组织城市，而布拉索斯县作为小城镇，不同区域间间路网密度差异较大，中心区域路网密度较高，以方格网为主，外围区域路网密度较低。美国大城市中心城区路网结构以方格网为主，道路不分主次，交叉口间距较小，城市外围区域小城镇以高速公路网络连接成片低密度社区，社区内部以"近端路"为主。本书分别选取位于城市中心城区和城市外围区的养老设施，对比分析城市外部交通的影响。

　　本次研究所选取的养老设施分布也呈现一定差异化，部分养老设施位于休斯敦内环的中心区域，路网密度较高，部分位于布拉索斯县的外围放射性干道区域，路网密度较低。依据实证结论，养老设施基地周边的道路交叉口间距越小，越促进老年人步行活动。例如，休斯敦的 The Gardens of Bellaire 介助型养老设施 400米可步行范围内的道路线密度为 13.05km/km^2，交叉口数量多达 30 个，基本相当于我国城市中心区、大型公共设施、城市核心功能区周边的道路密度水平（14～20 km/km^2）。休斯敦 The Abbey at Westminster Plaza CCRC 养老设施 400 米可步行范围内的道路线密度为 6.52km/km^2，交叉口数量达到 15 个，虽处于城市近郊区，到周边便捷贯通的道路网络便于老年人外出活动（图 4-18、图 4-19）。由此说明布局在密路网区域的养老设施有效促进了老年人开展健康行为。

养老设施外部基地可步行范围　　　　　　　　──────　路网

图 4-16　休斯敦调研的养老设施外部路网密度图

养老设施外部基地可步行范围 ———— 路网

图 4-17 布拉索斯县调研的养老设施外部路网密度图

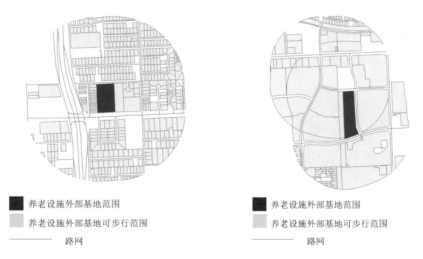

■ 养老设施外部基地范围 ■ 养老设施外部基地范围
养老设施外部基地可步行范围 养老设施外部基地可步行范围
———— 路网 ———— 路网

图 4-18 休斯敦 The Gardens of Bellaire 图 4-19 休斯敦 The Abbey at Westminster
介助型养老设施基地可步行范围道路系统图 Plaza 养老设施基地可步行范围道路系统图

2. 我国养老设施大多布局在大街区、疏路网道路结构中

我国城市的路网形态为大街区、疏路网道路系统，这是基于社会主义经济体制下，道路交通和土地划拨出让分离式管控导致的，城市规划强调功能分区，土

地内部空间受外部道路交通的影响越小越好、道路开口越少越好，出现了诸多大
街区、宽马路的城市形态。依据我国城市道路交通设计规范，我国的干道间距可
达到 600 ～ 1000 米，由此，城市被划分成主体功能单一的区块。如图 4-20，天
津梅江居住区过大的街区尺度，西北侧大量近端式住区，与城市网络衔接较弱。
图 4-21 的虚线为小区内部道路，不对外开放，导致城市支路间距为 750 米，不
利于开展步行活动。

图 4-20 天津市梅江居住区地图　　　图 4-21 天津市梅江居住区城市路网图

　　我国养老设施周边 400 米可步行范围内大多道路线密度较低，本书挑选位
于城市中心区的天津市某老年公寓，分析发现，其基地周边 400 米可步行范围
内仅仅有"两纵一横"的路网。如图 4-22 显示，红色线路是主干道卫津南路，
蓝色线路为次干道云际路和士英路。两个交叉路口间距为 240 米，城市中心区
的社区内部路网并没有对开放。而位于我国城市近郊区的养老设施周边路网更
稀疏。如图 4-23，天津市某老年公寓，其临近基地周边为一条交通性快速路。
北侧道路尚无任何设施，在老年人的可步行范围内仅有一个道路交叉口。周边
居住小区的道路并不对外开放。《中共中央国务院关于进一步加强城市规划建设
管理工作的若干意见》[127] 明确，"推广开放、尺度适宜、配套完善、邻里和谐
的生活街区，原则上再建设封闭住宅小区，要将既有社区的沿街围墙打开，形
成开放式的社区形态"，随着开放式街区的推广，我国养老设施可步行范围内的
道路线密度会大幅提升。

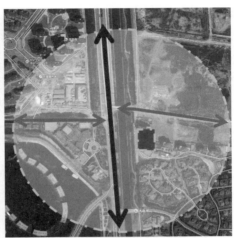

　养老设施外部基地范围　　　　养老设施外部基地范围

　养老设施外部基地可步行范围　　养老设施外部基地可步行范围

　主干道　⟷　次干道　　⟷　主干道　⟷　次干道

图 4-22　天津市某老年公寓基地周边路网图　图 4-23　天津市某老年公寓基地城市路网图

4.2.1.2　公共交通

基于实证结论，较多的公交站点促进老年人达到高强度步行活动指标。对所调研的 16 座养老设施作定性分析，抽取基地公共交通站点较多的养老设施，对其基地 400 米可步行范围内做分析，结合我国养老设施对比分析差异性。

1. 美国养老设施 400 米可步行范围内公交站点数差异较大

美国部分位于中心区的养老设施周边公交站点数较多、公交站距较短。老年人外出的主要方式还是以公共交通为主，包含了娱乐型出行和事务型出行。例如休斯敦市的 Hampton at Willowbrook Park 自理型养老设施，其位于休斯敦的区级中心，400 米可步行范围内有 6 座公交车站（红色点为公交站点），公交站点数较多为老年人出行提供支撑（图 4-24）。

但是大多数的美国养老设施周边的公交站点布局并不均等。由于美国城市蔓延较严重，在城市近郊区以及小城市的养老公寓周边几乎无公交站点。本次实证研究中，各养老设施可步行范围内公交站点数量数据差异性较大，公交站点的数量较多的养老设施有效促进了老年人户外活动（图 4-25）。

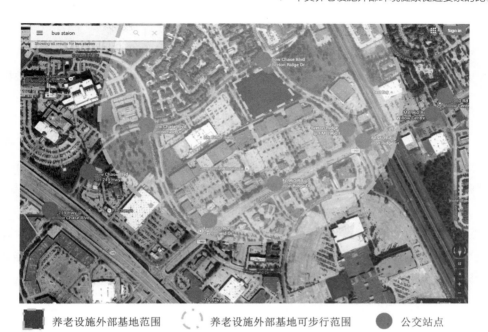

养老设施外部基地范围　　养老设施外部基地可步行范围　　公交站点

图 4-24　休斯敦市的 Hampton at Willowbrook Park 自理型养老设施基地周边公交站点图

养老设施外部基地可步行范围

图 4-25　布拉索斯县的养老设施周边无公交站点

2.我国养老设施400米可步行范围内公交系统总体覆盖率优于美国

我国一直坚持公共交通为主导的城市建设模式，由于人口密度较高，公共交通成为解决我国人口出行问题的主要方式。本书调研显示，我国城市公共交通覆盖率要远远高于美国。养老设施周边大都配备了多个公交线路，且公交站点覆盖度较高，公交线密度较高。

例如天津市某老年公寓，周边共有公交站点4座，共有9路、35路、157路等24条公交线路。地铁三号线天塔站距天津某老年公寓也仅有900米的距离，因此，自理老年人常外出公交出行（图4-26）。该老年公寓是天津市建立最早、历史最为悠久的老年公寓，这是天津市公立老年公寓的典范，通过与机构管理人员访谈发现，机构鼓励自理老年人外出活动，增强体能，自理老年人外出也比较频繁，这与外部基地环境发达的公共交通体系相关。比较研究发现，我国的养老设施外部公交体系要远优于美国，实证结论中的公交站点数量对我国养老设施建设和发展的指导意义不大。

 养老设施外部基地范围

 养老设施外部基地可步行范围

● 公交站点

图4-26 天津某老年公寓周边公交站点图

4.2.1.3 慢行交通

基于实证研究结论，"人行道的步行道路和车行道路间有草坪等间隔"的感知评价每增加 1 个单位，其能达到中强度事务型步行指标的优势比增加了 3.940 倍（OR=4.940，p=0.047）。本书对所调研的 16 座养老设施作定性分析，抽取对人性道独立性评价较高的养老设施，对其基地 400 米可步行范围内做深入分析，并结合我国的调研结果对比分析其差异性。

1. 美国养老设施 400 米可步行范围内步行系统覆盖度差异较大

针对 16 座美国养老设施周边的步行系统调研对比，总结如图 4-27 中 4 种养老设施步行系统。渗入草坪式步行道感知体验较好。蜿蜒的步行道路结合枝叶宽阔的乔木形成了宜人的树荫环境，能有效调节老年人的步行区域微气候。间隔式步行道在美国广泛设置，宽约 1 米的绿带隔离了车行系统，在美国车流量较大的公路中，间隔草坪的步行道具有很好的步行感知体验。由于美国的步行道较窄（平均约 1.2 米），间隔小型草坪也能拉开与车型道路的空间距离，提高步行安全性。本书实证研究表明，间隔式步行道其有助于促进老年人开展户外步行活动。无草坪步行道也较广泛设置，其多铺设在车流量较大的公路旁，且无草坪步行道的宽度较宽（平均约 3 米）。无步行道在美国仍比较普遍，尤其是在一些蔓延区的养老设施，其周边没有可步行环境，在居住小区的支路中，由于车流量较小且车速较低，其大多也不配置步行道。本书调研发现，有数个养老设施周边的所有道路并没有铺设步行道。

渗入草坪式步行道　　　　　　　　间隔草坪式步行道

无草坪式步行道　　　　　　　　无步行道

图 4-27　美国养老设施周边步行道路图

　　总体而言，多数养老设施周边 400 米可步行范围内的步行系统的覆盖度并不理想，这也是基于美国的道路交通设计更多地考虑了车行道路的顺畅性。美国被称为汽车上的国家，汽车拥有率较高且高龄老年人驾驶员较多。因此，步行道路并没有完全考虑老年人的户外步行活动需求。但是，也有少数养老设施的步行系统覆盖度较高。例如，布拉索斯县的 Bluebonnet Place Senior Living 介助型养老设施，其周边已完整覆盖步行道路系统（图 4-28）。

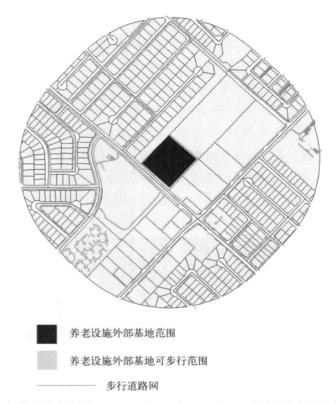

　　　　■　　养老设施外部基地范围

　　　　■　　养老设施外部基地可步行范围

　　　　────　　步行道路网

图 4-28　布拉索斯县的 Bluebonnet Place Senior Living 介助型养老设施步行系统图

　2. 美国养老设施 400 米可步行范围内适老化设施质量较好

　　适老化设施体现了步行道路的无障碍设计方面。美国养老设施周边步行道路铺装较平坦，无裂缝及深坑，在道路交叉口处铺设良好的无障碍坡道，并设有宽阔的安全岛和具有安全计时功能的信号灯。（图 4-29、图 4-30）。在道路交通无障碍设施方面，美国的诸多经验和实践值得我国借鉴。

图 4-29 休斯敦的 Rosemont of Clear Lake 养老设施周边安全计时信号灯

图 4-30 休斯敦的 The Abbey at Westminister Plaza 养老设施周边道路交叉口安全岛

3. 我国养老设施 400 米可步行范围内步行系统覆盖度较高

由于我国是高密度的城市形态，注重慢行交通建设，本书调研发现，位于中心城区的养老设施周边全部覆盖慢行系统，即使是位于近郊区的养老设施，主干道周围也铺设有步行系统（图 4-31、图 4-32）。

图 4-31 天津某老年公寓周边步行道

图 4-32 天津某养老院周边步行道

4. 我国养老设施 400 米可步行范围内适老化设施较差

针对步行道路的无障碍设施方面，我国步行道路的质量较差。

（1）道路铺装不平

如图 4-33，天津某老年公寓周边的道路铺装深坑、裂缝明显，而此区域处于老年公寓入口，对老年人在此区域的活动构成极大的安全隐患。

（2）无安全计时信号灯且安全岛较窄

我国当前的道路系统设计仍然以通行性为原则，强调车流量的通行性，而忽视了人行交通设计。如图 4-34 所示,天津市某老年公寓东临城市交通性主干道卫津路,双向八车道且车流量极大,其道路宽度约 40 米,而过街步行信号灯仅30 秒,道路中间设有安全岛,其尺寸较窄,仅能容纳一排人流,老年人的步行速度较慢,面临快速干道,势必影响了老年人的出行安全以及出行意愿,同时无障碍设施也没有对老年人年出行构成充足的支持。

图 4-33 慢行系统铺装不平　　　　　图 4-34 道路交叉口安全岛较窄

（3）步行道路较窄

如图 4-35 所示,天津李七庄街某老年公寓的基地周边步行道路极狭窄,且有消防设施阻隔,老年人无法在此区域活动。再加之临路画满了停车线,迫使老年人在车行道路中活动（图 4-36）。根据中美比较分析得出,中国的慢行系统覆盖度远远优于美国,但在道路交通无障碍设施方面,美国的诸多经验和实践值得中国学习。

图 4-35 步行道路较窄　　　　　　图 4-36 老年人在车行道路上活动

4.2.2 绿化景观要素的比较

4.2.2.1 公园类开放空间

上文实证研究得出，老年人对于公园类开放空间的主观感知能够增强进行户外活动中的老年人的活动强度。其对老年人达到中强度步行指标、中强度娱乐型步行指标、高强度步行指标、进行户外步行活动的概率正相关（$OR=6.646$；$OR=6.102$；$OR=16.098$；$OR=4.780$）。由此看出，公园类开放空间对老年人户外步行活动具有突出的促进意义。其中，公园对老年人能达到高强度步行指标的优势比最高（$OR=16.098$）。公园类开放空间增强了不同体能老年人活动的开展，也提升了在户外休憩的老年人开展户外步行活动的可能性，提高身体机能。

本书对所调研的 16 座养老设施作定性分析，抽取毗邻公园类开放空间的养老设施，对其基地 400 米可步行范围内做深入分析，并结合我国的调研结果对比分析其差异性。

1. 美国养老设施 400 米可步行范围内毗邻公园类开放空间

公园是老年人进行户外步行的主要场所，其对老年人活动体能的提升具有突出意义。美国自理、介助型养老公寓十分注重毗邻公园选址，促进了老年人活力出行。例如，休斯敦市 Rosemont of Clear Lake 介助型养老设施临近大型区级公园 Sylvan Rodriguez Park，空气清新、环境安逸且噪声较小，每天都有老年人到公园活动（图 4-37）。

在布拉索斯县周边的 Bluebonnet Place Senior Living 介助型养老设施和 Fortress Health & Rehab of Rock Prairie 介助型养老设施选址都注重紧临社区公园，步行至公园仅仅需要穿越一条车流量较小的居住区支路（图 4-38），毗邻公园不仅有助于促进老年人外出活动增强社会融合，也能够净化空气质量，隔绝噪声，改善居住适宜度（图 4-39）。

2. 我国养老设施 400 米可步行范围内无公园类开放空间

本书调研的天津诸多养老设施中，少有养老设施周边有开放活动空间。如天津市某养老院处在天津市中心城区，其周边基地环境多是 20 世纪 90 年代建造的建筑，建筑密度较高。该养老院位于街角处，东侧都是城市交通性主干道，北侧是生活型干道，其基地可步行 400 米范围内无任何满足老年活动需求的开放空间（图 4-40）。这极大地削弱了老年人户外步行活动的开展，处于天津市某养老院中的老年人相对生活较封闭，由于没有外部开放空间，其活动范围仅仅局限在养老院内部的活动场所，久而久之，也就隔离了老年人的外界生活。

因此，我国应加强配建毗邻公园的养老设施，让部分身体健康老年人的活动范围从社区内部扩展到街区层面，一方面提升了老年人的步行活动体能，也能够增强老年人的社会融合。

养老设施外部基地范围　　公园类开放空间

图 4-37　休斯敦的 Rosemont of Clear Lake 介助型养老设施近邻公园

养老设施外部基地范围　　公园类开放空间

图 4-38　布拉索斯县的 Bluebonnet Place Senior Living 介助型养老设施近邻公园

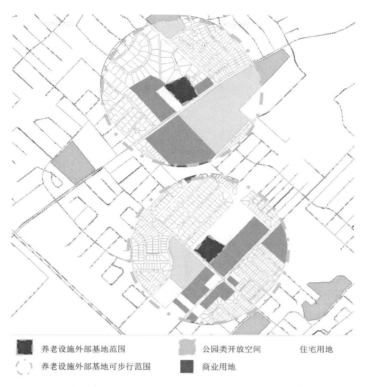

养老设施外部基地范围　　公园类开放空间　　住宅用地

养老设施外部基地可步行范围　　商业用地

图 4-39　布拉索斯县诸多养老设施毗邻公园类开放空间

养老设施外部基地范围　　养老设施外部基地可步行范围

图 4-40　天津市某养老院基地周边约 400 米可步行范围内无开放空间

4.2.2.2 空气质量

基于实证结论，老年人对基地周边的空气质量（基地周围能闻到许多汽车或工厂的尾气）的感知评价每增加1个单位（区间由"非常反对"至"非常赞同"），其能达到中强度娱乐型步行指标的优势比仅是原来的62.1%（$OR=0.621$，$p=0.082$），尽管该变量的 p 值并不显著，但其在二元逻辑回归中仍然显著（$OR=0.317$，$p<0.001$）。其证实了区域大气环境对老年人户外步行活动的影响。本书对所调研的16座养老设施作定性分析，抽取对空气质量评价较低的养老设施，对其基地400米可步行范围内进行深入分析，并结合我国的调研结果对比分析其差异性。

1. 美国少量养老设施400米可步行范围内有汽车尾气

美国多将重工业迁移到发展中国家，其保留部分轻工业和加工业。无论在休斯敦或布拉索斯县，整体空气质量较好。针对老年人对于空气质量的评价主要来源于汽车尾气，通过定性分析空气质量评价较差的养老设施，结合 GIS 空间地理区位可见，如图 4-41 所示，休斯敦的这两座养老设施近邻城市快速交通体系，车流量较高，尤其是早晚高峰期，偶尔会造成一定的拥堵，在调研现场也确实能够感受到一定的汽车尾气，再次验证了养老设施的选址布局应远离快速交通。

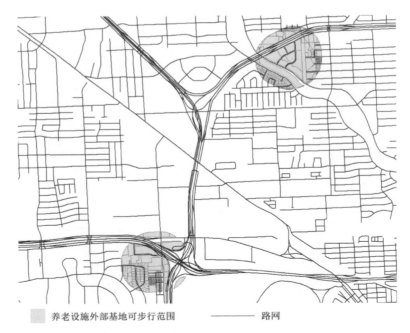

■ 养老设施外部基地可步行范围　　——— 路网

图 4-41　空气质量评价较低的养老设施布局分析

2. 我国少量养老设施临近工业用地

由于养老设施的选址缺乏统一规划，仍出现部分大型养老设施临近工业用地建设的现象。如图 4-42 所示，洛阳某老年公寓和养老保健院的选址被周边工业用地包围，周边产业以金属加工业为主，实地调研发现，在养老公寓内部常能闻到大型电焊工具的灼烧味道。

图 4-42　洛阳某老年公寓周边的用地布局图

4.2.3　公共服务设施要素的比较

4.2.3.1　教育设施

基于高强度步行指标模型显示，老年人能够感知到学校（幼儿园、小学、中学、大学）在自己的可步行范围内，其能达到高强度步行指标的优势比增加了 3.878 倍（OR=4.878，p=0.021）。学校主观感知变量能够有效促进高体能老年人的户外活动开展，但其对普通体能老年人的活动开展并无关联。由此看出，学校类教育设施对高体能老年人活动具有突出的促进作用。本书对所调研的 16 座养老设施作定性分析，抽取毗邻学校的养老设施，对基地 400 米可步行范围内做深入分析，并结合我国的调研结果对比分析其差异性。

1. 美国养老设施 400 米可步行范围内毗邻大学

美国养老设施常常挨着大学建设，近年来形成的新趋势，增加了老年人与年轻人接触的机会，同时老年人也能够共享大学的图书馆、高尔夫球场、专业课程等设施，为老年人的养老生活注入新活力。

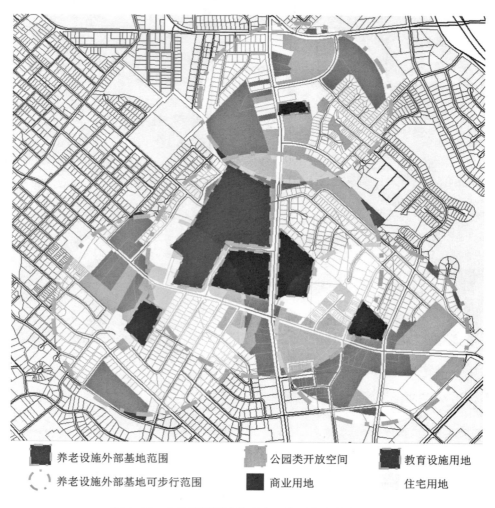

养老设施外部基地范围　　　公园类开放空间　　　教育设施用地

养老设施外部基地可步行范围　　　商业用地　　　住宅用地

图 4-43　布拉索斯县诸多养老设施围绕大学布局图

例如，在布拉索斯县周边的养老设施中，大量养老设施围绕社区大学 Blinn College 建设，由图 4-43 可见，周边有 5 座养老设施在距离 Blinn College 400 米可步行范围内设立，分别是 Lampstand Health&Rehab 介助型养老设施、Millican House 介助型养老设施、St Joseph's Manor 介助型养老设施、Crestview Retirement Community CCRC、Waldenbrooken Estates 自理型养老设施。Blinn College 多诸多大学生志愿者定期为老年人举办老年运动会，鼓励老年人参与活动，并在运动中获得快乐。同时，Blinn College 周边的医疗资源也为老年人带来一定的便利。

养老设施临近学校建设，有效促进了社会融合，也能提升了老年人达到 150 分钟 / 星期活动时间的概率。同时，养老设施挨着大学建设让老年人感受到了学院气息，借用学校周边的文化、教育、医疗资源为老年人健康生活提供充分的支持性环境。

2. 我国养老设施选址尚未考虑与教育设施的结合

基于实证结论，学校、教堂促进了老年人的户外活动。针对天津市大学城调研，尚未发现养老设施毗邻建设的案例（图 4-44）。天津诸多养老设施中，结合学校建设的养老设施并不常见。现有的养老设施多结合居住区的公共服务设施用地配建。养老设施结合中学、小学配置，能给老年人生活带来一定活力。如天津市某

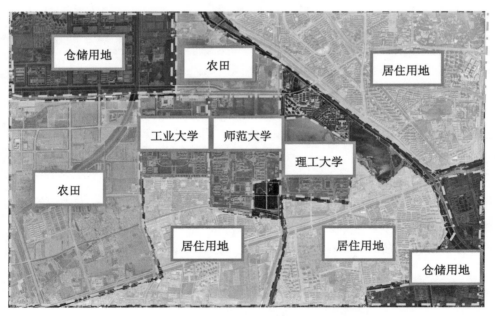

图 4-44　天津市大学城无养老设施毗邻建设

养老院基地可步行范围内设有两座小学，周边整体的生活氛围较浓，老年人外出能够看到儿童，进而给其生活带来乐趣（图4-45）。老年人晚年生活圈子的缩小、生活内容较为单一，再加之子女工作繁忙，没有太多闲暇时光陪伴，多数情况下老年人都是独自活动，逐渐形成了孤独、自闭的消极心理，对生活表现出悲观心态。调研发现，在周边小学放学时间段中，有个别老年人在临街道路的座椅中张望放学的儿童和车流（图4-46）。对老年人而言，跟儿童的一起活动能让他们感到生活"新的开始"，促进了老年人户外活动。

由此看出，中美针对学校设施的需求相同，中国应加强配建毗邻各类型学校的建设，尤其是大学，充分发挥大学的正外部效应，将其社会资源扩大化，满足更多的利用和需求。同时也应该注重在居住区中与中小学校的联合配建，促进了老年人的动能提升。因此，结合学校布局对我国具备一定的适用度。

图 4-45　天津市养老院周边布局约两座小学　图 4-46　天津市养老院外老年人张望儿童

4.2.3.2　商业设施

基于实证结论，老年人能够感知到餐厅在自己的可步行范围内，其开展户外步行活动的优势比增加了83.3%（$OR=1.833$，$p=0.102$）。老年人能够感知到便利店或杂货店在可步行范围内，其能达到中强度步行指标的优势比增加了1.350倍（$OR=2.350$，$p=0.089$）。由此看出，餐厅能够促进老年人转变活动方式，而便利店和杂货店有助于直接促进老年人开展健康行为。本书对所调研的16座养老设施作定性分析，抽取毗邻餐厅、便利店和杂货店的养老设施，对其基地400米可步行Buffer做深入分析，并结合我国的调研结果对比分析其差异性。

1. 美国大量养老设施400米可步行范围内商业配套不足

针对餐厅和便利店杂货店的数据分析发现，由于美国城市蔓延问题较严重，商业设施之间的距离较大。养老设施400米可步行范围内普遍商业配套设施不足，去购物或餐饮大多需要依托小汽车。养老设施老年人驾驶员的比例不高，在可步行范围内有便利店和餐厅能够很好地促进老年人步行外出购物（图4-47、图4-48）。老年人常常到附近的便利店买一些饮品或日常食品，促进了老年人参与多样的社会活动，对老年人进行户外活动构成良性支持和诱导。

图 4-47　休斯敦的 Rosemont of Clear Lake 养老设施基地 400 米可步行范围内便利店　　图 4-48　布拉索斯县的 Crestview 养老设施基地 400 米可步行范围内便利店

2. 我国少量养老设施 400 米可步行范围内商业配套不全面

而由于我国高密度城市形态，养老设施周边大多配有便利店和小餐厅。例如洛阳某老年公寓地处洛阳市孟津县，由于养老设施规模较大，每天有较多家属前来看望老年人，这种正外部效应驱使下，有一个"老王家餐馆"便临近其建设，虽然店面不大，仍满足了一部分家属和老年人的外出就餐需要（图4-49）。再如天津李七庄街某老年公寓，其地处居住组团的临街区域，由于住宅入住率较高，这种正外部效应驱使下，有一家"国风自选超市"便临近其建设，店面不大，但蔬菜、瓜果、烟、酒、副食品种类齐全，每天老年公寓的老年人常来此处购物（图4-50）。

上文实证研究中，餐厅、便利店并不适用于我国的国情。我国的人口密度较高，道路交通的平均通行速度较低，且在以公共交通为导向的城市结构影响下，餐厅和便利店的覆盖范围较广，而针对我国机构老年人动能提升要素不应是餐厅或便利店，而是总体综合的商业设施系统。《中国老龄事业发展"十二五"规划》规定："应在老年人生活环境中强化满足老年人生活圈的一切配套建设。老年人生活圈的配建应体现了临近多样化的生活服务设施。"而本书调研发现，中心城区的养老设施与生活服务设施配建良好，但在城市近郊区养老设施表现差强人意。如洛阳某老年公寓选址分析发现，其周边皆是工业用地，基地周边的设施仅有一处"老王家餐馆"，设施种类极其稀少，基地周边 400 米可步行范围有高速公路，步行环境极差，老年人的社会网络极其隔离。为了深入分析商业设施对老年人生活的影响，本书对该养老设施老年人进行了小组访谈。访谈问题围绕："您在这住着感觉生活方便吗？"

图 4-49　洛阳某老年公寓旁的餐厅　　图 4-50　天津李七庄街某老年公寓旁的便利店

结果显示如下（节选）：

2015 年 10 月 19 日 11 时，洛阳市康怡老年公寓，CCRC。

孙大爷，71 岁，退休干部，入住自理型养老设施。

"在这居住环境还可以，就是买东西不方便，我只能去养老院里的小卖部，东西很贵，而且不新鲜。外面的商店离得太远，偶尔让我儿子给带点过来。外面啥也没有，我平时基本不出门活动。"

由此看出，商业设施系统的不足极大阻隔了老年人户外活动的开展。我国的养老设施的开发应该基于创造一种让老年人积极参与活动的居住环境和氛围，避免加剧其老化，要在设计和开发时考虑促进老年人的户外活动以及生活便捷性，从而能够最大程度的保证老年人的自立，比如鼓励自我照料，以增强老年人的生活自信心和价值感。

4.2.3.3　宗教设施

基于中强度事务型步行指标和高强度步行指标模型显示，老年人能感受到教堂在自己的可步行范围内，其能达到中强度事务型步行指标、高强度步行指标的优势比分别增加了 54.026 倍和 10.153 倍。因此，教堂的主观感知也能有效促进高体能老年人的步行活动开展。由此看出，学校、教堂类文化设施对高体能老年人活动具有突出的促进作用。本书对所调研的 16 座养老设施作定性分析，抽取毗邻宗教设施的养老设施，对其基地 400 米可步行范围内做深入分析，并结合我国的调研结果对比分析其差异性。

教堂类公共管理与公共服务用地活化了区域活力，是老年人户外活动交往的主要场所。美国是以基督教和天主教为主要信仰的国家，信奉宗教的老年人所占比重较大，为了满足精神文化需求，养老设施注重毗邻教堂等公共设施，教堂经常举行的宗教礼拜活动，促进了老年人的社会融合和外出活动。如布拉索斯县的 Carriage Jin 养老设施毗邻区域两座教堂，每周一至周六每天教堂都有大型的礼拜活动，在教堂的旁边，还增添了一处儿童娱乐设施，满足老年人与儿童的结合活动行为。在该机构的对面正是一座幼儿园,促进了老年人与儿童的交流（图 4-51、图 4-52）。对于我国特殊文化背景（多数老年人仍属于无神论者),相关教堂较少，结合教堂的养老设施更是凤毛麟角，因此，并不广泛适用于我国。

图 4-51　布拉索斯县 Carriage Jin 自理型养老设施 400 米可步行范围内设施分布图

图 4-52　Carriage Jin 自理型养老设施毗邻区域教堂

4.2.3.4　设施混合度

基于实证结论，中强度娱乐型步行指标模型、中强度事务型步行指标模型都印证了用地混合度（Land Use Mix）的主观感知对于老年人达到中强度娱乐型步行指标、中强度事务型步行指标的概率正相关（$OR=1.235$；$OR=1.361$），其对两类步行活动的影响效应相当。相对于其他场地环境和环境变量，用地混合度小幅提升了老年人进行娱乐性和事务型步行的活动时间。本次调研问卷中的各类设施有：便利店和杂货店、超市、蔬菜市场、服装店、药店、邮局、餐厅、银行、公园、医院、教堂、图书馆、学校。本书对所调研的 16 座养老设施作定性分析，抽取用地混合度较高的养老设施，对其基地 400 米可步行范围内做深入分析，并结合我国的调研结果对比分析其差异性。

1. 美国养老设施 400 米可步行范围内设施种类繁多

美国养老设施注重通过大型商业设施、文化设施、开放空间的融合，多元的设施丰富了老年人户外步行活动的热情，而促进了社区融合理念。例如，休斯敦市的 Clarewood House 养老设施，其作为融合了自理、介助、介护的 CCRC 养老设施，其基地 400 米可步行范围内有 7 座公交车站，外部出行极为便捷。基地周边步行 100 米即可到区域的百货中心，里面有便利店、超市、菜市场、银行、餐厅等设施。基地 400 米可步行范围内也有学校 3 座、教堂 1 座、医院 1 座，设施的融合度较高，共有商业、公共服务设施种类 10 种，设施数量 59 个（图 4-53）。

美国促进外出活动的养老设施大多在区域公共服务设施中心，与大型商业设施，医疗设施、文化设施融合，进而促成了户外活动和社交多样性的产生。

2. 美国养老设施 400 米可步行范围内商住用地比值较高

基于定性分析，美国用地混合度较高的区域商住用地比值较高。基于 20 世

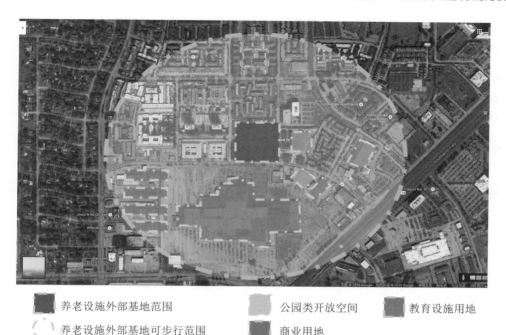

养老设施外部基地范围

养老设施外部基地可步行范围

公园类开放空间

商业用地

教育设施用地

图 4-53 休斯敦市的 Clarewood House 养老设施基地周边设施图

纪 70 ~ 90 年代美国提出"精明增长"运动，美国早已意识到城市"蔓延式"增长的问题，并采取了多种努力抑制这种发展趋势，体现在土地利用方面就是通过土地混合使用创造了更多样的街道空间，吸引多种族、多层次的人群来此居住，推动了城市内聚式的生长。

在美国，混合使用的土地多体现在住宅和商业混合布局，提升了街区的活力，减少了车行交通的使用量。既往研究中，用地混合度变量计算居住、商业、办公用地的均匀度[118]，而养老设施周围的办公用地对老年人日常生活影响较小，故对原计算方式简化处理：计算居住用地和商业用地比值，即为用地混合度，高的用地混合度代表了基地周边更高的商业用地分布。

基于本次调研数据，收集休斯敦、布拉索斯县的开放 GIS 数据[129-130]，如图 4-54 所示，休斯敦的 Hampton at Willowbrook Park 自理型养老设施基地周边 400 米可步行范围内商业 / 居住用地比为 2.05。其中，基地周边 400 米范围内可步行范围区域 80.86 公顷，住宅用地占地 27.77%，商业用地占地 56.89%。休斯敦的 The Abbey at Westminster Plaza 持续照料社区养老设施基地周边 400 米范围内商业 / 居住用地比为 1.65。其中，基地周边 400 米范围内可步行范围区域 104.77 公顷，住宅用地占地 22.51%，商业用地占地 37.25%。休斯敦的 Clarewood House 持续照料社区基地周边 400 米范围内商业／居住用地比为 1.42。其中，基地周边 400 米范围内可步行范围区域 82.30 公顷，住宅用地占地 35.91%，商业用地占地 51.00%。休斯敦的 Brookdale Shadowlake 介助型养老设施基地周边 400 米范围内商业／居住用地比为 1.08，商业、居住用地均衡度较好。其中，基地周边 400 米范围内可步行范围区域 79.83 公顷，住宅用地占地 32.42%，商业用地占地 34.97%。越高的商业／住宅用地比值越促进了老年人健康户外活动热情，也避免养老设施外界环境封闭，从而沦落为老年孤岛。

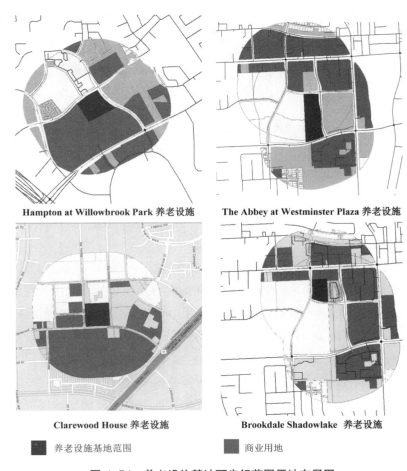

Hampton at Willowbrook Park 养老设施　　　　The Abbey at Westminster Plaza 养老设施

Clarewood House 养老设施　　　　Brookdale Shadowlake 养老设施

■ 养老设施基地范围　　　　■ 商业用地

图 4-54　养老设施基地可步行范围用地布局图

3. 我国养老设施 400 米可步行范围内设施种类较少、商住比较低

而针对我国的调研发现，位于中心区域的养老设施的设施种类少于美国，受级差地租的影响，位于城区商业中心的地价较高，而养老设施属于低利润福利型机构，其很少选择临近大型商业设施建设。

在本书调研的养老设施中，多数养老设施选择临近区级医院建设，结合周边的生活配套设施，但很少临近大型区级商业中心配置，周边的可步行设施依然种类较少。例如，天津市第一养老公寓作为天津民政局下属的典范养老服务设施，处于极好的地理位置，其周边相邻天津市环湖医院和天塔湖公园，但其周边商业设施种类和规模较少，无法满足大众的购物需求，周边多数为居住用地，商住用地比值较低（图 4-55）。为了深入分析老年人在此种用地布局下的使用感受，本书对机构老年人进行了小组访谈。访谈问题围绕："您平时出门活动吗？"

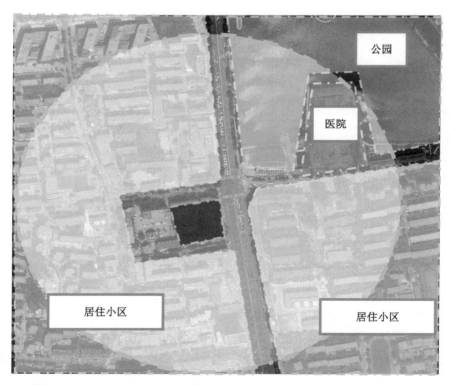

公园

医院

居住小区

居住小区

■ 养老设施外部基地范围　　　{ } 养老设施外部基地可步行范围

图 4-55　天津某养老设施基地周边用地布局图

结果显示如下（节选）：

2015 年 10 月 1 日 18 时，天津市某老年公寓。

俞老太，78 岁，退休干部，入住自理型养老设施。

"我每天早上吃完饭出去活动，有时去天塔公园，有时去华润万家买点水果，周边生活很方便，我和几个老朋友总一块去周边转转，有时我们坐公交去文化中心玩，那里很多活动。"

据跟老年人访谈录音显示，老年人只字未提养老设施周边的配套生活设施，而是提到了距离养老设施步行约 800 米的"华润万家"综合性超市，其处在居住区的中心，设施种类较多，而此类步行距离也超出了多数身体虚弱老年人步行活动的能力极限。由此说明，我国的养老设施选址应尽量选择在区域的中心处，并在老年人活动范围尽可能多的配置商业设施。

4.3 中美养老设施外部场地环境健康促进要素比较

美国养老设施场地环境注重自然环境的康复效益和活动的促进性。基于实证研究结论，将促进老年人户外活动的场地环境干预要素共分为以下几类进行系统分析，并阐述与我国相应环境的差异。

4.3.1 开放空间要素的比较

1. 美国机构场地空间层次多元

美国自理、介助式养老设施致力于为老年人提供多层次的开放空间，场地空间类型多样，有室外休憩空间、散步空间、观景空间、私密性空间等，满足老年人的多元室外活动需求。

如布拉索斯县的 Crestview CCRC 养老设施，其建筑平面布置呈现开敞式，避免了空间围合造成可用场地空间单一，沿主入口布置室外休憩空间，满足老年人的外界交往需求，在建筑南向布置一处游泳池，结合泳池形成环形散步路径，并单独规划一处小池塘并结合凉亭形成了观景空间，实地发现，老年人对此空间十分满意。在建筑的尾部布置部分私密性空间，满足老年人的独自休憩、观景需求（图 4-56 ～图 4-58）。

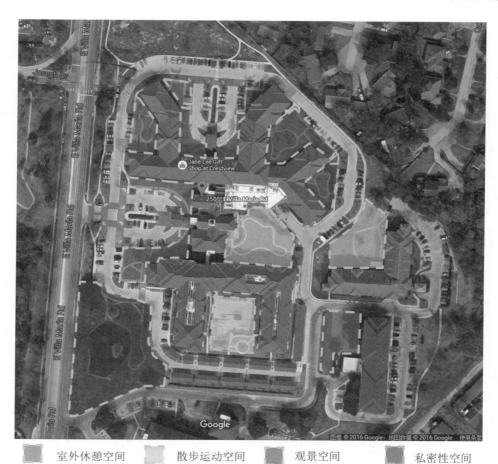

室外休憩空间　　散步运动空间　　观景空间　　私密性空间

图 4-56　布拉索斯县的 Crest view 养老设施多层系空间体系图

图 4-57　Crest view 养老设施散步空间　　图 4-58　Crest view 养老设施观景空间

2. 中国养老设施场地空间层次单一

由于美国小城市的养老设施基地范围较广，建筑密度较低。选取了类似规模的天津远郊区某养老院对比分析。

如图 4-59 所示，养老院同样具备较大的基地及较低的建筑密度等特征，但由于较规整机械式的建筑布局，进而形成的活动空间单一乏味，此类机械式布局的优点在于有效提升地块容积率，虽节地，但单一的空间形态也会降低老年人活动的热情，相邻活动空间功能的差异性较小，也降低了老年人户外活动的热情度。

■ 室外休憩空间　　　■ 散步运动空间
■ 观景空间　　　■ 私密性空间

图 4-59　天津某养老院空间体系图

4.3.2　步行系统要素的比较

基于实证结论，环状步行道路的客观感知度每增加 1（区间 0 ~ 10），公寓老年人能达到高强度步行指标的优势比增加了 45.4%（OR=1.454，p=0.012）。道路上的景致的客观评分每增加 1（区间 0 ~ 10），公寓老年人能达到中强度步行指标的优势比增加了 11.5%（OR=1.115，p=0.118）。老年人对于场地步行道路总体活动支持性（满意度）对于老年人达到中强度娱乐型步行指标、高强度步行指标、开展任意户外活动的概率正相关（OR=4.456；OR=2.248；OR=1.644）。

由此可见，场地道路系统对老年人户外活动的极大促进性。环状步行道路有效促进了高体能老年人的步行活动，而道路上的景致有效促进了中体能老年人的步行活动。步行系统感知度的提升能促进各种体能老年人开展户外步行活动，促进老年人由室内活动转向室外活动。本书对所调研的 16 座养老设施作定性分析，抽取对环状步行道路、道路上的景致、步行道路支持性方面变量评价较高的养老设施，对其场地环境做深入分析，并结合我国的调研结果对比分析其差异性。

4.3.2.1　步行道路形态的比较

1. 美国养老设施的步行道路呈环状

美国养老设施的场地组织注重通过环状的步行系统促进老年人的活动。无论在大型养老设施还是小型养老设施，都通过人车分流的场地交通划分方式，将车型道路隔离在外部空间，内部体系规划环绕式场地步行道路。如图 4-60，布拉索斯县的 Crestview 大型持续性照料社区，将车行道路和停车场布局在场地外围，近邻车行道路布局环绕步行道路，作为场地步行路径的大环线，结合布局不同长度的小型步行环线，满足不同体能老年人的活动需求，并为其提供充足的支持性。据实地勘测，Crestview 大型持续性照料社区所有的场地道路都呈现环状。其作为 2014 年新建的大型养老设施，无论从场地设计、建筑设计、服务水平等都是布拉索斯县的典范。

2. 我国养老设施的步行道路呈放射状

选取同样是区域典范的天津某老年公寓对比分析发现，其场地交通组织处于人车混行模式，场地外围的步行道路呈现放射状。由于人车混行，活动场地被大量汽车所占满。调研发现，老年人常常在位于场地南侧的网球场环绕步行活动（图 4-61 ~ 图 4-63）。我国由于用地紧张，在中心区无法设计类似美国养老设施的多层次环绕型步行道路，但我国应结合建筑布局单一系统的环形步道，进而促进老年人活动，提高身体健康水平。

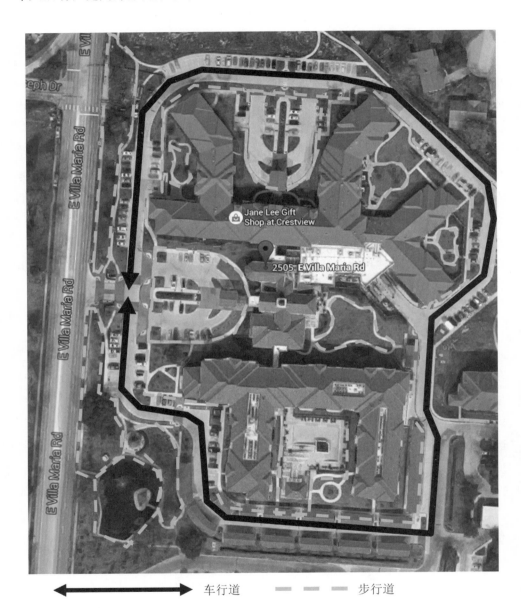

车行道 ▬ ▬ ▬ ▬ ▬ 步行道

图 4-60　布拉索斯县的 Crestview 养老设施场地交通组织图

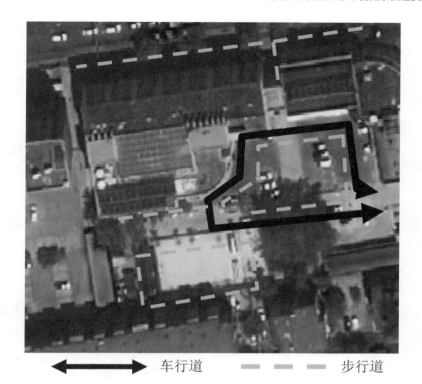

图 4-61 天津某老年公寓交通组织

图 4-62 场地被机动车占满

图 4-63 端头路

4.3.2.2 步行道路空间的比较

1. 美国养老设施的步行道路景观丰富

针对步行道路景致评价较高的养老设施分析发现，其较注重步行道路区域的微空间设计，创造多样化的空间结构，进而对老年人户外活动构成充分的支持。

例如 Crestview 养老设施沿着步行道路系统布置观景空间、休憩设施、小型景观小品等，并注重步行道路蜿蜒曲折，形成较好的视觉审美体验（图 4-64）。

图 4-64　布拉索斯县的 Crestview CCRC 沿步行系统布置多样景观空间

2. 我国养老设施的步行道路景观单一

针对我国的养老设施步行道路系统沿路景致分析发现，我国步行道路系统的设计较粗放，采用笔直的路径连接建筑入口和活动场地，缺乏具有审美体验的步行景观环境（图 4-65），单一的步行系统沿路景观大大削弱了老年人外出活动意愿，也导致老年人久居室内形成诸多心理和生理疾病。

图 4-65　天津市某老年公寓步行系统景观单一

4.3.2.3 步行道路设施的比较

1. 美国养老设施步行道路的活动支持性较高

基于实证研究，老年人对步行道路活动便利性的满意度有效提升了普通体能老年人和高体能老年人的户外步行时间，步行道路活动便利性是一种综合的概念，其不仅包括了步行道路形态的支持，即环状步行道路，也包括了步行道路周边设施系统的支持，以便老年人能够找到休憩设施，设施系统在美国机构中布局广泛，其沿路布置，促进了老年人随意开展活动。例如布拉索斯县的 Isle at Watercrest 养老设施沿路布置休憩设施，满足身体虚弱老年人户外活动随时休息，实地观测发现，此类设施的利用率较高，同时，此类设施都具有扶手，便于老年人起身。针对介助型养老设施的老年人，其大多身体虚弱以场地活动为主，此类设施能够有效增强老年人活动的信心，促进外出接触自然（图 4-66）。又如，布拉索斯县的 Bluebonnet Place Senior Living 养老设施内部场地中沿着步行道路紧密布置摇椅，其空间距离仅 10 米，摇椅的舒适性较高，广泛受到老年人的青睐（图 4-67）。

图 4-66　布拉索斯县的 Isle at Watercrest　　图 4-67　布拉索斯县的 Bluebonnet Place
　　养老设施沿路布置休憩设施　　　　　　Senior Living 养老设施沿路布置休憩设施

2. 我国养老设施步行道路的活动支持性较低

针对我国养老设施调研发现，其大多缺乏在步行系统周边布置设施且座椅的支持性较差。例如天津李七庄街某老年公寓的步行道路结合景观廊架布置休憩设施，由于其宽度较窄，老年人不得不横跨使用（图 4-68）。天津某老年公寓步道旁休憩设施仅由条形遮阳景观组成，布局位置单一且缺乏扶手，使老年人起身不便（图 4-69）。

图 4-68　天津李七庄街某老年公寓步道　　图 4-69　天津某老年公寓步道休憩设施
　　　　　休憩设施较窄　　　　　　　　　　　　　缺乏支持性较差

4.3.3　绿植景观要素的比较

美国注重自然环境的康复效益，基于实证研究，偏好场地内乔木和灌木的老年人，其开展任意户外活动的优势比增加 1.504 倍（OR=1.504，p=0.039）。偏好场地花朵的老年人，其开展任意户外活动的优势比增加 5.648 倍（OR=6.648，p<0.001）。提供户外园艺疗法的养老设施，其老年人开展任意户外活动的优势比增加了 6.409 倍（OR=7.409，p=0.010）。由此说明了绿植系统极大地增强了老年人外出活动的意愿，绿植系统对老年人外出构成强大的吸引力。本书对所调研的 16 座养老设施作定性分析，抽取对乔木和灌木、花朵、评价较高，以及有园艺疗法的养老设施，对其场地环境做深入分析，并结合我国的调研结果对比分析其差异性。

4.3.3.1　绿植景观要素的比较

1. 美国养老设施注重可触型绿植系统设计

绿色植物能为养老设施的老年人带来心理和生理的健康，其康复效益明显。美国养老设施十分重视绿化率，在调研的养老设施中，其总体绿化率较高，除此之外，部分美国养老设施有人性化的绿视率设计，大幅加深了老年人对绿植、花朵的感知体验。老年人的绿视率是其感知绿色植物、接触绿色植物的关键控制因素。部分美国养老设施的绿色植物成体系化设计，座椅的布置注重视点绿视率的设计，保证老年人能够看到多样化的乔木、灌木、藤草、花卉等，而不是单一的植被体系。如布拉索斯县的 Isle at Watercrest 养老设施的休憩空间中，座椅被扶手高度的绿植环绕，且在老年人的视野高度吊置着一盆栽植物，满足老年人休憩时触碰并观赏绿色植物，促进康复效益（图 4-70）。又如，休斯敦市的 Swan Manor 介助型养老设施，在休憩设施旁边布置一处小花坛，大幅拉近老年人与绿植体系的空间距离。在此休憩的老年人能够很好地感受到绿色植物，其具有突出的疗养效应（图4-71）。

图 4-70　布拉索斯县的 Isle at Watercrest CCRC 养老设施绿视率设计

图 4-71　休斯敦的 Swan Manor 介助型养老设施绿视率设计

2. 我国养老设施仅关注场地绿地率

而当前我国养老设施的绿植系统设计仅仅停留在满足绿地率指标要求阶段，尚未考虑绿植的康复效能。《城镇老年人设施规划规范》GB 50437—2007[88] 中关于老年人设施场地绿地率的控制："新建不应低于40%，扩建和改建不应低于35%。"而我国诸多养老设施尚未满足规范要求，且绿植种类单一，路面硬质铺装较多，无"绿视率"和可触型绿植系统设计。例如，天津市某养老院的场地绿地率较高，但调研发现，其绿植系统设计较差，没有针对老年人视线进行绿视率设计，仅仅矩阵式布局了座椅设施，不能够满足交往需求（图4-72）。

图 4-72　天津市某养老院无绿视率和可触型绿植系统设计

3. 美国养老设施配置园艺治疗种植池

园艺疗法极大促进了老年人户外活动意愿（OR=7.409）。美国针对养老设施中园艺疗法的目标是改善参与者的生理与心理健康。针对明确开展园艺疗法的养老设施场地调研发现，结合不同老年人的使用高度设计不同高度的种植池。例如图 4-73 布拉索斯县的 Waldenbrooke Estates 自理型养老设施设置了高低两种轮椅高度的种植池，又如图 4-74 布拉索斯县的 Carriage Jin 自理型养老设施设立了符合老年人站立高度种植池。

图 4-73 布拉索斯县的 Waldenbrooke Estates 自理型养老设施不同轮椅高度种植池

图 4-74 布拉索斯县的 Carriage Jin 自理型养老设施站立高度种植池

4. 我国养老设施仅预留种植场

我国的养老设施大多尚未开展园艺疗法，仅有部分养老设施为老年人预留了种植场地，但由于缺乏抬高的种植池，老年人鲜有使用。例如，天津李七庄某老年公寓户外预留了部分种植场地，由于场地平整度较差，且没有配置便于老年人使用的抬高种植池，此区域很少有老年人参与种植。对养老设施人员访谈发现，此区域仅仅由部分机构管理人员种植部分农产品，满足日常食用，老年人基本不参与任何的种植活动（图 4-75）。又如，洛阳某老年公寓东侧场地预留了大规模的农产品种植场地，由于缺乏抬高种植池，老年人很少使用该场地，种植场地多由机构人员管理（图 4-76）。

4.3.3.2 防护型绿植要素的比较

基于实证研究结论，场地的平均声环境每增加 1 分贝，公寓老年人开展任意户外活动的优势比下降了 8.6%（OR=0.914，p=0.062）。由此说明了，场地平均音量越高，越降低老年人参与户外活动的意愿。本书对所调研的 16 座养老设施

图 4-75　天津李七庄某老年公寓种植场地　　图 4-76　洛阳某康怡老年公寓种植场地

作定性分析，抽取对场地声环境音量较高的养老设施，深入分析其场地环境，并结合中国的调研结果对比分析其差异性。

1. 美国少量养老设施临路侧无绿植遮挡

分析得出，休斯敦的 The Abbey at Westminster Plaza 持续照料社区的场地平均分贝数达到 58.1 分贝，是本书所调研的 16 座养老设施中噪声最大的。

对基地周边的交通系统分析发现，其周边虽然道路连接度较高，但并不邻近高速公路、快速公路、城市主、次干道。相比之下，临近高速公路的诸多养老设施的总体场地声环境反而优于 The Abbey at Westminster Plaza 养老设施。通过对其场地环境分析发现，由于该养老设施于 2014 年刚建成，场地临街区域尚无栽植大型乔木、灌木，因此，道路汽车的噪声直接穿透到场地活动区域，阻碍了部分老年人的外出活动意愿（图 4-77、图 4-78）。

2. 我国大量养老设施临路侧无绿植遮挡

本书对我国养老设施周边声环境进行测量，根据场地临街界面的遮挡绿植形态选取了三座不同的养老设施对比分析。第一座是天津市某老年公寓的北侧临街界面，此界面为硬质铺装，无任何绿植遮挡，测得场地平均噪声度为 81 分贝（图 4-79、图 4-80）。此音量远远高于美国 The Abbey at Westminster Plaza 养老设施（58.1 分贝）。基于实证研究结论，场地的平均声环境每增加 1 分贝，公寓老年人开展任意户外活动的优势比下降了 8.6%（OR=0.914，p=0.062）。因此，相比较于美国的 The Abbey at Westminster Plaza 养老设施，天津市某老年公寓老年人开展任意户外活动的优势比下降了 87.4%（OR：0.914^{23}=0.126），也就是说老年人户外活动的比率下降了 87.4%，说明，绝大多数老年人都不愿意外出活动。而天津市李七庄某老年公寓由于种植了一排乔木阻隔外部交通噪声，其场地平均声环境 65 分贝，要远远好于上一天津市某老年公寓（图 4-81、图 4-82）。而天津市天嘉湖某老年公寓外部种植了片状隔音林，虽然场地近邻城市快速公路，但其场地声环境却是三个养老设施中最低的（63 分贝）（图 4-83、图 4-84）。分析可知，绿植系统对场地具有隔音效应，为了提升老年人外出开展活动的意愿，应该在场地临街面设计隔音绿植系统。

图 4-77　The Abbey at Westminster Plaza 养老设施外部基地范围图

资料来源：Google Earth

图 4-78　The Abbey at Westminster Plaza 养老设施场地临街界面

图 4-79 天津市某老年公寓声测点

图 4-80 天津市某老年公寓声测点分贝图
资料来源：Decibel 10th 测量

图 4-81 天津市李七庄老年公寓声测点

图 4-82 天津市李七庄老年公寓声测点分贝图
资料来源：Decibel 10th 测量

图 4-83 天津市某老年公寓声测点

图 4-84 天津市天嘉湖老年公寓声测点分贝图
资料来源：Decibel 10th 测量

4.3.4 设施系统要素的比较

休憩设施系统方面，根据实证结论，临近室内的过渡区域是否有便于休憩的场地的客观感知度每增加 1（区间 0 ~ 10），其进行任何形式户外步行活动的优势比下降了 18.1%（OR=0.819，p=0.093），即：老年人仅在场地休憩活动的优势比上升 22.1%（OR=1.221）。场地座椅可随意移动的客观感知度每增加 1（区间 0 ~ 10），其进行任何形式的户外步行活动的优势比下降了 22.9%（OR=0.771，p=0.001），即：老年人仅在场地休憩活动的优势比上升 29.7%（OR=1.297）。

由此可见，场地优良的休憩设施削弱了老年人步行活动意愿，但增强了老年人在场地休憩接触自然类活动的意愿。对老年人而言，步行活动和接触自然类活动同等重要，尤其是身体虚弱的老年人，其大多已不便于在户外活动，场地接触自然类活动是其主要的外出活动方式。对所调研的 16 座养老设施作定性分析，对其场地环境做深入分析，并结合我国的调研结果对比分析其差异性。

4.3.4.1 休憩设施要素的比较

1. 美国养老设施入口灰空间布置休憩设施

根据美国调研，临近室内的过渡区域多是养老设施入口处，该区域是老年人进行场地休憩活动最主要的开展区域，且该区域背靠建筑，根据环境心理学理论，其具有较高的空间安全度。同时，此区域的作息设施面对场地人流活动的方向，能使老年人获得最大的信息及愉快的休憩体验，可谓"人看人"其乐无穷。

如图 4-85 和图 4-86，休斯敦的 Parsons House 介助型养老设施入口灰空间布置带坐垫的座椅、小餐桌，面向外界基地环境方向，满足老年人在此处驻足观望意愿。又如 Carriage Inn 自理型养老设施，结合入口灰空间布置休憩座椅，此区域人气活力较旺，老年人在此休息能观望到每日来访的邮递员、快递员、老年人家属等，为其平淡的生活带来一定活力，也避免老年人长久安居室内致使社会隔离。

2. 我国养老设施入口灰空间无休憩设施

根据本书调研，中国养老设施入口灰空间尚无配置休憩设施。例如天津市某老年公寓，其入口灰空间的布置仅以光滑的大理石铺装为主，实地步行感受较光滑，缺乏针对老年人促进老年人交往和联系的休憩设施，老年人多是推着带座椅的助步器到场地活动（图 4-87）。又如，天津市某养老院的入口处空间狭小，缺乏休憩设施,实际调研发现,部分老年人坐在机动车坡道的路缘带休息（图 4-88）。

我国总体场地空间狭小，在室内和室外的过渡处理较草率，缺乏合理利用灰空间促进老年人交往、增强老年人外出的设施布置。

图 4-85　休斯敦的 Parsons House 介助型养老设施入口灰空间布置休憩设施

图 4-86　布拉索斯县的 Carriage Inn 自理型养老设施入口灰空间布置休憩设施

图 4-87　天津某老年公寓入口灰空间无休憩设施

图 4-88　天津某养老院入口灰空间老年人在路缘带休息

3. 美国养老设施休憩设施注重促进交往原则

根据数据结论，场地可移动的休憩设施促进了老年人户外接触自然类活动。通过舒适可移动的座椅设施，提高了座椅的舒适度，促进了人群停留，便于开展任何形式的交往活动，从而减轻老年人的心理压力。例如布拉索斯县 Waldenbrooke Estates 自理型养老设施摆放双人摇椅，并配置柔软的坐垫和小咖啡桌，舒适度较高（图 4-89），又如休斯敦 Hamptonat Pinegate 介助型养老设施摆放自由式桌椅，结合配有遮阳伞的餐桌，满足老年人聚会的需求，并提供活动支持（图 4-90）。

图 4-89　布拉索斯县的 Waldenbrooke Estates 自理型养老设施双人摇椅

图 4-90　休斯敦的 Hamptonat Pinegate 介助型养老设施自由式桌椅

4. 我国养老设施休憩设施平淡乏味

本书对天津、洛阳养老设施进行调研，尚未发现可移动的场地休憩设施。我国的养老设施休憩设施设计较呆板，仅仅是常规休憩设施的设计形态，并无针对老年人特殊的人性化设计考虑，因此，无法增强老年人交往意愿，更无法提升老年人户外活动的体能。实地观测发现，此类设施少有老年人使用（图 4-91、图 4-92）。

图 4-91　天津市某养老院休憩设施

图 4-92　天津市某老年公寓休憩设施

4.3.4.2　景观设施要素的比较

基于前文实证结论，老年人对于场地内鸟类、野生动物的偏好对于老年人达到中强度步行指标、中强度娱乐型步行指标、高强度步行指标的概率正相关（$OR=2.929$；$OR=3.520$；$OR=16.561$）。由此说明了，场地内的生物对老年人进行高体能和普通体能步行活动具有积极的促进作用。本书对所调研的 16 座养老设施作定性分析，抽取对场地鸟类、野生动物的偏好较好的养老设施，对其场地环境做深入分析，并结合我国的调研结果对比分析其差异性。

1. 美国养老设施景观设施系统注重生物关怀

美国景观系统设计历来重视生态圈的维护和保护。在养老设施中，常通过大、小尺度的生物关怀型景观设施吸引野生种群，构建更为完整性的生态系统，提升区域活力，促进老年人的户外活动意愿。

针对本次调研呈显性影响的养老设施分析发现，其具备两种特征：

（1）大型生物关怀型景观设施

例如，布拉索斯县的 Crestview 持续照料社区，其在场地街角处设置了喷泉，并常年开放，小池塘水系为循环水并伴有净化设备，因此，水面较清澈且水中氧分子较充足。水中养殖诸多鱼、乌龟，对老年人的访谈发现，该区域为老年人户外活动开展最密集的区域，老年人十分喜欢围绕着湖水散步并观望湖里的鱼和乌龟（图 4-93、图 4-94）。又如布拉索斯县的 Isle at Watercrest 持续照料社区，结合场地原有的一处径流形成了坡度和高差种植大量乔木、灌木，形成错落有致的茂密森林，其区域微气候较好。实地调研发现，老年人在面对小树林区域静养休息，大规模绿色植物舒缓心理压力，排解内心的烦躁，具有突出的康复治愈效益，小树林里常年驻足着松鼠、鸟类等生物，生物种群较丰富，也为区域带来生机（图4-95、图 4-96）。

图 4-93 Crestview 养老设施的小池塘
资料来源：Google Earth

图 4-94 Crestview 养老设施小池塘旁的乌龟

图 4-95　Isle at Watercrest 养老设施的
　　　　茂密树林
资料来源：Google Earth

图 4-96　Isle at Watercrest 养老设施茂
　　　　密树林里的松鼠

（2）小型生物关怀型景观设施

小型生物关怀型景观设施包括了鸟窝、小鸟喂水器、小鸟喂食池等，在美国养老设施常有配置，其核心目的在于吸引外界生物，进而提升场地内部的活力，缓解了老年人隔离生活的压抑感受（图 4-97、图 4-98）。

图 4-97　Parsons House 养老设施场地
　　　　里的鸟窝、小鸟喂水器

图 4-98　Parsons House 养老设施场地
　　　　里的小鸟喂食池

2. 美国养老设施景观小品注重活力性和吸引性

美国养老设施内部场地空间引入大量动态景观，喷泉、水池、风铃、飘荡的旗帜，进而对老年人户外活动构成促进和良性诱导。如图 4-99 休斯敦 The Abbey at Westminister Plaza CCRC 养老设施在一处休憩布置了一个叠水景观小平，结合多层次绿植体系，围绕可移动休憩设施进而对老年人外出活动构成良性诱导。如

图 4-100 布拉索斯县的 Waldenbrooke Estates 自理型养老设施，场地布置风车和多个风铃，在此处时常能听到悦耳的声音，老年人多面朝此类景观休憩。

图 4-99　休斯敦 The Abbey at Westminister Plaza 养老设施动态水景观

图 4-100　布拉索斯县的 Waldenbrooke Estates 自理型养老设施风车、风铃设施

3. 我国养老设施景观设施缺乏生物关怀和活力

调研发现，我国养老设施尚没有小型的生物关怀型景观设施，如鸟窝、小鸟喂水器、小鸟喂食池等。我国的养老设施生物种群较少，野生动物较隔离，仅有极少数养老设施存在大型生物关怀设施，但其景观品质差强人意。例如，洛阳某老年公寓的小池塘造型过于简单、岸线设计较粗糙、景观步道铺装较单一、小池塘水位较低、距离老年人的视点较远，其美观度远远不及美国的大型生物关怀型设施（图 4-101）。尽管如此，仍有多数老年人在此处活动，观望池塘中的金鱼，可见生物关怀型设施对老年人活动的吸引性。而仅有的一处喷泉，由于长期停止喷水，水池内无野生动物，进而无法对老年人的户外活动构成吸引（图 4-102）。

图 4-101　洛阳某老年公寓的小池塘

图 4-102　洛阳某老年公寓的喷泉

4.4　中美养老设施社会氛围健康促进要素比较

4.4.1　社交网络要素的比较

基于实证结论，老年人与邻居、家人、机构护理人员一起户外活动的老年人，其开展任意户外活动的优势比比独自户外活动的老年人增加了 2.017 倍（OR=3.017，p=0.007）。机构每周组织的室内体力活动每增加 1 个，其能达到高强度步行指标的优势比降低了 30.6%（OR=0.782，p=0.233）。由此看出，养老设施的老年人的社会网络模式极大促进了老年人进行户外活动的意愿，而养老设施的社会网络主要通过群体活动组织开展。对所调研的 16 座养老设施作定性分析，抽取对机构活动组织较多的养老设施做深入分析，并结合我国的调研结果对比分析其差异性。

1. 美国养老设施群体活动丰富

养老设施的老年人从故居迁居至此，与原有社会网络隔离，因而心理的孤寂感受会更严重，美国养老设施通过组织多种类型活动，进而促进老年人群体建构社会网络，机构人员在活动中主动介绍活动者和培养活动的互助精神，增强老年参与者的主动性。根据调研统计，美国养老设施的活动类型包含：(1) 场地体力类活动，即：场地步行、园艺疗法、场地健身操等；(2) 场地非体力活动，即：场地茶话会等；(3) 基地体力活动，即：基地步行；(4) 公交远行活动，即：去图书馆、大学、商业中心等；(5) 室内体力活动，即：室内健身操、走廊步行等；(6) 室内非体力活动，即：室内茶话会、Bingo 牌、猜字谜、音乐会、生日会、集体电影、多米诺牌、健康讲坛等。

根据本次调研数据，16 座养老设施中的平均每周 41.06 次活动（标准差 =5.105），场地活动平均每周 1.16 次（标准差 =1.768），基地活动平均每周 0.19 次（标准差 =0.403），公共交通远行活动平均每周 2.02 次（标准差 =1.496），室内体力活动活动平均每周 4.94 次（标准差 =1.611），室内非体力活动平均每周 32.77 次（标准差 =5.540）。养老设施利用如此高密度的活动促进老年人的熟知和了解，进而建构新的社会网络，促进交往。如今，居住在养老设施的老年人的生活相当丰富，通过多元的休闲活动，老年人享受积极的养老生活（图 4-103）。

2. 我国机构缺乏群体活动

国内的养老设施活动开展频率远远低于美国，约平均每周 10 次活动，与美国的平均每周 41.06 次活动相差甚远。活动开展的多样性方面远不及美国，中国养老设施仍以室内的非体力活动为主，包含了京剧、太极拳、舞蹈、书法等，由于缺乏多层次的活动组织，我国养老设施老年人的群体社会网络差于美国，由于社会网络影响户外活动的意愿，因此，较低的活动开展密集度度也影响了老年人户外活动的热情。

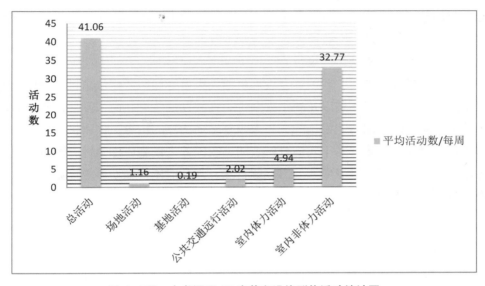

图 4-103　本书调研 16 座养老设施群体活动统计图

4.4.2　行为干预措施要素的比较

基于实证结论，医生建议对于老年人达到中强度步行指标、中强度娱乐型步行指标以及进行户外步行活动的概率正相关（OR=7.132；OR=5.969；OR=9.748）。提供户外园艺疗法的养老设施，老年人开展任意户外活动的优势比增加了 6.409 倍（OR=7.409，p=0.010）。机构每周组织的公共交通远行活动每增加 1 个，老年人开展任意户外活动的优势比增加了 1.242 倍（OR=2.242，p=0.003）。由此说明，医生建议多老年人开展户外步行活动具有极大的促进效益。而园艺疗法和公共交通远行活动促进了老年人到室外活动。对所调研的 16 座养老设施作定性分析，抽取对运动指导师、园艺疗法、公共交通远行活动的养老设施做深入分析，并结合我国的调研结果对比分析其差异性。

1. 美国养老设施注重健康行为干预

美国养老设施正在普遍推广园艺疗法，所调研的 16 座养老设施中，约有三分之一的养老设施有园艺疗法，平均每周开展 1 ～ 2 次，极大地促进了室内静止的老年人走向室外活动。公共交通远行活动在美国养老设施老年人中较为普遍，居住在档次较高的养老设施老年人会去周边小城镇图书馆、公园、大学等公共设施的活动。普通养老设施也会有时组织周边超市、商业中心的活动。运动指导师是专门针对老年人康体训练所配备的专业体育医学人员，在档次较高的养老设施均有配备运动指导师。而普通养老设施却不普遍。

2. 我国养老设施缺乏健康行为干预

基于对我国的调研，我国养老设施目前尚未有开展园艺疗法。机构管理人员表示，由于人员配备不足以及处于安全性担责问题的考虑，尚未开展公共交通远行活动。同样，我国养老设施的老年人康复运动治疗的指导工作由机构护理人员承担，其专业度一般。基于实证分析表明，我国养老设施应加强针对健康干预性活动的考量，进而促进老年人外出接触自然、强身健体，推动养老设施老年人积极、健康化养老模式。

5　中国养老设施外部环境规划及设计策略

基于实证数据结论，并结合中美养老设施的个案对比分析，探讨中国养老设施外部健康行为空间的规划策略。本章针对我国当前养老设施配套方式和规模管控的分析提出养老设施配套策略和规模控制建议，探讨了养老设施基地环境、场地环境规划策略以及社会氛围营造策略。

5.1 养老设施配套方式和规模管控优化策略

5.1.1 针对不同城市规模的养老设施分级配置策略

纵观我国关于养老设施配套的相关法规和规范，从用地布局、配套数量、分级配建要求等方面做了如下规定：《城市公共设施规划规范》GB 50442—2008[128]，规定："老年人设施布局宜邻近居住区环境较好的地段，其规划人均用地指标宜为 100 ～ 300 平方米 / 千人。"《城市居住区规划设计规范》GB 50180—93[129]，规定："养老院的一般规模为 150 ～ 200 床位，每床位的建筑面积 ≥ 40 平方米。"《城镇老年人设施规划规范》 GB 50437—2007[130]，规定："老年公寓应在市（地区）级配建，宜在居住区（镇）级配建；养老院应在市（地区）级配建，应在居住区（镇）级配建。"然而，我国各城市老年人口比例、收入水平差异较大，例如，上海的老龄人口始终高于全国 8% ～ 10%，而深圳尚未进入老龄化社会，且基于前文分析，养老设施的市场定位人群主要面向于城市中独居、经济条件较好的老年人，因此，城市的老年人口比例、经济条件的差异影响社区老年人设施规模，若采用全国统一的标准指导养老设施的配套并不科学，各地区应结合国家规范并针对本地情况制定养老设施配套标准细则。

养老设施主要针对中高收入人群，具有"市场化运营模式，福利性经营制度"的特征。由于当前我国仍属于低福利水平国家且区域经济发展不均衡，针对养老设施的政策扶持和运营补贴等方面仍不完善，致使在开发阶段按照房地产市场化的模式进行，开发商为了提高养老设施的盈利收入常扩大运营规模。因此，我国的养老设施多数都以特大型为主，动辄床位 500 ～ 1000 张，往往建设在土地成本较低的城市远郊区，但周边公共设施配套设施大多不完善，老年人隔离、集中的居住方式导致了"老年孤岛"社会问题。

针对美国德克萨斯州的实地调研发现，诸多养老设施中仅提供自理型服务的养老设施较少，大多建成持续照料社区并有老年人生命周期中自理、介助、介护多元照料体系，仅提供介助型照料服务的养老设施较多，其规模较小往往设在各个居住区中。如图 5-1 所示，德克萨斯州休斯敦的养老设施普遍布置在内环外的各地区，自理型和介助型养老设施大多结合布置，少数单独布置。布拉索斯县人口仅有约 20 万，其配套了较多养老设施，大多布置在 Blinn College 区域附近，这也与县域优美的自然环境有关，针对布拉索斯县养老设施访谈发现，部分老年人由周边休斯敦、奥斯丁等大城市迁居到此，远离大城市嘈杂的环境进而享受安静惬意的疗养氛围，由此说明自然环境优越的小城镇仍有大量的迁居型养老居住需求。

休斯敦市域自理型养老设施布局（节选）

休斯敦市域介助型养老设施布局（节选）

布拉索斯县自理型养老设施布局（节选）

布拉索斯县介助型养老设施布局（节选）

图 5-1　美国德克萨斯州休斯敦和布拉索斯县养老设施布局节选
资料来源：Google Earth

综上，养老设施分区配置和结合城市自然、社会、文化资源配置具有突出的重要性，虽然美国养老设施的支付力和民众接受度要远远优于我国，但其养老设施布局模式值得我国借鉴。因此，对我国的养老设施配置要求应基于不同城市的规模和定位分级配置，依据我国 2014 年《关于调整城市规模划分标准的通知》[131]对城市规模的划分办法，对我国不同规模城市的养老设施配置做如下建议（表 5-1）：

各级城市养老设施配建要求 表5-1

设施级别	超大城市	特大城市	大城市	中等城市	小城市
市级	▲	▲	▲	▲	▲
地区级	▲	▲	▲	—	—
居住区（镇）级	▲	▲	▲	▲	—

注：1 表中▲为应配建；一为不配建。

　　2 养老设施配建项目可根据城镇社会发展进行适当调整。

1. 超大城市分级配置建议

针对超大城市（城区常住人口1000万以上），存在老年人口多、中心城区内外人口密度差异较大、外来人口流动较快等情况。应在市级养老设施配建规模下增设地区级养老设施，以保证养老设施的服务网络能够覆盖到城市各级地区，应建设综合型养老设施，提供自理、介助、介护综合照料服务。超大城市的应确保居住区（镇）级的养老设施的配置，可采用将介助型养老设施单独配置的方式，提供介助和介护双重照料服务。进而形成"市级—地区级—居住区级"的养老设施服务网络。

2. 特大城市分级配置建议

针对特大城市（城区常住人口500万～1000万），同样应与超大城市分级配置方式相同，应确保形成"市级—地区级—居住区级"的养老设施服务网络。

3. 大城市分级配置建议

针对大城市（城区常住人口100万～500万），同样应与超大城市分级配置方式相同，应确保形成"市级—地区级—居住区级"的养老设施服务网络。

4. 中等城市分级配置建议

针对中等城市（城区常住人口50万～100万），结合趋于环境优势，选取自然环境资源较好、文化社会资源较浓厚的区域配置大型养老设施，可结合旅游地产、生态农业开展，打造"离城型"和"疗养型"养老设施，同时服务于周边1小时车程内的超大城市、特大城市和大城市，服务于高端养老年人群的异地养老。对于地区级可不配设养老设施，其养老需求可以通过市级、居住区级养老设施解决。应确保居住区（镇）级的养老设施的配置，可采用单独配置介助型养老设施的方式，提供介助和介护双重照料服务。由此形成"市级—居住区级"的养老设施服务网络。

5. 小城市分级配置建议

针对小城市（城区常住人口 50 万以下）的市级养老设施配置方式与中等城市相同，对于地区级、居住区级可不配设养老设施，由于经济条件有限，少量自理、半自理老年人的养老需求可通过市级养老设施解决。

5.1.2　针对分级配置的养老设施规模管控策略

《城镇老年人设施规划规范》GB 504327—2007[130] 提出，"老年公寓的配建规模和要求（不应小于 80 床位），以及配件指标（建筑面积 ≥ 40 平方米 / 床、用地面积 50 ~ 70 平方米 / 床）；市（地区）级养老院的配建规模和要求（不应小于 150 床位），以及配件指标（建筑面积 ≥ 35 平方米 / 床、用地面积 45 ~ 60 平方米 / 床），居住区（镇）级养老院的配建规模和要求（不应小于 30 床位），以及配件指标（建筑面积 ≥ 30 平方米 / 床、用地面积 40 ~ 50 平方米 / 床）。"《老年人居住建筑设计标准》GB/T 50340—2003[119] 中确定了老年公寓的规模划分标准："特大型（201 床以上）、大型（151 ~ 200 床）、中型（51 ~ 150 床）、小型（50 床以下），以及人均用地指标：特大型（100 ~ 110 平方米）、大型（95 ~ 105 平方米）、中型（90 ~ 100 平方米）、小型（80 ~ 100 平方米）。"可见，相关规范标准并没有涉及各规模养老设施在不同城市中的配套方式。

对美国德克萨斯州调研的 7 座自理型养老设施中总床位数进行方差分析，休斯敦自理型养老设施（4 座）平均床位数 304 床（标准差 =46.316），布拉索斯县自理型养老设施（3 座）平均床位数 222 床（标准差 =53.481），休斯敦市的自理型养老设施平均床位数比布拉索斯县的略多（304 相对于 222），其差异性并不显著（$p=0.300$）（表 5-2）。这与我国普遍集中布置超大型养老设施（动辄 500 ~ 1000 床）不同，美国养老设施的配置呈现"中型为主、分散式布局"的配建模式，避免单栋超大型养老设施致使老年人过于集中，进而为其心理健康带来负面影响。

自理型养老设施总床位数比较分析		表5-2
自变量	均值 ± 标准差	二元检验[1]
休斯敦（Houston）	303.500±46.316	
布拉索斯县（Brazos County）	221.667±53.481	$T=1.157$（$p=0.300$）

注：[1]二元检验采用 T 检验。

　　而针对美国德州调研的 9 座介助型养老设施中总床位数统计分析，休斯敦（7 座）介助型养老设施平均床位数 67 床（标准差 =24.674），布拉索斯县（2 座）介助型养老设施平均床位数 35 床（标准差 =0.000）（表 5-3）。实地调研发现，美国介助型养老设施大多在居住区中插建的形式，本书调研介助型养老设施中，床位最多的 91 床，最少 35 床。综上，基于美国德州调研，结合我国养老设施的公众接受度和发展需求分析，依据《老年人居住建筑设计标准》GB/T 50340—2003[119] 中确定了养老设施的规模划分标准，对我国不同城市规模的各级养老设施规模管控建议如下（表 5-4）：

介助型养老设施总床位数比较分析 表5-3

自变量	均值 ± 标准差	二元检验 [1]
休斯敦（Houston）介助型养老设施	66.857±24.674	
布拉索斯县（Brazos County）介助型养老设施	35.000±0.000	$T=1.739$（$p=0.126$）

注：[1]二元检验采用T检验。

养老设施分级配建指标 表5-4

城市规模	设施配建级别	配建要求	自理型养老设施规模控制	床位数	建筑面积
超大城市	市级	▲	特大型	≥ 201 床位	
	地区级	▲	大型	151 ～ 200 床位	
	居住区（镇）级	▲	小型	≤ 50 床位	
特大城市	市级	▲	特大型	≥ 201 床位	
	地区级	▲	大型	151 ～ 200 床位	
	居住区（镇）级	▲	小型	≤ 50 床位	≥ 40 平方米 / 床
大城市	市级	▲	特大型	≥ 201 床位	
	地区级	▲	中型	51 ～ 150 床位	
	居住区（镇）级	▲	小型	≤ 50 床位	
中等城市	市级	▲	大型	151 ～ 200 床位	
	地区级	—	—	—	
	居住区（镇）级	▲	小型	≤ 50 床位	

续表

城市规模	设施配建级别	配建要求	自理型养老设施规模控制	床位数	建筑面积
小城市	市级	▲	大型	151～200床位	≥40平方米/床
	地区级	—	—	—	
	居住区（镇）级	—	—	—	

注：1表中▲为应配建；一为不配建。
2养老设施配建项目可根据城镇社会发展进行适当调整。
3城市旧城区新建、扩建、改建项目的配建规模不应低于本表相应指标的70%，同时应满足老年人设施基本功能的需要。

1. 超大城市养老设施规模管控建议

对超大城市市级养老设施而言，维持养老设施的正常运转需要一定规模，过小不利于形成群体效应，并可能造成资源浪费。因此，建议配置特大型养老设施，总床位≥201床，其配套方式可借鉴美国、日本的持续性照料社区（CCRC）模式，作为综合性老年服务机构，与适老化住宅、养老院、护理院、社区医院结合设置，并与基地周边商业、文化、体育配套设施综合开发同步建设，满足超大城市高端养老人群外迁养老的意愿。超大城市地区级养老设施，本着规划弹性的原则，建议以大型养老设施为主，总床位151～200床为宜，参照美国养老设施"中大型为主、分散式布局"配建模式，避免单栋超大型养老设施致使老年人过于集中，进而为其心理健康带来负面影响。超大城市的居住区（镇）级养老设施宜以小型为主，提供以介助和介护为主的照料服务，总床位≤50床为宜，满足住区范围内高端养老供给需求。

2. 特大城市养老设施规模管控建议

特大城市的养老设施规模控制与超大城市相同。

3. 大城市养老设施规模管控建议

大城市市级养老设施，应以特大型养老设施为主，总床位≥201床，以满足运营经济性。配建形式结合当地老年人口状况、经济状况、自然环境状况，若人均消费能力较强，可开发持续性照料社区（CCRC）。大城市地区级养老设施宜以中型为主，总床位51～150床为宜。注重养老设施内外环境品质的构建，满足高端养老人群供给侧需求。大城市的居住区（镇）级的养老设施宜以小型为主，提供以介助和介护为主的照料服务，总床位≤50床为宜，满足住区范围内高端养老人群供给需求。

4. 中等城市养老设施规模管控建议

中等城市的市级养老设施建议配置大型养老设施，总床位 151 ~ 200 床为宜，其配套方式可采用持续性照料社区（CCRC）模式，并与基地周边商业、文化、体育配套设施综合开发同步建设，满足外地高端养老人群异地养老的意愿。中等城市的居住区（镇）级的养老设施宜以小型为主，提供以介助和介护为主的照料服务，总床位 ≤ 50 床为宜，满足住区范围内高端养老人群供给需求。

5. 小城市养老设施规模管控建议

小等城市的市级养老设施规模控制参照中等城市的市级养老设施。

5.2 养老设施外部基地环境规划策略

外部基地环境规划策略可细分为道路交通要素、绿化景观要素和公共服务设施要素三方面规划策略。

5.2.1 道路交通要素的规划策略

基于本书实证结论，养老设施周边 400 米可步行范围内较高的道路连接度和较低的快速公路比例提升极大促进了老年人开展中强度步行活动的优势比，而较高慢速公路线密度，有效增强了老年人低中高体能活动总体开展度的优势比。此外，养老设施基地周边的步行道路有绿化带间隔对老年人开展中强度事务型步行活动具有增强效应。结合中美的个体比较结论，总结健康促进型道路交通要素的规划策略。

5.2.1.1 构建养老设施外部"小尺度、密路网"的道路交通网络

纵观我国关于养老设施基地外部道路交通相关法规和规范，《城镇老年人设施规划规范》GB 50437—2007[130] 规定："老年人设施应在交通便捷区域布置同时应规避快速路及交通流量较大的交叉口地段。"其仅对老年人设施与外部交通的关联方面提出原则要求，没有涉及具体的适老化道路参数。《养老设施建筑设计规范》GB 50867—2013[87],规定："养老设施建筑基地应选择在工程地质条件稳定、日照充足、通风良好、交通方便、临近公共服务设施且远离污染源、噪声源及危险品生产、储运的区域。"相关规范都是针对养老设施基地选址及其周边道路交通系统通述性原则，而未考虑如何通过外部道路交通系统规划促进老年人户外活动、提升健康。基于循证数据结论并结合中美个案比较研究，本书提出了建构养

老设施外部"小尺度、密路网"的道路交通网络策略。

"小尺度、密路网"的道路交通体系对老年人的步行活动具有促进作用。健康促进型的道路系统应体现在满足老年人可步行范围之内，通过设计更加密集的路网结构，进而为老年人提供多重步行路径选择。而中国当前城市的路网形态为"大街区、疏路网"道路系统，宽大的马路限定的大型街区更加剧了我国的交通拥堵，相关研究表明，细而密的路网有利于优化交通流，提高了老年人步行过街的安全性，因此，道路交通系统的规划应该是以人的机动性为本，而不是车的机动性为本（图 5-2、图 5-3）。

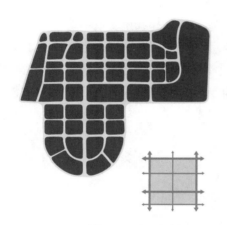

图 5-2　大街区的城市路网结构

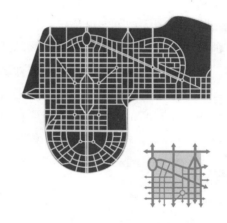

图 5-3　小街区的城市道路网络

针对我国传统大街区的路网结构，提出养老设施外部"小尺度、密路网"的道路交通网络建构方法：

在我国现状中较普遍存在的 600 米 ×600 米道路网格，可通过添加"井"字形支路系统提高路网密度，以双向二车道机非混行的道路断面，塑造窄马路系统以降低交通车速，增强内部地块的步行可达性。针对内部地块交通需求量较低的支路，可规划步行街，布置线状绿道景观及多样化街道家具，提升老年人户外活动支持性。将养老设施、小区游园、幼儿园、小区级配套公建布置在地块中央，保证养老设施可步行范围内较高的用地混合度，在"井字形"支路沿街布置小型商业，以保证街道具有较高的人气活力，为老年人街道周边步行活动提供较高的社会支持性。将城市公交系统整合到外部干道两侧，以保证均等化的公交资源分布，以便于老年人使用。

　　由此形成了双层次的道路系统，包含了外部较宽的"路"的形态和内部较窄的商业氛围较好的"街区"的形态。在该土地利用模型中，九个地块的土地价值不再均等，其分为中心区、周边区、街角区，适宜不同形式的业态开发，既有商业价值较高的街角区也有商业价值较低的中心区，以及介于两者之间的周边区。基于"小尺度、密路网"体系的养老设施外部交通组织，不仅大幅提升了老年人户外步行的开展度，也降低了养老设施的土地开发成本。以此类推，位于城市核心区的养老设施可采用更密集的网络体系，以100米×100米为模式建构均等化的慢速交通体系，养老设施结合小型开放空间、文化、商业设施布局。

　　基于"小尺度、密路网"的道路交通组织方式极大减少了老年人出行伤害，而现阶段我国大型养老设施仍在街角处配建较多，毗邻城市干道系统，结合本书实证研究结论，临近快速公路大幅削减了老年人户外活动开展频率，本书主张采取"精明增长"理念建构养老设施外部交通体系，采用均等化密路网模式建构健康促进型的养老设施基地环境，使适宜老年人步行的街区环境重回到简·雅各布所提倡的高密度、小尺度的城市形态中（图5-4）。

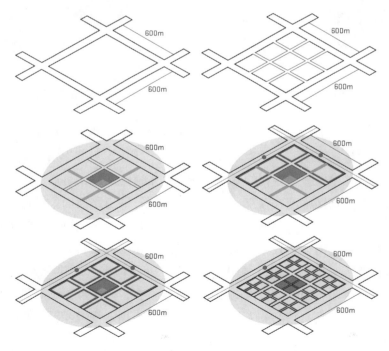

图 5-4　基于密路网体系的养老设施外部交通组织模式

5.2.1.2　构建养老设施外部"绿化隔离型"的无障碍慢行系统

纵观我国关于养老设施适老化交通设施的相关政策文件，仅有《中国老龄事业发展"十二五"规划》[2]规定，"要加大力度推进老年人生活相关的园林绿地、道路、建筑等设施无障碍改造，以便于老年人户外出行。"由此看出，该规划是交通设施的通述性原则，而未考虑如何通过适老化慢行系统，促进老年人的户外活动提升健康。本书实证结论验证了绿化隔离型的步行道路对老年人户外活动的支持性，结合中美的个案比较分析，养老设施外部"绿化隔离型"的无障碍慢行系统体现在以下几个方面：

1. 加大人行道宽度，建构绿化隔离型的慢行系统

《城市道路交通设计规范》GB 50220—1995[132]规定，"人行道的最小宽度为3.0米。"由于考虑到老年人推助步器或轮椅活动，其最小转弯直径为1.5米，因此养老设施外部慢行系统应保证两位轮椅老年人活动时其他人流的顺畅性，建议将养老设施周边人行道的最小宽度定为4米。同时，应在人行道的外缘布置绿化带，以便创造宜人的树荫空间，绿化带应优先采用乔木绿化，并与街道家具结合设置，宜采用平树池的形式，同时，绿化不应该采用长距离连续设置，避免对老年人灵活穿越造成阻碍，临街建筑节点空间应设置足够数量的休憩设施（图5-5～图5-7）。

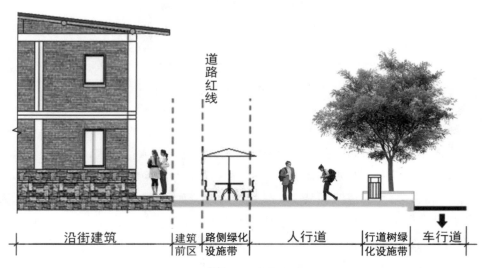

图 5-5　适老化慢行系统道路断面示意图

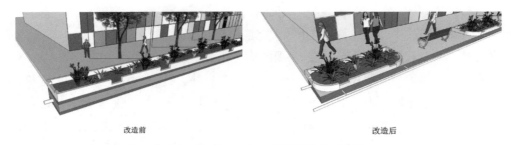

改造前   改造后

图 5-6　适老化慢行系统街景改造示意图

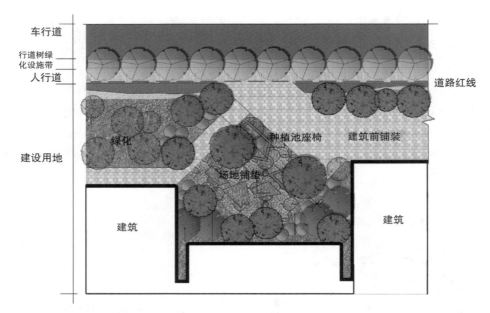

图 5-7　临街建筑节点设计

2. 适老化过街设施

应在养老设施外部可步行基地慢行系统中设计彩色人行横道，提升慢行系统的安全性（图 5-8）。改变铺装材料、质地和色彩，为老年人提供一些危险的警示，其铺装样式宜采用与道路铺装变化较大的材料，如浅色的混凝土、石砖铺装等。道路路段或交叉口的双向机动车车道有 6 条及以上车道时，或人行横道长度大于30 米，宜设置安全岛。新建安全岛宽度不应小于 2 米，条件受限时宽度不应小于 1.2米，长度不应小于连接处人行横道宽度。有中央分车带时，安全岛形式宜采用栏杆诱导式，无分车带时宜采用斜杠式（图 5-9）。

图 5-8　彩色人行横道图

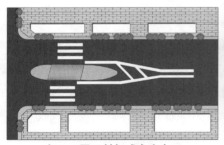

交叉口平面斜杠式安全岛

路段平面斜杠式安全岛

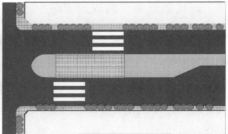

交叉口栏杆诱导式安全岛

路段栏杆诱导式安全岛

图 5-9　适老化行人安全岛

3. 双步道慢行系统

　　针对新建的特大型养老设施，在其人行道宽度足够的情况下应着重规划漫步道和人行道结合的步行系统，可设计成"双步道"的慢行体系，采用软质塑胶铺设并结合街道家具,组织慢行道路空间,为老年人提供高品质的健康活动环境（图5-10）。

图 5-10　双步道慢行系统图

5.2.2　绿化景观要素的规划策略

基于本书实证结论,养老设施周边 400 米可步行范围内有公园绿地对老年人开展中强度步行、高强度步行、低体能向中高体能活动演变都具有极高的促进效应。结合中美的个体比较结论,总结绿化景观要素的规划策略。

依据"老年人健康行为圈域"布局毗邻公园绿地的养老设施。纵观我国关于养老设施外部公园绿地的相关政策文件:《中国老龄事业发展"十二五"规划》[2]规定:"要加快老年活动场所和便利化设施的建设,在城乡规划建设中,充分考虑老年人需求,加强街道、社区"老年人生活圈"配套设施建设,着力改善老年人的生活环境。通过新建和资源整合,缓解老年生活基础设施不足的矛盾。利用公园、绿地、广场等公共空间,开辟老年人运动健身场所。"由此可见,相关规划并未提出养老设施结合公园绿地布局的规定和策略,仅仅通述性规定了利用公园绿地开辟老年人健身场所。本书依据该规范提出了"老年人健康行为圈域"概念,即促进老年人户外活动的空间范围,也就是基地外边界以 400 米为半径的缓冲区。基于中美个案比较分析,依据"老年人健康行为圈域"内布置毗邻公园绿地的养老设施既能够极大促进老年人的户外活动，也能够扩展老年人的社交范围，即从社区层面扩展到社会层面，不仅增强老年人的社会融合也促进了心理和生理双重健康。依据本书对养老设施的分级配置建议，针对各级养老设施提出适宜性的布局策略。

1. 市级养老设施

市级养老设施基地规模较大，其布局宜考虑临近森林郊野公园、风景名胜区、自然保护区、城市大型绿廊、市级公园、综合公园、公共绿地等区域布局。建议养老设施基地与周边公园距离控制在老年人健康行为圈域范围内（图5-11）。若基地周边暂无公共设施，宜考虑结合"老年人健康行为圈域"规划以绿植、水系为主的居住区公园或小区游园，布置蜿蜒的步行路径。

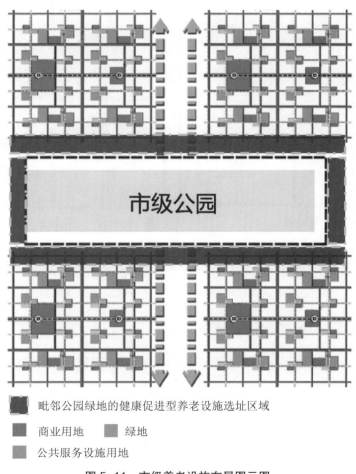

■　毗邻公园绿地的健康促进型养老设施选址区域

■　商业用地　　■　绿地

■　公共服务设施用地

图 5-11　市级养老设施布局图示图

2. 地区级养老设施

地区级养老设施多为大型养老设施组团（总床位数 151 ～ 200 床），地区养老设施普遍用地有限，其基地布局宜考虑临近区域性公园，建议基地与临近周边公园距离控制在"老年人健康行为圈域"范围内（图 5-12）。

3. 居住区（镇）级养老设施

居住区级养老设施大多以供以介助为主的照料服务，总床位 ≤ 50 床。宜考虑临近居住区公园或小区游园配置，建议基地与临近周边公园距离控制在"老年人健康行为圈域"范围内（图 5-13）。

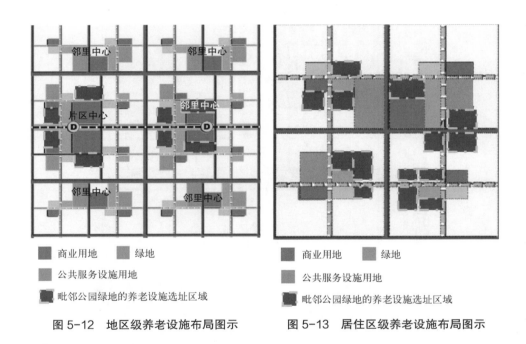

图 5-12　地区级养老设施布局图示　　　图 5-13　居住区级养老设施布局图示

5.2.3　公共服务设施要素的规划策略

纵观我国关于养老设施公共服务设施的相关法规和规范：《中华人民共和国老年人权益保障法》[133]第六十一条规定，"应根据各地区老龄化趋势统筹考虑各类生活服务、医疗卫生、体育文化设施的建设。"《国务院关于加快发展养老服务业的若干意见（国发〔2013〕35 号）》[134]规定，"要加强养老设施与社区文化、卫生、体育设施的结合以便发挥综合使用效益。"《城镇老年人设施规划规范》GB 50437—2007[130]，规定："市（地区）级的老年人护理院、养老院应独立设置；

居住区内的老年人设施宜靠近其他生活服务设施，统一布局，但应保持一定的独立性，避免干扰，建制镇老年人设施布局宜与镇区公共中心集中设置，统一安排，并宜靠近医疗设施与公共绿地。"相关规范仅规定了养老设施应布局在靠近其他生活服务设施区域，但没有涉及具体的设施类型和空间距离，缺乏细节化的组织和安排。本书基于实证研究并结合中美个案比较分析，印证了多元化的公共设施和教育设施能够促进老年人户外活动，以此建构相关规划策略。

5.2.3.1 依据"老年人户外活动圈域"布局毗邻教育设施的养老设施

基于实证结论，学校类文化设施对老年人高体能活动有突出促进作用，因此应加强依据"老年人户外活动圈域"布局临近教育设施的养老设施，"老年人户外活动圈域"指养老设施基地空间以 400 米为半径划定的可步行范围。

1. 毗邻大学布局模式

基于中美比较研究，我国可以借鉴美国养老设施的布局方式将市级、地区级养老设施毗邻大学建设，也可集中布局在城市中的大学城周围，促进多代人群的社会融合。基于我国当前封闭式的大学管理模式，若沿大学围墙布局则较难促进老年人与年轻人群的融合，因此，建议应重点结合大学的入口处布局养老设施，二者的空间距离控制在"老年人户外活动圈域"内。以天津市大学城为例，养老设施适宜结合大学入口处周边居住组团布置，居住组团内的商业、娱乐设施也为养老设施的老年人提供便利（图 5-14）。而我国当期规划的大学城普遍距离城市较远，养老设施布局应注重回避周边对老年人户外活动构成消极影响的仓储用地、工业用地和基本农田等，并与之保持一定安全距离。

2. 毗邻中学、小学、幼儿园的布局模式

基于中美比较研究结论，地区级、居住级养老设施还应侧重结合居住区的中学、小学、幼儿园布局，满足多代人群邻居的生活方式，促进老年人的户外康体活动。例如，天津某养老院很好地诠释了此类型布局结构，将大型市级养老院布局在天津津南区小站镇某居住小区的配套公共服务设施处，并紧邻小站第三小学、津南区第四幼儿园，由于中小学教育设施具有较高的正外部效应，周边的商业氛围较浓厚，因此，该养老设施老年人户外活动圈域内的各类型文化、商业设施，有效促进了老年人的外出活动，推动社会融合（图 5-15）。

5.2.3.2 构建养老设施外部"功能复合化"的设施系统

基于实证结论和中美比较研究，养老设施应布局在成片设施的中心区域，保证养老设施"老年人健康行为圈域"内各类设施的混合度较高，商业住宅用地比

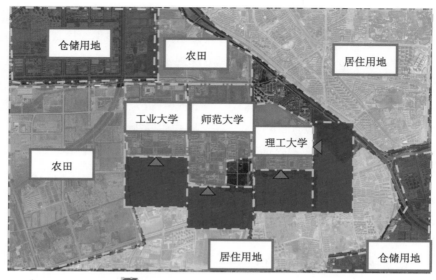

▲ 大学入口处　　■ 结合大学入口的养老设施选址区域

图 5-14　以天津市大学城为例的结合布局构想示意图

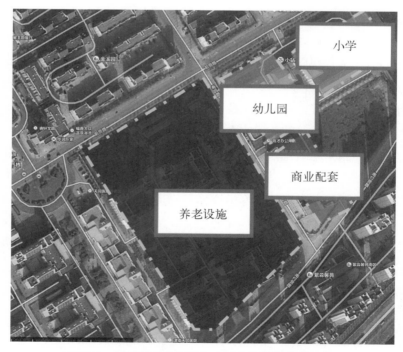

图 5-15　养老设施临近居住小区文化设施布局示意图

率较高。前文研究表明，与老年人生活相关设施有：便利店和杂货店、超市、蔬菜市场、服装店、药店、邮局、餐厅、银行、医院、教堂、图书馆、学校等。而养老设施的布局策略由多种因素构成，而各因素呈现既相关又相互排斥的现象，比如，如果极其临近公园类公共空间，势必削弱老年人户外活动圈域内的商业用地和文化设施用地，反之亦然。基于设施混合度的模型内部变量比较，其中在中强度娱乐型步行活动时间模型中，用地混合度和公园类开放空间共同影响了老年人步行活动行为。由图 5-16 可知，用地混合度变量的优势比远小于公园类公共空间，后者是前者的 20 倍以上。由此可见临近开放空间布局对老年人动能提升的强大作用。

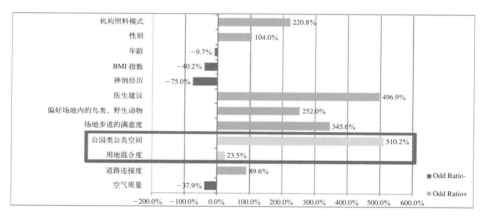

图 5-16　用地混合度变量和公园变量的优势比分析图

由于用地混合度是一项综合性的变量，其涉及了融合开放空间、住宅、商业、文化设施等用地。前文基于变量分析得出了公园类公共空间应当作为布局的首选因素。因此，建议养老设施布局应以毗邻开放空间为主，若无开放空间，则可通过毗邻文化设施和毗邻商业中心等模式进行混合。最优选的配置模式是既临近开放空间，又临近大型商业设施和文化设施。各级养老设施公共服务设施规划策略如下：

1. 市级养老设施

市级养老设施基地规模普遍较大，其布局仍然遵循毗邻开放空间、文化设施、商业中心为首选布局条件。而当不能达到首选条件时，可以选择仅以开放空间结合的布局形式，作为养老设施布局的次选。当次选也无法满足时，选择仅以大型商业或文化设施结合布局的形式，此作为养老设施布局的候选。同时，养老设施基地布局应临近周边现有教育、医院卫生、文化体育、商业服务、金融邮电五类公共设施，建议基地与周边设施的空间距离控制在基地老年人户外活动圈域内。若基地周边暂无公共设施，以基地外边界老年人户外活动圈域配套相关公共设施。对于由多栋独立建筑单元组成的特大型养老设施组团，应以各建筑单元为圆心划定 400 米老年人户外活动圈域，在活动圈域内配套公共设施并满足可达性要求。市级养老设施应优先布局在近邻既有大量公共设施的区域，当该条件无法满足时，再考虑对养老设施基地内部配置公共设施。既往研究表明，大型养老设施基地内多样的设施阻碍了老年人的事务型步行活动，而基地外部多样的设施能够增强了老年人事务型步行活动。由此说明，在规划布局大型养老设施，应更加注重临近基地周边既有大型公共设施配建。

2. 区级养老设施

地区级养老设施建议结合区域老龄人口密集度布局。在城市高密度地区暂无养老设施用地的情况下，可采用将废旧学校、旅馆等建筑改建。如图 5-17，首先基于毗邻开放空间的所有区级养老设施分析，交叉覆盖毗邻教育设施、商业设施的养老设施，进而得出既毗邻开放空间，又毗邻教育设施和商业设施的区域用地高度混合型的养老设施，作为养老设施布局的首选。而当不能达到首选条件时，可以选择仅仅以开放空间结合的布局形式，作为养老设施布局的次选。当次选也无法满足时，选择仅仅以商业或教育设施结合布局的形式，作为养老设施布局的候选。

3. 居住区（镇）级养老设施

居住区级养老设施大多以供以介助为主的照料服务（总床位 ≤ 50 床）。新建居住区的养老设施应与住宅建设同步规划、同步实施、同步交付使用。而既有老龄化居住区的养老设施增建应通过对现有公共设施中的酒店、学校等建筑改建的形式进行。其功能复合化布局方式如下：如图 5-18，首先基于毗邻开放空间的所有居住区养老设施分析，交叉覆盖毗邻文化设施、商业设施的养老设施，进而得出既毗邻开放空间，又毗邻教育设施和商业设施的区域用地高度混合型的养老设施，此作为养老设施布局的首选。而当不能达到首选条件时，可以选择仅仅以开放空间结合的布局形式，此作为养老设施布局的次选。当次选也无法满足时，选择仅仅以商业或教育设施结合布局的形式，此作为养老设施布局的候选。

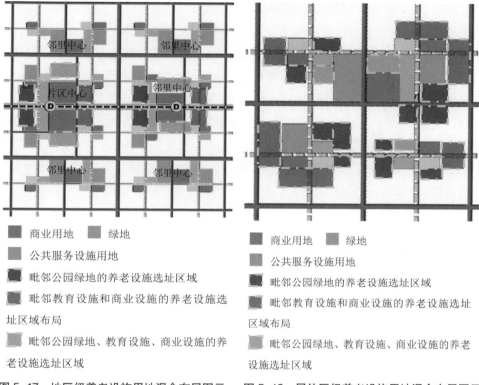

商业用地　　　绿地

公共服务设施用地

毗邻公园绿地的养老设施选址区域

毗邻教育设施和商业设施的养老设施选

址区域布局

毗邻公园绿地、教育设施、商业设施的养

老设施选址区域

商业用地　　　绿地

公共服务设施用地

毗邻公园绿地的养老设施选址区域

毗邻教育设施和商业设施的养老设施选址

区域布局

毗邻公园绿地、教育设施、商业设施的养老

设施选址区域

图 5-17　地区级养老设施用地混合布局图示　　图 5-18　居住区级养老设施用地混合布局图示

5.3　养老设施外部场地环境设计策略

基于调研数据结论和中美比较研究，提出养老设施健康行为促进型场地空间设计策略，包含了活动空间要素、步行系统要素、绿植景观要素、设施系统要素四个维度。

5.3.1　活动空间要素的设计策略

5.3.1.1　基于"凸凹型"建筑外部形体建构多层次场地开放空间

基于前文中美个案比较研究，我国的养老设施场地空间层次单一，场地功能的差异性较小，场地平面形态较呆板。美国养老设施建筑平面灵活，注重通过小尺度室内交往空间丰富建筑平面造型，并结合室内交往空间布局室外场地，形成了多层次室外空间体系。

如图 5-19 所示，该养老设施平面常用在医疗、教育、办公建筑中，采用行列式布局，并通过直列建筑单元连接三栋独栋单元，空间层次较单一。首先，可在原建筑转角处和入口处布局多个小型交往空间盒，进而打造"凸凹型"建筑外部形体。接着，通过小型交往空间优化后，养老设施建筑平面的公共空间较多元、空间层次性较好。基于如此丰富后的平面类型，在建筑的外部布局多层次的场地空间，进而形成了以主入口为主的室外休憩空间、后院的观景空间、围合而成的散步空间、转角处的私密性空间。由此，通过小尺度的室内交往空间打打破原有呆板造型，形成"凸凹型"建筑形体，既丰富室内空间组织，也增强了场地空间层次，提高户外场地环境对老年人的主观吸引性。

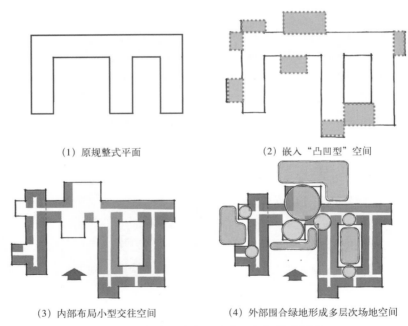

(1) 原规整式平面   (2) 嵌入"凸凹型"空间

(3) 内部布局小型交往空间   (4) 外部围合绿地形成多层次场地空间

图 5-19　养老设施多层次空间组织模式图示

5.3.1.2　依据"柔性边界"理念建构养老设施室内外过渡空间

我国相关法规和规范针对养老建筑室内外过渡空间做了如下规定:《养老设施建筑设计规范》GB 50867—2013[87] 规定:"养老设施建筑出入口至机动车道路之间应留有缓冲空间，主入口门厅处宜设休息座椅和无障碍休息区，主要出入口上部应设雨篷，其深度宜超过台阶外援 1.00m 以上，雨篷应做有组织排水。"《老年人建筑设计规范》JGJ 122—1999[118] 规定："养老建筑出入口平台不小于 1.50 米 ×1.50 米。"《老年人居住建筑设计标准》GB/T 50340—2003[119] 规定："养老建筑的出入口宜设置休闲空间，并设置通往各功能空间及设施的标识指示牌。"

　　本书实证结论证实了临近入口处区域的休息环境能够促进老年人场地开展接触自然活动。"柔性边界"理念是针对养老设施入口空间的组织和要求，通过增强建筑室内与室外的空间柔性联系，促进老年人开展任意户外活动。依据中美比较研究，显然，相关规范中限定的 1.50 米 ×1.50 米空间仅仅是过渡空间的刚性需求，而为促进老年人接触自然类活动，应加大该区域的空间面积。美国养老设施的主入口往往设计较大尺度雨篷和场地内车行道路缓坡连接，形成建筑主入口的灰空间，其中布置较多休憩设施，老年人普遍喜欢在此静坐观望基地外来去的人流和车流。因此，养老设施主入口宜布置较大尺度临界空间，可结合悬挑的雨篷、架空柱廊形成具有半封闭的边界空间，该空间中要布置多种类型的休憩设施（图 5-20）。同时，应根据入口临界区域的空间尺度，侧重布局小型花坛、景观艺术小品并通过地面铺装分割空间场所，建构多元、多功能的户外活动、社会交往空间（图 5-21）。

图 5-20　建筑入口临界空间布置休憩设施图

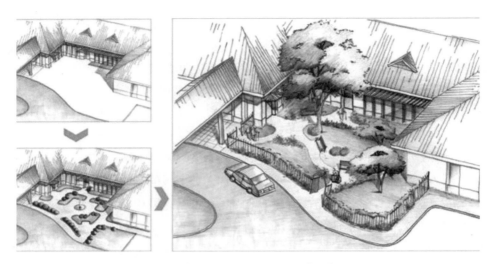

图 5-21　结合凹形建筑空间组织开放型临界空间图

5.3.2　步行系统要素的设计策略

　　我国相关法规和规范对场地步行道路做了如下规定：《城镇老年人设施规划规范》GB 50437—2007[130] 规定："养老建筑场地坡度不应大于 3%。老年人设施场地内应人车分行，并应设置适当的停车位。"《养老设施建筑设计规范》GB 50867—2013[87] 规定："养老设施总平面内的道路宜实行人车分流，除满足消防、疏散、运输等要求外，还应保证救护车辆通畅到达所需停靠的建筑物出入口。"由此看出，相关规范针对场地道路的设计主要基于消防、安全等工程性原则，并没有针对步行道路的环境心理影响分析，也未考虑如何通过步行道路设计促进老年人户外活动提升健康。基于美国数据结论并结合我国规范，总结基于提升老年人健康行为的步行道路设计策略。

　　5.3.2.1　构建养老设施场地的"回转型"步行系统

　　由于不同规模养老设施的场地规模差别较大，本节选取大型和小型养老设施的环路系统分别分析。

　　1. 大型养老设施

　　大型养老设施场地环路系统要致力于将车流交通组织到场地外部周边区域，并结合布置停车场，宜结合车行道路构建回转型环路步行系统。在场地内部，应注重设计大型开放空间，围绕绿植、景观小品、水系等构筑物布局蜿蜒的步行路径构成了不同尺度、不同长度的环路系统，满足不同体能老年人的活动需求。如

Crestview 养老设施将车行交通全部组织在外围，内部结合车行交通布置步行系统，同时连接各类空间体系，各个类型空间体系的步行道路是回转型步行系统。形成了多个回转型结构网络，满足老年人多样性的路径选择，对其活动构成极大的支持。

2. 小型养老设施

小型养老设施场地区范围较小，结合我国当前场地以硬质铺装为主，应对其原本环境进行适老化改造。例如，结合场地原有的绿地布置回转型道路，并配置座椅和遮阴设施，应注重结合景观设施布局小型回转型道路，形成小区域中心的回转型道路系统（图 5-22）。

环状道路改造前 环状道路改造后

图 5-22　小型养老设施的环路改造模式图

5.3.2.2　注重布局环路系统的"点景式"间隔空间

养老设施场地道路上的景致有效促进老年人进行中强度步行活动。因此，建议设计贯穿设施内部景观的多层次步行系统，为老年人提供"私密—半开放—开放"多层次的空间体验。各步行路径在大型公共空间汇聚，增加邻里交往机会。蜿蜒的道路能减弱建筑围合产生的风压，使区域环境更舒适。简短而富有变化的道路串联点景式的公共空间、景观设施，如：小型广场、喷泉等，其对步行老年人构成间歇型的视觉刺激，有效消除老年人步行的疲劳度（图 5-23）。

5.3.3　绿植景观要素的设计策略

我国相关法规和规范做了如下规定：《老年人社会福利机构基本规范》MZ008—

公共空间　　　　　　步行路径

图 5-23　蜿蜒有致的步行线路示意图

2001[135] 规定，"养老设施室外活动场地不得少于 150 平方米，绿化面积达到 60%。"《城镇老年人设施规划规范》GB 50437—2007[130] 规定，"新建老年人建筑场地绿地率不应低于 40%，改建的不应低于 35%，应配置乔灌木结合的绿植系统。"《养老设施建筑设计规范》GB 50867—2013[87] 规定："养老设施总平面布置应进行场地景观环境和园林绿化设计。绿化种植宜乔灌木、草地相结合，并宜以乔木为主。"《老年人居住建筑设计标准》GB/T 50340—2003[119] 规定，"应为老年人提供适当规模的种植场地。"由此看出，相关规范主要限定绿植面积指标、预留种植场地，而未考虑如何通过绿植设计促进老年人户外活动水平。基于美国数据结论并结合我国规范，总结基于提升老年人健康行为的绿植景观要素设计策略。

5.3.3.1　注重针对"老年人可触型"的绿植景观设计

本书的实证结论验证了老年人对乔木和灌木的偏好有效提升了老年人户外活动的总体开展度，结合中美个案对比分析，养老设施的绿植景观设计要注重老年人的可触性。应在老年人聚集的关键点区域，如建筑入口处、休憩设施周边、大型景观周边结合休憩设施布置可触型绿植体系，通过注重低矮的花卉植物，便于老年人对其直观感知和接触。同时，也应提供一定量的可移动树池和花池，考虑老年人的实际观赏需求，设计高低不同的绿植景观，满足坐轮椅的老年人能看到并感触到自然植物。

同时，要强化可触型绿植体系的设计，营造地域性的绿植特色，依托生态优先理念，注重多层次的绿植体系布置结合乔木、灌木、花卉等多体系元素，形成具有形态复杂性、色彩多样性、嗅觉多重性的区域生态空间，提升老年人户外活动的开展舒适度。在可触型绿植系统选择方面，要选择健康安全的植物种类，忌用带尖刺、有毒、有飞絮、易引发过敏、病虫害较多的植物，塑造"触摸友好型"的植物群落。基于文献研究，总结不适宜种植的植物物种[136]（表 5-5）。

养老设施中不适宜种植的植物   表5-5

植物分类	植物名称	备注
有毒类	夹竹桃	枝叶有毒
	杜鹃花	植株和花有毒
	刺桐	种子有毒
	苦楝	果实有毒
	凤凰木	花及果实有毒
	洋地黄	叶有毒
	相思豆	种子有毒
	黄杨	叶子有毒
有飞絮类	柳树	有飞絮
	杨树	有飞絮
	法国梧桐	有飞絮，易过敏
有针刺类	火棘	易误伤
	枸骨	易误伤
	凤尾兰	易误伤
	黄刺梅	易误伤
	月季	易误伤
易过敏类	漆树	易过敏
	乌桕	致癌
	紫荆花	易过敏

资料来源：王江萍. 老年人居住外环境规划与设计[M]. 中国电力出版社，2009.

5.3.3.2 注重针对"老年人绿视率"的绿植景观设计

老年人的绿视率是其体验绿色植物、接触绿色植物并影响其康复效益的关键控制因素。部分美国养老设施的绿色植物成体系化设计，座椅的布置注重视点绿视率的设计，保证老年人能够看到多样化的乔木、灌木、藤草、花卉等，而不是单一的植被体系。因此，我国缺乏绿视率的养老设施可通过在人视高度布局吊篮花卉等方式提高绿视率，也可通过密集种植的高低差异化灌木丛配合花朵，提升老年人休憩环境的绿视率，提升接触自然类活动的开展意愿（图5-24）。此外，应注重养老设施整体外环境的绿视率，宜控制常绿性树种与落叶树种的比例，一般常绿乔木和落叶乔木的比例易为1:3~1:4，此比值可结合区域气候及冬季的采光需求微调。同时，应在乔木周边配置花色鲜艳且季相分明的花灌木与色叶木，充分展现植物的花、叶、枝、干、果实等观赏特性，增强区域整体绿视率。

绿视率提升前   绿视率提升后

图5-24　绿视率提升设计图

5.3.3.3　注重针对"声环境维护"的绿植景观设计

实证研究验证了乔木、灌木对于外界交通噪声的吸收作用。因此，应在养老设施的临界界面，结合步行路径布置绿篱系统，阻隔外界交通环境的噪声干扰，促进场地区域声环境的适宜度，进而提升老年人户外活动意愿（图5-25）。

缺乏声环境维护系统   具有声环境维护系统

图5-25　声环境维护系统图

5.3.4 设施系统要素的设计策略

我国相关法规和规范对休憩设施做了如下规定:《城镇老年人设施规划规范》GB 50437—2007[130] 规定,"老年人休憩区域应布置在场地的朝阳避风处,并设置相关廊架、桌椅等设施。"《养老设施建筑设计规范》GB 50867—2013[87] 规定,"养老设施活动场地应设置健身运动器材和休息座椅,宜布置在冬季向阳、夏季遮阴处。"相关规范针对休憩设置的布局提出了大原则,即:应动静分区,同时要考虑冬季向阳和夏季遮阴的需求。而本书在相关规范的基础上对养老设施休憩设施设计提出了新的设计要求,即:要满足场地休憩设施的可移动性,促进老年人开展任意户外活动。基于实证结论,场地可移动休憩设施促进了老年人在场地中接触自然行为,而对进行步行活动构成制约。该变量既可对活动体能较弱的老年人构成正向诱导,又可对体能强老年人构成反向诱导。基于美国数据结论并结合中美比较研究,总结基于提升老年人健康行为的休憩设施设计策略。

5.3.4.1 预留"可移动"的场地休憩设施

移动型的桌椅满足了老年人自主化的空间营造,增进户外活动意愿及交往。因此,建议养老设施的座椅设施应以轻质、非固定的座椅为主,并辅以小型方桌,形成区域交往空间,便于老年人自由开展聊天、棋牌类等活动(图 5-26)。可在户外空间中设置多样化的移动型休憩设施,例如长椅、短椅、摇椅等结合的形式,便于老年人的小型交往空间和私密空间灵活转换,增强室外多维行为的空间舒适度。秋冬季节,宜在座椅中布置软质坐垫,具有隔冷、便于起身的多重功能,增强健康行为空间的舒适度(图 5-27)。

图 5-26 移动型休憩设施

1. 重点布置区域

基于美国养老设施调研，绝大多数养老设施的建筑入口处，布置了可移动的休憩设施，为老年人提供了多样化的社交环境，而此类区域的利用率较高，老年人普遍喜欢在此休憩、观望外界环境。因此，在我国的各类型养老设施中，建议首选建筑入口处摆放移动型休憩设施，休憩设施应朝向场地人群活动、花草等区域，有效延长老年人接触自然类行为的开展时间（图 5-28）。此外，也可将可移动休憩设施结合场地步行道路、景观布置，以 50 ~ 100 米为节点设计休息场所，结合绿植景观设置可移动休憩设施。同时，场地形态宜不规则，使老年人形成"步移景异"的空间体验，也能缓解疲劳感（图 5-29）。

图 5-27　带坐垫的移动型座椅

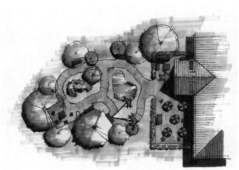

图 5-28　座椅朝向景致

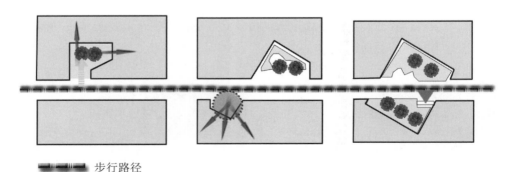

■■■■■■步行路径

图 5-29　步移景异的步行线路示意图

2. 配置侧重度

基于可移动休憩设施对于老年人在户外步行活动构成制约性和对低体能接触

自然类活动的促进性。在设置休憩设施时，应区别看待养老设施的主流照料人群，即：应更加侧重与对介助照料为主的养老设施进行布置，从而为促进了体能较弱的老年人接触自然类健康行为。而针对自理照料为主的养老设施，应以其他环境干预策略为主，进而促进有氧体能活动，辅以配备移动型休憩设施。

5.3.4.2　布置"生物关怀型"的场地景观设施

生物关怀型设施体现了场地和基地周边鸟类、野生动物的吸引性和关怀性，而相关规范并没有涉及此方面。

基于实证结论，老年人对于场地内鸟类、野生动物的偏好对于老年人达到中体能户外步行活动、中体能户外娱乐型步行活动、高体能户外步行活动指标的概率正相关（$OR=2.929$；$OR=3.520$；$OR=16.561$）。其中，鸟类或野生动物的对老年人其能达到高体能户外步行活动指标的优势比最高（$OR=16.561$）。并且，场地鸟类或野生动物因素数据较稳定，不受步行时间间隔（中体能户外步行或高体能户外步行）以及步行行为方式的影响。相比于柔性室内过渡空间、可触型绿植系统、回转型步行道路、移动型休憩设施，场地内的鸟类和野生动物偏好度对老年人健康促进效应最高。养老设施中要努力建构能够吸引野生动物的设施，以能够形成生态群落为宜。基于对美国养老设施的实地调研：大尺度生物关怀设施有池塘、森林等（图 5-30）；小尺度的生物关怀设施有小鸟喂食器、小鸟戏水池等。此类设施既作为了野生动物的栖息之地，也是场地景观元素（图 5-31）。

森林　　　　　　　　　　　　　　池塘

图 5-30　大尺度生物关怀型设施

综上，市级、地区级养老设施依据用地规模，宜构建大尺度生物关怀设施的构建，而居住区（镇）级养老设施的场地较小，宜构建小尺度的生物关怀设施，进而促进老年人的户外活动。此外，养老设施内部场地空间引入大量动态景观，喷泉、水池、风铃、飘荡的旗帜，进而充分赋予场地活力，避免过于呆板、平淡，进而对老年人户外活动构成促进和良性诱导（图5-32）。

图 5-31　小尺度生物关怀型设施

图 5-32　动态型景观

5.4　养老设施社会氛围营造策略

5.4.1　老年人社交网络的重塑策略

养老设施在平时组织活动中要注重增强老年人群体间的社会支持，促进老年人群体交流。此外，机构也应广泛宣扬尊老敬老意识，积极鼓励家人对机构老年人的看望，共同促进老年人进行户外活动。

5.4.2　行为干预措施的实施策略

5.4.2.1　开展园艺疗法并配建支持性户外种植池

基于实证结论，提供户外园艺疗法的养老设施，其老年人户外活动开展度的优势比增加了 6.409 倍（$OR=7.409$，$p=0.010$）。近距离接触植物对老年人的身体康复具有突出的推动作用，例如植物的鲜艳颜色有助于促进老年人的视力恢复、通过种植植物也有锻炼了老年人的手部关节等，通过将植物赋予老年人的个体价值观念促进了老年人的户外行为意愿也增强了群体间的交往。

美国护理协会[150]针对园艺疗法的开展原则做了如下要求：（1）应在理疗师的引导下进行，避免过多消耗体力；（2）园艺治疗池设立在场地视觉通常区域，便于理疗师的实时监测；（3）基于老年人对园艺的个体偏好针对性开展治疗方式；（4）参与者应在园艺治疗前预先做评估，综合考核老年人身体各项生理指标以确定是否开展园艺治疗。

　　园艺疗法为老年人创造了与植物亲密接触的机会，并为老年人创造了自我实现的机会。我国当前养老设施极少开展园艺疗法，部分配置简易的园艺种植池满足老年人和机构管理人员的自愿种植，由于缺乏活动的主观引导，此类园艺种植场地普遍闲置且荒废。因此，养老设施应加强对园艺治疗的主观引导，培训相关园艺理疗师引导老年人自主开展园艺种植活动，场地设计领域应注重设计抬高的种植池，满足老年人坐立种植园艺的需求，此外针对坐轮椅的老年人，应配置适当降低高度的种植池，实现无障碍化的园艺治疗场所空间（图5-33）。

图 5-33　不同高度的园艺种植池

5.4.2.2　配备康复训练师引导老年人自主开展任意户外活动

　　医生建议对于老年人达到中强度步行指标、中强度娱乐型步行指标以及进行户外步行活动的概率正相关（OR=7.132；OR=5.969；OR=9.748）。其中，医生建议对老年人开展户外步行活动的优势比最高（9.748相对于7.132、5.969）。当前美国养老设施都配有康复训练师，专门针对老年人相关体能活动提供训练和建议。我国机构管理人员应加强对康复训练师培训，除了对老年人肌体活动切实的指导外，也应加强康复训练师言语说服力，积极增强老年人户外活动的自信心并提供充分的社会支持。户外活动的社会干预是一项长期性的工作，可通过在养老设施的活动中心放置老年健康相关杂志和书籍进行引导，通过广泛密切开展健康行为座谈会，邀请健康管理领域专家对老年人进行心理疏导、教育，强化老年人的健康管理意识，逐步改变老年人固有的生活方式，积极促进户外活动。

5.4.2.3　组织多样性群体户外活动加强老年人健康行为干预

实证研究显示，机构每周组织的公共交通远行活动每增加 1 个，其老年人开展任意户外活动的优势比增加了 1.242 倍（OR=2.242，p=0.003）。调研的 16 座养老设施中，平均每周进行公共交通远行活动 2.02 次（标准差 =1.496），活动具体内容多为到周边 1 小时车程内的博物馆、文化中心、大教堂等公共场所活动，机构人员也反映此类老年人参与率较高。而我国当前养老设施的照料服务仍以解决居住生活问题为原则，针对老年人精神生活的关注度较少，建议在人员配备齐全的市级养老设施，加大对于户外活动的主观引导，开展多种户外活动排解老年人久居在宅的压抑感，进而有效提升了老年人自主性户外活动意愿。

5.4.2.4　加强公共媒体宣传扭转老年人的消极环境空间认知

基于老年人主观感知和客观环境差异的情况，机构管理人员应加强对老年人的引导和教育，如印发养老设施表，宣传周边设施信息，进而告知并增强老年人对于养老设施周边设施的主观感知，促进开展健康行为活动。

参考文献

[1] 姜向群 杜鹏. 中国人口老龄化和老龄事业发展报告 [M]. 北京：中国人民大学出版社，2015.1-3.

[2] 国务院，国发 [2011]28 号，中国老龄事业发展"十二五"规划，2011.

[3] 国家统计局 .2015 年全国 1% 人口抽样调查主要数据公报 [EB/OL]. http：//www.stats.gov.cn/tjsj/zxfb/201604/t20160420_1346151.html, 2016-04-20.

[4] 中华人民共和国国家统计局 .2010 年第六次全国人口普查主要数据公报（第 1 号）[J]. 中国计划生育学杂志，2011, 54（8）：511-512.

[5] 北京市老龄工作委员会 . 北京市 2013 年老年人口信息和老龄事业发展状况报告 [EB/OL]. http：//zhengwu.beijing.gov.cn/tjxx/tjgb/t1369122.htm, 2014-09-30.

[6] 上海市老龄科学研究中心 . 2009-2013 年上海市老年人口和老龄事业监测统计信息 [EB/OL]. http：//ww w.shmzj.gov.cn/, 2013-09-30.

[7] 卫生部统计信息中心 . 2008 中国卫生服务调查研究 [M]. 北京：中国协和医科大学出版社，2009.

[8] 世界卫生组织，健康老龄化必须成为全球重点 [EB/OL].http：//www.who.int/topics/zh, 2010-09-30.

[9] 周汝翔 . 实用疗养学 [M]. 沈阳：辽宁人民出版社，1987.139-417.

[10] 黄筱珍 . 从康复花园到健康景观 [D]. 同济大学，2008.

[11] Kolt G S, Driver R P, Giles L C. Why older Australians participate in exercise and sport[J]. Journal of Aging and Physical Activity, 2004, 12（2）：185-198.

[12] McPhillips J B, Pellettera K M, Barrett-Connor E, et al. Exercise patterns in a population of older adults[J]. American journal of preventive medicine，1989.

[13] 马为，王赫容 . 长跑运动对老年男性心脏形态的影响——超声心动图的研究 [J]. 中国运动医学杂志，1986, 5（4）：245-246.

[14] 赵瑞祥，杜丽君 . 健身跑对中老年人血脂，脂蛋白及载脂蛋白的影响 [J]. 中国运动医学杂志，1998, 17（2）：176-177.

[15] 刘善云，徐莉，王忠山，等 . 不同锻炼方式对老年人脂蛋白代谢和抗氧化能力的影响 [J]. 天

津体育学院学报，1998（2）：37-39.

[16] 夏埃（美）. 成人发展与老龄化（第 5 版）[M]. 华东师大出版社，2003.

[17] Nessel E H. The physiology of aging as it relates to sports[J]. AMAA Journal, 2004, 17（2）：12-18.

[18] Schroll M. Physical activity in an ageing population[J]. Scandinavian journal of medicine & science in sports, 2003, 13（1）：63-69.

[19] Delbello G，Sabbadini G，Travan L，et al. Pulmonary function related to the level of aerobic exercise in aged men[C]//JOURNAL OF AGING AND PHYSICAL ACTIVITY. 1607 N MARKET ST, CHAMPAIGN, IL 61820-2200 USA：HUMAN KINETICS PUBL INC, 1999, 7（3）：253-254.

[20] Fillit H M，Butler R N，O'Connell A W，et al. Achieving and maintaining cognitive vitality with aging[C]//Mayo Clinic Proceedings. Elsevier, 2002, 77（7）：681-696.

[21] Yaffe K，Barnes D，Nevitt M，et al. A prospective study of physical activity and cognitive decline in elderly women：women who walk[J]. Archives of internal medicine, 2001, 161（14）：1703-1708.

[22] Nelson M E，Rejeski W J，Blair S N，et al. Physical activity and public health in older adults：recommendation from the American College of Sports Medicine and the American Heart Association[J]. Circulation, 2007, 116（9）：1094.

[23] 陈辉，张显. 浅析芳香植物的历史及在园林中的应用 [J]. 陕西农业科学，2005（3）：140-142.

[24] 欧阳杰，王晓东. 香料植物应用研究进展 [J]. 香料香精化妆品，2002（5）：32-34.

[25] Berger B G. The role of physical activity in the life quality of older adults[J]. Physical activity and aging, 1989：42-58.

[26] Finch C E，Tanzi R E. Genetics of aging[J]. Science, 1997, 278（5337）：407-411.

[27] McAuley E，Blissmer B. Self-efficacy determinants and consequences of physical activity[J]. Exercise and sport sciences reviews, 2000, 28（2）：85-88.

[28] Ulrich R S，Simons R F，Losito B D，et al. Stress recovery during exposure to natural and urban environments[J]. Journal of environmental psychology, 1991, 11（3）：201-230.

[29] Ackerman S J，Hilsenroth M J. A review of therapist characteristics and techniques positively impacting the therapeutic alliance[J]. Clinical psychology review, 2003, 23（1）：1-33.

[30] 郭慧. 体力活动的增加对 2 型糖尿病患者糖脂代谢和医药费用影响的随访研究 [D]. 南京医科大学，2007.

[31] Callen B L, Mahoney J E, Grieves C B, et al. Frequency of hallway ambulation by hospitalized older adults on medical units of an academic hospital[J]. Geriatric Nursing, 2004, 25 (4): 212-217.

[32] Lawton, M.P., & Nahemow, L. (1973) . Ecology and the aging process. In C. Eisdorfer, & M. P. Lawton (Eds.), Psychology of adult development and aging (pp.619-674). Washington D.C.: American Psychological Association.

[33] Cutler L J. Assessment of physical environments of older adults[J]. Assessing older persons: Measures, meaning, and practical applications, 2000: 360-379.

[34] Powell Lawton M, Weisman G D, Sloane P, et al. Assessing environments for older people with chronic illness[J]. Journal of Mental Health and Aging, 1997, 3 (1): 83-100.

[35] Sugiyama T, Thompson C W. Outdoor environments, activity and the well-being of older people: conceptualising environmental support[J]. Environment and Planning A, 2007, 39 (8): 1943-1960.

[36] Terris M. Concepts of health promotion: dualities in public health theory[J]. SCIENTIFIC PUBLICATION-PANAMERICAN HEALTH ORGANIZATION, 1995: 34-42.

[37] Prochaska J O, DiClemente C C. Transtheoretical therapy: Toward a more integrative model of change[J]. Psychotherapy: theory, research & practice, 1982, 19 (3): 276.

[38] Ajzen I. From intentions to actions: A theory of planned behavior[M]. Springer Berlin Heidelberg, 1985.

[39] Conn V S, Tripp-Reimer T, Maas M L. Older women and exercise: theory of planned behavior beliefs[J]. Public Health Nursing, 2003, 20 (2): 153-163.

[40] Kluge M A. Understanding the essence of a physically active lifestyle. A phenomenological study[J]. Journal of aging and physical activity, 2002, 10: 4-28.

[41] Bronfenbrenner U. Environments in developmental perspective: Theoretical and operational models[J]. Measuring environment across the life span: Emerging methods and concepts, 1999: 3-28.

[42] McLeroy K R, Bibeau D, Steckler A, et al. An ecological perspective on health promotion programs[J]. Health Education & Behavior, 1988, 15 (4): 351-377.

[43] Rimer B K, Glanz K. Theory at a glance: a guide for health promotion practice (Second edition) .[J]. 2005.

[44] Prochaska J O, DiClemente C C. Toward a comprehensive model of change[M]. Springer US, 1986.

[45] Bandura A. Social cognitive theory: An agentic perspective[J]. Annual review of psychology, 2001, 52（1）: 1-26.

[46] Bennett K M. Gender and longitudinal changes in physical activities in later life.[J]. Age & Ageing, 1998, 27 suppl 3（3）: 24-28.

[47] King A C, Castro C., Wilcox S., et al. Personal and environmental factors associated with physical inactivity among different racial-ethnic groups of U.S. middle-aged and older-aged women.[J]. Health Psychology Official Journal of the Division of Health Psychology American Psychological Association, 2000, 19（4）: 354-64.

[48] William A. Satariano PhD MPH, Ma T J H, Ira B. Tager MD MPH. Reasons Given by Older People for Limitation or Avoidance of Leisure Time Physical Activity[J]. Journal of the American Geriatrics Society, 2000, 48（5）: 505–512.

[49] Young-Shin Lee PhD and RN. Gender differences in physical activity and walking among older adults.[J]. Journal of Women & Aging, 2005, 17（1-2）: 55-70.

[50] Dye C J, Sara W. Beliefs of low-income and rural older women regarding physical activity: you have to want to make your life better.[J]. Women & Health, 2006, 43（1）: 115-134.

[51] Cousins S O. "My Heart Couldn't Take It": Older Women's Beliefs About Exercise Benefits and Risks[J]. Journals of Gerontology, 2000, 55（5）: 283-294.

[52] Clark D O, Nothwehr F. Exercise self-efficacy and its correlates among socioeconomically disadvantaged older adults.[J]. Health Education & Behavior, 1999, 26（26）: 535-546.

[53] Meyer K, Rezny L, Breuer C, et al. Physical activity of adults aged 50 years and older in Switzerland[J]. Sozial- und Präaventivmedizin SPM, 2005, 50（4）: 218-229.

[54] Sara Wilcox PhD, Larissa Oberrecht MS, Melissa Bopp MS, et al. A qualitative study of exercise in older African American and white women in rural South Carolina: perceptions, barriers, and motivations.[J]. Journal of Women & Aging, 2005, 17（1-2）: 37-53.

[55] Hirvensalo M, Rantanen T, Lampinen P. Physical exercise in old age: An eight-year follow-up study on involvement, motives, and obstacles among persons age 65-84[J]. Journal of Aging & Physical Activity, 1998, 6（2）: 157-168.

[56] Wendel-Vos W, Droomers M, Kremers S, et al. Potential environmental determinants of physical activity in adults: a systematic review[J]. Obesity reviews, 2007, 8（5）: 425-440.

[57] Macdonald E. Urban waterfront promenades and physical activity by older adults: The case of Vancouver[J]. Journal of Architectural and Planning Research, 2007: 181-198.

[58] Chad K E, Reeder B A, Harrison E L, et al. Profile of physical activity levels in community-dwelling older adults[J]. Medicine and science in sports and exercise, 2005, 37 (10): 1774-1784.

[59] Reger B, Cooper L, Booth-Butterfield S, et al. Wheeling Walks: a community campaign using paid media to encourage walking among sedentary older adults[J]. Preventive Medicine, 2002, 35 (3): 285-292.

[60] King A C, Satariano W A, Marti J E D, et al. Multilevel modeling of walking behavior: advances in understanding the interactions of people, place, and time[J]. Medicine and science in sports and exercise, 2008, 40 (7 Suppl): S584-93.

[61] Cunningham G, Michael Y L. Concepts guiding the study of the impact of the built environment on physical activity for older adults: a review of the literature[J]. American Journal of Health Promotion, 2004, 18 (6): 435-443.

[62] Dawson J, Hillsdon M, Boller I, et al. Perceived barriers to walking in the neighborhood environment: a survey of middle-aged and older adults.[J]. Journal of Aging & Physical Activity, 2007, 15 (3): 318-335.

[63] King W C, Belle S H, Brach J S, et al. Objective measures of neighborhood environment and physical activity in older women.[J]. American Journal of Preventive Medicine, 2005, 28 (5): 461–469.

[64] Berke E M, Koepsell T D, Moudon A V, et al. Association of the built environment with physical activity and obesity in older persons[J]. American journal of public health, 2007, 97 (3): 486-492.

[65] Nagel C, Carlson N M, Michael Y. The relation between neighborhood built environment and walking activity among older adults.[J]. American Journal of Epidemiology, 2008, 168 (4): 461-468.

[66] Joseph A, Zimring C, Harris-Kojetin L, et al. Presence and visibility of outdoor and indoor physical activity features and participation in physical activity among older adults in retirement communities[J]. Journal of Housing for the Elderly, 2006, 19 (3-4): 141-165.

[67] Joseph A, Zimring C. Where active older adults walk understanding the factors related to path choice for walking among active retirement community residents[J]. Environment and Behavior, 2007, 39 (1): 75-105.

[68] King W C, Brach J S, Belle S, et al. The relationship between convenience of destinations

and walking levels in older women[J]. American Journal of Health Promotion, 2003, 18 (1):
74-82.

[69] Gauvin L, Riva M, Barnett T, et al. Association between neighborhood active living potential
and walking[J]. American journal of epidemiology, 2008, 167 (8): 944-953.

[70] Li F, Fisher K J, Bauman A, et al. Neighborhood influences on physical activity in middle-aged
and older adults: a multilevel perspective[J]. J Aging Phys Act, 2005, 13 (1): 87-114.

[71] Wilson E O. Biophilia[M]. Harvard University Press, 1984.

[72] Kaplan R, Kaplan S. The experience of nature: A psychological perspective[M]. CUP Archive,
1989.

[73] Ulrich R S. Effects of interior design on wellness: Theory and recent scientific research[J].
Journal of health care interior design, 1991, 3 (1): 97-109.

[74] Boswell D A. Elder-friendly plans and planners'effort to involve older citizens in the plan-
making process[M]. 2001.

[75] Colangeli, J.A. Planning For Age-Friendly Cities: Towards a New Model[M]. Canada:
University of Waterloo. 2010.

[76] Gilroy R. Places that support human flourishing: lessons from later life[J]. Planning Theory &
Practice, 2008, 9 (2): 145-163.

[77] Scharlach A. Creating aging-friendly communities in the United States[J]. Ageing international,
2012, 37 (1): 25-38.

[78] Lehning, A.J., A.E. Scharlach, T.S. Dal Santo. A Web-Based Approach for Helping
Communities Become More "Aging Friendly" [J]. Journal of Applied Gerontology, 2010, 29
(4): 415-433.

[79] Pynoos J, Caraviello R, Cicero C. LIFELONG HOUSING: The Anchor in Aging-Friendly
Communities[J]. Generations, 2009, 33 (2): 26-32.

[80] Rosenbloom S. Meeting Transportation Needs in an Aging-Friendly Community[J]. Generations,
2009, 33 (2): 33-43.

[81] Marcus C C, Barnes M. Healing gardens: Therapeutic benefits and design recommendations[M].
John Wiley & Sons, 1999.

[82] Marcus C C, Barnes M. Gardens in healthcare facilities: Uses, therapeutic benefits, and design
recommendations[M]. Center for Health Design, 1995.

[83] Marcus C C. Healing gardens in hospitals[J]. Interdisciplinary Design and Research e-Journal,

2007, 1（1）．

[84] Michael Y, Beard T, Choi D, et al. Measuring the influence of built neighborhood environments on walking in older adults.[J]. Journal of Aging & Physical Activity, 2006, 14（3）: 302-312.

[85] Cousins S O B. "My Heart Couldn't Take It" Older Women's Beliefs About Exercise Benefits and Risks[J]. The Journals of Gerontology Series B: Psychological Sciences and Social Sciences, 2000, 55（5）: 283-294.

[86] 国务院，国发 [2011]60 号，社会养老服务体系建设规划（2011—2015 年），2011.

[87] 中华人民共和国建设部，GB 50867—2013，养老设施建筑设计规范 [S]，北京：中国建筑工业出版社，2013.

[88] 中华人民共和国建设部，GB 50437—2007，城镇老年人设施规划规范 [S]，北京：中国建筑工业出版社，2007.

[89] Kluge M A. Understanding the essence of a physically active lifestyle. A phenomenological study[J]. Journal of aging and physical activity, 2002, 10: 4-28.

[90] Rosenstock I M. The health belief model and preventive health behavior[J]. Health Education & Behavior, 1974, 2（4）: 354-386.

[91] Rollnick S, Mason P, Butler C. Health behavior change: a guide for practitioners[M]. Elsevier Health Sciences, 1999.

[92] Caspersen C J, Powell K E, Christenson G M. Physical activity, exercise, and physical fitness: definitions and distinctions for health-related research[J]. Public health reports, 1985, 100（2）: 126.

[93] King A C, Stokols D, Talen E, et al. Theoretical approaches to the promotion of physical activity: forging a transdisciplinary paradigm[J]. American journal of preventive medicine, 2002, 23（2）: 15-25.

[94] Sallis J F, Owen N. Physical activity and behavioral medicine[M]. SAGE publications, 1998.

[95] United States. Department of Health. Physical activity and health: a report of the Surgeon General[M]. diane Publishing, 1996.

[96] McMillan T E. Urban form and a child's trip to school: the current literature and a framework for future research[J]. Journal of Planning Literature, 2005, 19（4）: 440-456.

[97] Stokols D. Establishing and maintaining healthy environments: toward a social ecology of health promotion[J]. American Psychologist, 1992, 47（1）: 6.

[98] Sallis J F, Cervero R B, Ascher W, et al. An ecological approach to creating active living

communities[J]. Annu. Rev. Public Health, 2006, 27: 297-322.

[99] Zimring C, Joseph A, Nicoll G L, et al. Influences of building design and site design on physical activity: research and intervention opportunities[J]. American journal of preventive medicine, 2005, 28（2）: 186-193.

[100] Michael Y L, Beard T, Choi D, et al. Measuring the influence of built neighborhood environments on walking in older adults[J]. 2006.

[101] Rodiek S. A New Tool for Evaluating Senior Living Environments[J]. Seniors Housing & Care Journal, 2008, 16（1）.

[102] Converse J M, Presser S. Survey questions: Handcrafting the standardized questionnaire[M]. Sage, 1986.

[103] Rodiek S, Nejati A, Bardenhagen E, et al. The Seniors' Outdoor Survey: An observational tool for assessing outdoor environments at long-term care settings[J]. The Gerontologist, 2014.

[104] Cerin E, Saelens B E, Sallis J F, et al. Neighborhood Environment Walkability Scale: validity and development of a short form[J]. Medicine and science in sports and exercise, 2006, 38(9): 1682-1691.

[105] Cerin E, Leslie E, Owen N, et al. An Australian version of the neighborhood environment walkability scale: validity evidence[J]. Measurement in Physical Education and Exercise Science, 2008, 12（1）: 31-51.

[106] Blair S N, Kohl H W, Gordon N F, et al. How much physical activity is good for health？ [J]. Annual review of public health, 1992, 13（1）: 99-126.

[107] DeBusk R F, Stenestrand U, Sheehan M, et al. Training effects of long versus short bouts of exercise in healthy subjects[J]. The American journal of cardiology, 1990, 65（15）: 1010-1013.

[108] United States Census Bureau. U.S. Population. http: //www.census.gov/popclock/ ? intcmp=home_pop, 2017-07-01.

[109] Annual Estimates of the Resident Population for the United States, Regions, States, and Puerto Rico: April 1, 2010 to July 1, 2015（CSV）. U.S. Census Bureau. December 23, 2015. Retrieved December 23, 2015.

[110] American Fact Finder. United States Census Bureau. 2015-04-16.

[111] American Fact Finder. United States Census Bureau. 2011-05-14.

[112] Houston Data Portal. https: //www.brazoscountytx.gov.2015-03-14.

[113] Brazos Country Portal. https：//www.brazoscountytx.gov.2015-02-14.

[114] Allison P D. Missing data：Quantitative applications in the social sciences[J]. British Journal of Mathematical and Statistical Psychology，2002，55（1）：193-196.

[115] Rubin D B, Schenker N. Multiple imputation in health-are databases：An overview and some applications[J]. Statistics in medicine，1991，10（4）：585-598.

[116] Rodiek S. A New Tool for Evaluating Senior Living Environments[J]. Seniors Housing & Care Journal，2008，16（1）.

[117] 吴明隆 . SPSS 统计应用实务：问卷分析与应用统计 [M]. 科学出版社，2003.

[118] 中华人民共和国建设部，JGJ 122—1999，老年人建筑设计规范 [S]，北京：中国建筑工业出版社，1999.

[119] 中华人民共和国建设部，GB/T 50340-2003，老年人居住建筑设计标准 [S]，北京：中国建筑工业出版社，2003.

[120] Rodiek S D, Fried J T. Access to the outdoors：using photographic comparison to assess preferences of assisted living residents[J]. Landscape and urban planning，2005，73（2）：184-199.

[121] 刘颂，钱仁赞 . 老年人弥补性景观及其规划设计初探 [J]. 上海城市规划，2008（6）：15-17.

[122] Sengupta M, Velkoff V A, DeBarros K A. 65+ in the United States, 2005[M]. US Department of Commerce, Economics and Statistics Administration, US Census Bureau，2005.

[123] Harris-Kojetin L, Sengupta M, Park-Lee E, et al. Long-Term Care Services in the United States：2013 Overview[J]. Vital & health statistics. Series 3, Analytical and epidemiological studies/[US Dept. of Health and Human Services, Public Health Service, National Center for Health Statistics]，2013（37）：1-107.

[124] Golant S M. Aging in the right place[J]. Nature Immunology，2006，7（5）：12.

[125] Centers for Disease Control and Prevention（CDC）. Chronic diseases and health promotion[J]. 2009.

[126] 李巍 . 福利视野下的城市老年人居住对策研究 [D]. 天津大学，2014.

[127] 国务院 . 关于进一步加强城市规划建设管理工作的若干意见 [EB/OL].http：//www.gov.cn/gongbao/content/2016/content_5051277.htm，2016-02-06.

[128] 中华人民共和国建设部，GB 50442—2008，城市公共服务设施规范 [S]，北京：中国建筑工业出版社，2008.

[129] 中华人民共和国建设部，GB 50180—1993，城市居住区规划设计规范 [S]，北京：中国建

筑工业出版社，2002.

[130] 中华人民共和国建设部，GB 50437—2007，城镇老年人设施规划规范 [S]，北京：中国建筑工业出版社，2007.

[131] 国务院，国发 [2014]51 号，关于调整城市规模划分标准的通知，2014.

[132] 中华人民共和国建设部，GB50220—1995，城市道路交通设计规范 [S]，北京：中国建筑工业出版社，1995.

[133] 全国人民代表大会常务委员会，中华人民共和国老年人权益保障法（修订版）[S]，北京：中国民主法制出版社，2013.

[134] 国务院办公厅，国发 [2013]35 号，国务院关于加快发展养老服务业的若干意见，2013.

[135] 中华人民共和国民政部，MZ 008—2001，老年人社会福利机构基本规范 [S]，北京：民政部社会福利和社会事务司，2001.

[136] 王江萍 . 老年人居住外环境规划与设计 [M]. 中国电力出版社，2009.

后 记

　　春秋数载，倏忽而逝，在国家自然科学基金课题（51708567）的资助与研究团队的通力协作下，书稿终于接近尾声。选择以养老设施外部环境作为研究切入点正是缘于硕博士期间的工作基础，随着研究的不断深入，愈加印证了最初对养老设施外部环境健康促进效益的理论猜想，也促使研究团队深入探索健康促进理论与城乡规划理论的交叉融合。在此期间，依托住房和城乡建设部城乡规划管理中心和美国德州农工大学（Texas A&M University）的科研平台，研究团队得以获取美国德克萨斯州、北京、天津和洛阳等的城镇资料，借助 GIS 理论、计量经济学模型、健康促进模型、城镇空间规划等多学科理论与方法，对美国德克萨斯州、北京、天津和洛阳的多个养老设施进行了详实的实证研究。着眼于科学度量养老设施外部环境对老年人健康的影响这一难题，将医学和公共健康学的循证方法和行为干预理论有机结合，探究养老设施外部环境与老年人健康的耦合关系和促进机制，从"老年人主观认知的外部环境和养老设施客观的外部环境"双重角度研究对老年人健康行为的作用机制，破解了"老年人个体特征、养老设施社会氛围、养老设施外部环境"三重因素对老年人户外活动的"交互式"影响机理。纵览全书，仍有许多不足和遗憾，但整体而言，达到了预期的相关目标。当前，在"健康中国 2030"和"健康老龄化"的背景下，全面推进老年宜居环境建设已经成为学界的共识，希望本书出版能够为养老设施规划和场地设计研究提供一点补充，也希望对老年人健康促进研究有所启示。

　　衷心感谢我的恩师洪再生教授和袁逸倩副教授，两位恩师的循循善诱、谆谆教诲，为我的科研工作打下坚实基础。一项重要的研究课题并非一人之力所能完成，研究团队成员包括住房和城乡建设部城乡规划管理中心、中国城市规划设计研究院、美国德州农工大学建筑学院和天津大学建筑学院的资深教授、研究员、青年教师和科研人员等，他们参与了有关课题的核心讨论、调研实践，并参与完成了相关研究内容，在此对他们的高效工作表示真诚的感谢！特别感谢邢海峰副主任、汪科副院长、张舰处长等，他们为课题研究提供了多方面的建设性意见，给予了很多指导。由衷感谢 Susan Rodiek 副教授、Mardelle Shepley 教授、George J.

Mann 教授、朱雪梅副教授、吕志鹏博士等，他们为课题研究提供了大量指导，并对美国德克萨斯州的调研工作给予极大的帮助。感谢赵立志、赵强、邢凯、俞传飞、康汉起、闫凤英、周卫、李伟、曲翠萃、滕夙宏等教授对研究的指导和帮助。王伊倜、窦筝、徐知秋、王熙蕊等先后参与了课题研究工作，并发挥了重要作用，对此一并感谢。最后，感谢我的父母和家人对我极大的关怀和鼓励，你们的支持是我研究工作的最大动力。

书稿将成，但关于养老设施外部环境的健康促进研究才刚刚开始，研究团队在后续科研工作中将继续关注该领域的理论内涵和应用外延，希望为相关学术研究和探索尽绵薄之力。